Web 前端开发 1+X 证书配套用书

Bootstrap 前端开发

赵增敏　钱永涛　王爱红　主　编◎

陈　婧　朱粹丹　赵朱曦　副主编◎

电子工业出版社·

Publishing House of Electronics Industry

北京·BEIJING

内 容 简 介

本书以 Bootstrap 4.4.1 为蓝本，由浅入深、循序渐进地讲述了 Bootstrap 的基础知识、体系结构、版式、组件和插件及各种应用技能。本书共 9 章，内容包括：Bootstrap 使用基础（第 1 章），使用 Bootstrap布局（第 2 章），使用 Bootstrap 版式（第 3 章），使用 Bootstrap 通用样式（第 4 章），使用 Bootstrap 组件（第 5 章～第 7 章），使用 jQuery 插件（第 8 章和第 9 章）。

本书坚持"以就业为导向、以能力为本位"的原则，突出实用性、适用性和先进性，结构合理、论述准确、内容翔实，注意知识的层次性和技能培养的渐进性，遵循难点分散的原则合理安排各章的内容，降低学生的学习难度，通过丰富的实例来引导学习者学习，旨在培养他们的实践动手能力和创新精神。每章后面均配习题和上机操作。

本书可作为职业院校计算机类专业的教材，也可作为网页设计人员、Web 前端开发人员的参考书。

图书在版编目（CIP）数据

Bootstrap 前端开发 / 赵增敏，钱永涛，王爱红主编. —北京：电子工业出版社，2020.9

ISBN 978-7-121-39563-5

Ⅰ. ①B… Ⅱ. ①赵… ②钱… ③王… Ⅲ. ①网页制作工具—中等专业学校—教材 Ⅳ. ①TP393.092.2

中国版本图书馆 CIP 数据核字（2020）第 173302 号

责任编辑：关雅莉
印　　刷：保定市中画美凯印刷有限公司
装　　订：保定市中画美凯印刷有限公司
出版发行：电子工业出版社
　　　　　北京市海淀区万寿路 173 信箱　邮编　100036
开　　本：787×1 092　1/16　印张：20.75　字数：529.6 千字
版　　次：2020 年 9 月第 1 版
印　　次：2020 年 9 月第 1 次印刷
定　　价：49.80 元

PREFACE 前 言

Bootstrap 是一套使用 HTML、CSS 和 JavaScript 进行开发的开源工具包,它提供了一些 Sass 变量和 mixins、响应式网格系统、丰富的组件及 jQuery 插件,符合 HTML 和 CSS 规范,代码简洁、视觉效果优美,可以快速构建出优雅的 Web 前端界面,广泛应用于响应式布局、移动设备优先的 Web 项目开发。

Bootstrap 是美国 Twitter 公司的设计师 Mark Otto 和 Jacob Thornton 合作,基于 HTML、CSS、JavaScript 开发的简洁、直观、功能强大的 Web 前端开发框架,使得 Web 开发更加快捷。Bootstrap 提供了合乎要求的 HTML 和 CSS 规范,其源文件使用动态 CSS 语言 Sass 编写,Bootstrap 一经推出便颇受欢迎,一直是 GitHub 上的热门开源项目,国内外的许多知名网站都使用了该项目。国内一些移动开发者比较熟悉的框架,如 WeX5 前端开源框架等,也是基于 Bootstrap 源码进行性能优化而来的。

本书分为 9 章。第 1 章介绍 Bootstrap 使用基础,包括 Bootstrap 的发展和版本、媒体查询、Sass 语言及 Bootstrap 的下载、安装和使用。第 2 章讲述使用 Bootstrap 布局,包括布局基础知识、网格系统和布局工具类等。第 3 章介绍如何使用 Bootstrap 版式,包括 CSS 初始设置、文档排版、代码排版、图片排版及表格排版。第 4 章讨论如何使用 Bootstrap 通用样式,包括文本处理、设置颜色、设置边框和阴影、设置大小和边距、设置浮动和定位、设置弹性盒布局及使用其他样式。第 5 章到第 7 章讲述如何使用 Bootstrap 组件,其中第 5 章介绍按钮、按钮组、下拉菜单和导航组件的用法;第 6 章介绍警告框、徽章、媒体对象、超大屏幕、表单和输入组的用法;第 7 章介绍进度条、导航栏、列表组、面包屑、分页、加载指示器和卡片的用法。第 8 章和第 9 章讨论如何使用 jQuery 插件,其中第 8 章首先讲述插件基础知识,然后介绍按钮、工具提示、弹出框、警告框、模态框及折叠插件的用法;第 9 章介绍下拉菜单、选项卡、提示框、轮播和滚动监听插件的用法。

本书提供了丰富的实例,通过这些实例的分析和实现,引导读者学习和掌握 Bootstrap 前端框架的体系结构、版式、样式、组件、插件的使用方法和操作技能。

本书中的所有源代码均使用 Bootstrap 4.4.1 测试通过,所用集成开发环境为 WebStorm 2020.1、Dreamweaver 20.1 和 HBuilder X 2.7.1,所用浏览器为 Microsoft Edge 81.0.416.72、Google Chrome 81.0.4011.138 和 Mozilla Firefox 76.0.1,所用平台为 Windows 10 专业版 64 位操作系统。

本书由赵增敏、钱永涛、王爱红担任主编,陈婧、朱粹丹、赵朱曦担任副主编。由于作者学识所限,书中疏漏和错误之处在所难免,恳请广大读者提出宝贵意见。

为了方便教师教学,本书还配有电子课件、习题答案和实例程序源代码。请有此需要的教师登录华信教育资源网(www.hxedu.com.cn)免费注册后进行下载,有问题时请在网站留言板留言或与电子工业出版社联系(E-mail: hxedu@phei.com.cn)。

作 者
2020 年初夏

CONTENTS 目 录

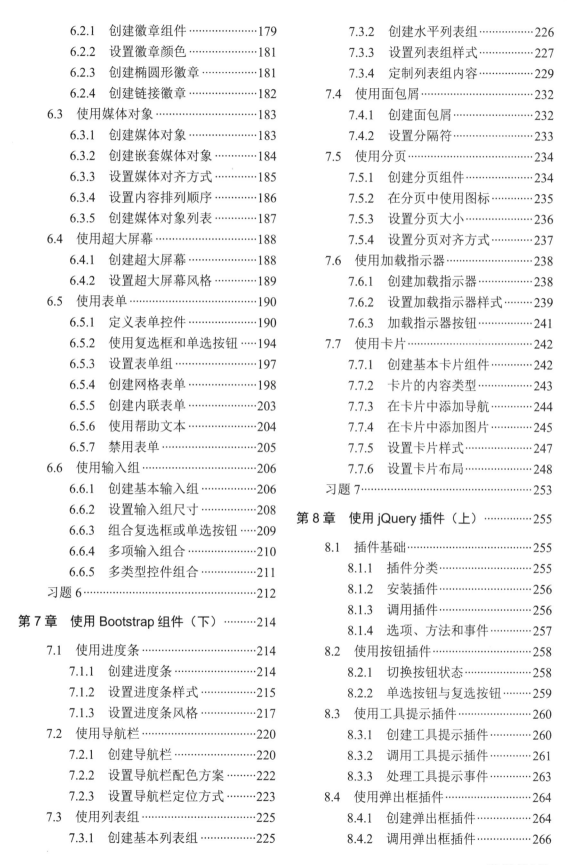

第**1**章

| **Bootstrap 使用基础** |

Bootstrap 是一套使用 HTML、CSS 和 JavaScript 进行开发的开源工具包，它提供了一些 Sass 变量和 mixins、响应式网格系统、丰富的组件，以及 jQuery 插件，可以快速构建出优雅的 Web 前端界面。本章介绍 Bootstrap 的基础知识，主要包括 Bootstrap 的发展和版本、媒体查询、Sass 语言，以及 Bootstrap 的下载和配置等。

本章学习目标

- 了解 Bootstrap 的发展和版本
- 掌握媒体查询的使用方法
- 掌握 Sass 语言的使用方法
- 初步掌握 Bootstrap 的使用方法

1.1　Bootstrap 概述

Bootstrap 是由美国 Twitter（推特）公司主导开发的前端组件库，它符合 HTML 和 CSS 规范，代码简洁、视觉效果优美，可以用于快速开发响应式布局、移动设备优先的 Web 项目。下面介绍 Bootstrap 的发展、版本和浏览器支持情况。

1.1.1　Bootstrap 的发展

推特（Twitter）是美国一家社交网络及微博客服务的网站，是互联网上访问量最大的 10 个网站之一。推特可以让用户更新不超过 140 个字符的消息，这些消息也称为推文（Tweet）。早期推特提供的内部开发工具缺乏精致和平易近人的设计，为了应对复杂的设计需求，推特前端工程师在开发网站时喜欢采用自己所熟悉的技术，由此造成了网站维护困难、可扩展性不强、开发成本高等问题。

为了提高内部的协调性和工作效率，2010 年 6 月推特公司的一些前端开发人员自发成

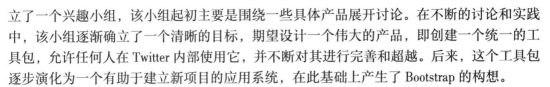

立了一个兴趣小组，该小组起初主要是围绕一些具体产品展开讨论。在不断的讨论和实践中，该小组逐渐确立了一个清晰的目标，期望设计一个伟大的产品，即创建一个统一的工具包，允许任何人在 Twitter 内部使用它，并不断对其进行完善和超越。后来，这个工具包逐步演化为一个有助于建立新项目的应用系统，在此基础上产生了 Bootstrap 的构想。

整个 Bootstrap 项目由 Mark Otto 和 Jacob Thornton 二人主导建立，定位为一个开放源代码的前端工具包，希望通过这个工具包提供一些精致、经典、通用，且使用 HTML、CSS 和 JavaScript 构建的组件，为设计师和开发人员提供一个设计灵活、内容丰富的插件库，旨在帮助他们快速地创建精美的 Web 前端界面。

最终，Bootstrap 成为应对这些挑战的解决方案，并开始在推特公司内部迅速成长，被 twitter.com 广泛采用，并形成了稳定版本。随着不断的开发和完善，Bootstrap 进步显著，不仅包括基本样式，而且有了更为优雅和持久的前端设计模式。2011 年 8 月，推特将其开源，开源页面的网址为：https://getbootstrap.com/。

1.1.2 Bootstrap 的版本

Bootstrap 推出后，其版本一直在不断的更新中，目前比较常用的版本是 3.4.1 和 4.4.1。本书完稿时，4.4.1 仍然是 Bootstrap 的最新稳定版本。

与早期版本相比，Bootstrap 4 中有许多重大更新，主要表现在以下几个方面。

- 从 Less 迁移到 Sass。现在，Bootstrap 已加入 Sass 的大家庭中，这得益于 Libsass，Bootstrap 的编译速度比以前更快。
- 改进了网格系统，新增一个网格层适配移动设备，并整顿语义混合。
- 支持弹性盒模型（flexbox），可以利用 flexbox 的优势快速布局。
- 废弃了 Wells、Thumbnails（缩略图）和 Panels（面板），使用 Cards（卡片）取而代之。
- 将所有 HTML 重置样式表整合到 Reboot 中，它提供了更多选项。
- 新的自定义选项。将渐变、淡入淡出、阴影效果等选项的默认值存入 Sass 变量中，只要修改变量值，然后重新编译 Sass 源文件，就可以启用相应的选项。
- 不再支持 Internet Explorer 9 浏览器，使用 rem 和 em 单位，更适合构建响应式布局和控制组件大小。如果要支持 Internet Explorer 9，可以用 Bootstrap 3。
- 重写所有 JavaScript 插件。为了利用 JavaScript 的新特性，Bootstrap 4 用 ES6 重写了所有插件。现在提供 UMD 支持、泛型拆解方法、选项类型检查等特性。
- 改进工具提示和 popovers 自动定位。
- 改进文档。所有文档以 Markdown 格式重写，添加了一些方便的插件组织示例和代码片段，文档使用起来会更方便，搜索的优化工作也在进行中。
- 其他更新，支持自定义表单控件、空白和填充类，此外还包括新的实用程序类等。

Bootstrap 4 默认不再包括图标库，不过在其文档中也推荐了几个不错的图标库可供选择。

本书选择 4.4.1 作为蓝本来讲述 Bootstrap。

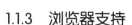

1.1.3 浏览器支持

Bootstrap 几乎支持所有主流操作系统上各浏览器的最新稳定版本。针对 Windows 平台，则支持 Internet Explorer 10 以上版本 / Microsoft Edge 浏览器。使用最新版本 WebKit、Blink 或 Gecko 内核的第三方浏览器（如国产的 360 安全/极速浏览器、搜狗浏览器、QQ 浏览器、UCweb 浏览器），无论是直接地还是通过 Web API 接口，虽然 Bootstrap 官方没有针对性的开发支持，但在大多数情况下也都是完美兼容，不会影响视觉呈现和脚本运行。

Bootstrap 4 支持的浏览器版本可以在.browserslistrc 文件中找到，该文件的内容如下。

```
# https://github.com/browserslist/browserslist#readme
>= 1%
last 1 major version
not dead
Chrome >= 45
Firefox >= 38
Edge >= 12
Explorer >= 10
iOS >= 9
Safari >= 9
Android >= 4.4
Opera >= 30
```

Bootstrap 4 支持主流移动 OS 的默认浏览器的最新版本（见表 1.1），但不支持代理浏览器（如 Opera Mini 浏览器、Opera Mobile's Turbo 模式、UCweb Mini 浏览器、Amazon Silk 浏览器等）。

表 1.1　Bootstrap 4 支持的移动浏览器

OS　　　　浏览器	Chrome	Firefox	Safari	Android Browser & WebView
Android	支持	支持	N/A	Android v5.0+ 支持
iOS	支持	支持	支持	N/A

同样，Bootstrap 4 支持大多数桌面浏览器的最新版本（见表 1.2）。

表 1.2　Bootstrap 4 支持的桌面浏览器

OS　　　　浏览器	Chrome	Firefox	Internet Explorer	Microsoft Edge	Opera	Safari
Mac	支持	支持	N/A	N/A	支持	支持
Windows	支持	支持	支持 IE10+	支持	支持	不支持

对于 Firefox 浏览器，除了最新的普通稳定版本，Bootstrap 4 也支持 Firefox 浏览器最新的扩展支持版本（ESR）。大多数情况下，在 Chromium 和 Chrome for Linux、Firefox for Linux 和 Internet Explorer 9 中，Bootstrap 应该看起来运行良好，尽管它们没有得到官方的支持。

Bootstrap 4 支持 Internet Explorer 10 及更高版本，不支持 Internet Explorer 9（即使大多兼容，依然不推荐）。需要注意的是，IE10 中不完全支持某些 CSS 3 属性和 HTML5 元素，或者需要前缀属性才能实现完整的功能。如果开发的项目需要支持 Internet Explorer 8/9，则应使用 Bootstrap 3，它是最稳定的版本，虽然官方不再发布新版，但仍然支持严重错误修复和文档维护。

1.2 理解媒体查询

响应式设计是当今十分流行的 Web 开发技术。通过响应式设计可以使网页自动适应不同的终端设备，如智能手机、平板电脑、平板电视及 PC 显示器等。媒体查询（Media Querie）是实现响应式设计的核心技术，它是 CSS 中的一项重要功能，可以根据不同的媒体特性（如视口宽度、屏幕比例、设备方向）为其设置相应的 CSS 样式，在不改变页面内容的情况下为特定终端设备定制显示效果，从而使网页在不同终端设备上都能够合理布局并呈现出来。

1.2.1 媒体查询的语法格式

媒体查询的功能是在不同的条件下使用不同的样式，使网页在不同终端设备中达到不同的渲染效果。迄今为止，CSS 3 媒体查询已得到众多浏览器的支持，除了 Internet Explorer 6/8 浏览器不支持之外，所有现在的浏览器都可以完美支持。

在 CSS 样式表中定义媒体查询时，应遵循下面的语法格式：

```
@media notlonly 媒体类型 and (媒体特性) {
    CSS 样式代码;
}
```

使用媒体查询必须以 "@media" 开头，然后指定媒体类型（或称为设备类型），默认的媒体类型为 all。not 操作符用来排除掉某些特定设备，如@media not print（非打印设备）。only 操作符用来特指某种媒体类型，对于支持媒体查询的移动设备来说，如果使用了 only 操作符，则会忽略 only 关键字并直接根据后面的媒体特性来应用 CSS 样式。对于不支持媒体查询但能够获取媒体类型的 Web 浏览器，遇到 only 关键字时会忽略 CSS 样式。如果所指定的媒体类型匹配当前设备类型，则查询结果返回 true，此时会在匹配的设备上显示指定样式效果。除非使用了 not 或 only 操作符，否则会在所有设备上应用 CSS 样式。

在 CSS 3 中可使用的常用媒体类型如表 1.3 所示。

表 1.3　常用媒体类型

类型类型	描　　述
all	用于所有类型媒体设备（默认值）
print	用于打印机和打印预览
screen	用于计算机屏幕、平板电脑、智能手机等
speech	用于屏幕阅读器

媒体特性放在圆括号内，其表达方式与 CSS 样式规则的表达方式相似，主要分为两个部分，第一部分指的是媒体特性，第二部分为媒体特性所指定的值，这两个部分之间使用冒号分隔，如（max-width: 480px）表示如果终端设备中的页面宽度小于或等于 480px，则 CSS 样式生效。使用 and 操作符可以将多个媒体特性结合起来。可用的媒体特性如表 1.4 所示。

表 1.4　媒体特性

媒体特性	描　述
aspect-ratio	定义输出设备中的页面可见区域宽度与高度的比率
color	定义输出设备每一组彩色原件的个数如果不是彩色设备，则值等于 0
color-index	定义在输出设备的彩色查询表中的条目数如果没有使用彩色查询表，则值等于 0
device-aspect-ratio	定义输出设备的屏幕可见宽度与高度的比率
device-height	定义输出设备的屏幕可见高度
device-width	定义输出设备的屏幕可见宽度
grid	用来查询输出设备是否使用栅格或点阵
height	定义输出设备中的页面可见区域高度
max-aspect-ratio	定义输出设备的屏幕可见宽度与高度的最大比率
max-color	定义输出设备每一组彩色原件的最大个数
max-color-index	定义在输出设备的彩色查询表中的最大条目数
max-device-aspect-ratio	定义输出设备的屏幕可见宽度与高度的最大比率
max-device-height	定义输出设备的屏幕可见的最大高度
max-device-width	定义输出设备的屏幕最大可见宽度
max-height	定义输出设备中的页面最大可见区域高度
max-monochrome	定义在一个单色框架缓冲区中每像素包含的最大单色原件个数
max-resolution	定义设备的最大分辨率
max-width	定义输出设备中的页面最大可见区域宽度
min-aspect-ratio	定义输出设备中的页面可见区域宽度与高度的最小比率
min-color	定义输出设备每一组彩色原件的最小个数
min-color-index	定义在输出设备的彩色查询表中的最小条目数
min-device-aspect-ratio	定义输出设备的屏幕可见宽度与高度的最小比率
min-device-width	定义输出设备的屏幕最小可见宽度
min-device-height	定义输出设备的屏幕的最小可见高度
min-height	定义输出设备中的页面最小可见区域高度
min-monochrome	定义在一个单色框架缓冲区中每像素包含的最小单色原件个数
min-resolution	定义设备的最小分辨率
min-width	定义输出设备中的页面最小可见区域宽度
monochrome	定义在一个单色框架缓冲区中每像素包含的单色原件个数如果不是单色设备，则值等于 0
orientation	定义输出设备中的页面可见区域高度是否大于或等于宽度
resolution	定义设备的分辨率，例如 96dpi, 300dpi, 118dpcm
scan	定义电视类设备的扫描工序
width	定义输出设备中的页面可见区域宽度

　　除了使用@media 之外，还有另一种方式定义媒体查询，即通过在 link 标签中设置 media 属性的值，针对不同的媒体类型和媒体特性使用不同的样式表，语法格式如下。

```
<link rel="stylesheet" media=" notlonly 媒体类型 and (媒体特性)" href="mystyle.css">
```

1.2.2　媒体查询的常用方式

　　与设置 CSS 属性有所不同的是，定义媒体查询时不是针对媒体特性设置某个具体的值，而是通过 min/max 来表示大于等于或小于进行逻辑判断的。下面来看看媒体查询在应用开发中的一些常用方式。

1. 根据最大宽度进行判断

max-width 是一个常用的媒体特性，它是指当输出设备中的页面可见区域的宽度小于或等于指定宽度时，所设置的 CSS 样式生效。例如：

```
@media screen and (max-width:480px) {
    .ads {
        display: none;
    }
}
```

这个媒体查询的作用是，当屏幕宽度小于或等于 480px 时，网页中的广告区块（.ads）将被隐藏起来。

2. 根据最小宽度进行判断

与 max-width 相反，min-width 是指的输出设备中的页面可见区域的宽度大于或等于指定宽度时，所设置的 CSS 样式生效。例如：

```
@media screen and (min-width: 900px) {
    .wrapper {
        width: 980px;
    }
}
```

该媒体查询的作用是，当屏幕宽度大于或等于 900px 时，容器 ".wrapper" 的宽度为 980px。

3. 同时使用多个媒体特性进行判断

定义媒体查询时，可以使用 and 操作符将多个媒体特性结合在一起。例如，如果希望当屏幕宽度在 600px~900px 时，将 body 元素的背景颜色设置为#f5f5f5，则可以在 CSS 样式表中定义如下所示的媒体查询。

```
@media screen and (min-width: 600px) and (max-width: 900px) {
    body {
        background-color: #f5f5f5;
    }
}
```

4. 根据设备屏幕的输出宽度进行判断

在智能设备（如 iPhone、iPad 等）上，还可以根据设备屏幕的尺寸大小来设置相应的样式，或者调用相应的样式文件。同样地，对于设备屏幕也可以使用 "min/max" 对应的参数，如 min-device-width 或者 max-device-width。例如：

```
<link rel="stylesheet" media="screen and (max-device-width: 480px)" href="iphone.css">
```

这里 max-device-width 表示设备实际分辨率，即可视面积分辨率。以上代码设置样式表文件 iphone.css 仅适用于最大设备宽度为 480px 的情况。

5. 根据 not 操作符进行判断

定义媒体查询时，可以使用操作符 not 来排除某种特定的媒体类型，即对 not 关键词后面的表达式执行取反操作。例如：

```
@media not print and (max-width: 1200px) {
    CSS 样式代码
}
```

这个媒体查询的作用是，所设置的 CSS 样式将被使用在除了打印设备和设备宽度小于 1200px 的所有设备中。

注意： not 操作符只能应用于整个查询，而不能单独应用于一个独立的查询。

6. 根据 only 操作符进行判断

only 操作符用来指定某种特定的媒体类型，通常用来排除不支持媒体查询的浏览器。实际上，only 往往是用来对那些不支持媒体查询但支持媒体类型的设备隐藏样式表的。例如：

```
<link rel="stylesheet" media="only screen and (max-device-width: 240px)" href="android240.css">
```

如果没有明确指定媒体类型，则默认为 all，即样式表对所有媒体类型都有效。例如：

```
<link rel="stylesheet" media="(min-width: 701px) and (max-width: 900px)" href="mediu.css">
```

7. 使用逗号组合多个媒体查询

使用逗号可以将多个媒体查询组合起来，逗号的作用类似于逻辑或运算符 or。如果列表中的任何查询为 true，则整个 media 语句返回 true。例如：

```
<link rel="stylesheet" media="handheld and (max-width: 480px), screen and (min-width: 960px)" href="style.css">
```

在这里，样式表文件 style.css 将被用于宽度小于或等于 480px 的手持设备，或者被用于屏幕宽度大于或等于 960px 的设备。

【例 1.1】通过媒体查询设计响应式网页，源代码如下。

```html
<!doctype html>
<html>
<head>
<meta name="viewport" content="width=device-width, initial-scale=1.0">
<style>
.main img {
    width: 100%;
}
h1 {
    font-size: 1.5em;
}
h2 {
    font-size: 1.2em;
}
.header {
    padding: 1%;
    background-color: #f1f1f1;
    border: 1px solid #e9e9e9;
}
.menuitem {
    margin: 4.3%;
    margin-left: 0;
    margin-top: 0;
    padding: 4.3%;
    border-bottom: 1px solid #e9e9e9;
    cursor: pointer;
}
.main {
    padding: 2.1%;
}
.right {
    padding: 4.3%;
    background-color: #CDF0F6;
}
.footer {
    padding: 1%;
    text-align: center;
    background-color: #f1f1f1;
    border: 1px solid #e9e9e9;
```

> 响应式的 meta 标签可以使网页宽度自动适应屏幕宽度，这是响应 Web 应用开发的关键！

```
            font-size: 0.65em;
        }
        .gridcontainer {
            width: 100%;
        }
        .gridwrapper {
            overflow: hidden;
        }
        .gridbox {
            margin-bottom: 2%;
            margin-right: 2%;
            float: left;
        }
        .gridheader {
            width: 100%;
        }
        .gridmenu {
            width: 23.5%;
            text-align: center;
        }
        .gridmain {
            width: 49%;
        }
        .gridright {
            width: 23%;
            margin-right: 0;
            text-align: center;
            letter-spacing: 5px;
        }
        .gridfooter {
            width: 100%;
            margin-bottom: 0;
        }
        @media only screen and (max-width: 500px) {
            .gridmenu {
                width: 100%;
            }
            .menuitem {
                margin: 1%;
                padding: 1%;
                text-align: center;
            }
            .gridmain {
                width: 100%;
            }
            .main {
                padding: 1%;
            }
            .gridright {
                width: 100%;
            }
            .right {
                padding: 1%;
            }
            .gridbox {
                margin-right: 0;
                float: left;
            }
        }
    </style>
    </head>
```

使用媒体查询设置的样式，
仅在页面宽度小于或等于
500px 时生效！

```
<body>
<div class="gridcontainer">
  <div class="gridwrapper">
    <div class="gridbox gridheader">
      <div class="header">
        <h1>杭州西湖风景名胜区</h1>
      </div>
    </div>
    <div class="gridbox gridmenu">
      <div class="menuitem">断桥残雪</div>
      <div class="menuitem">三潭印月 </div>
      <div class="menuitem">曲院风荷 </div>
      <div class="menuitem">九溪烟树 </div>
    </div>
    <div class="gridbox gridmain">
      <div class="main">
        <h1>关于西湖景区</h1>
        <p>西湖景区位于浙江省杭州市西湖区龙井路 1 号，是中国十大风景名胜之一。</p>
        <img src="../images/xihu.jpeg" alt="西湖景区"> </div>
    </div>
    <div class="gridbox gridright">
      <div class="right">
        <h2>苏轼诗</h2>
        <p>水光潋滟晴方好<br>
          山色空蒙雨亦奇<br>
          欲把西湖比西子<br>
          淡妆浓抹总相宜</p>
      </div>
    </div>
    <div class="gridbox gridfooter">
      <div class="footer">
        <p>该网页用于演示响应式网页设计。请调整浏览器窗口大小，以查看内容对调整大小的响
应。</p>
      </div>
    </div>
  </div>
</div>
</body>
</html>
```

本例中创建的是 HTML5 网页，应遵循 HTML5 doctype 头部规范，因此以 HTML5 标准的文档类型声明<!doctype html>开头，它告诉浏览器文档所使用的 HTML 规范。文档类型声明在所有 HTML 文档中规定文档类型都很重要，只有这样浏览器才能了解所预期的文档类型。

为了确保所有设备的渲染效果，需要在网页的<head>区添加一个响应式的 meta 标签，该标签用于设置文档视口（viewport）的大小，其中 width=device-width 的作用是设置视口宽度等于当前设备屏幕的像素宽度；initial-scale=1 的作用是将初始缩放比例的默认值设置为 1.0，让网页宽度自动适应移动设备的屏幕宽度。通过设置这些参数将有助于在移动设备（如手机和平板电脑）上查看网页内容。如果不设置这些参数，则许多移动浏览器将使用大约 900px 的"虚拟"页面宽度，页面宽度可能通常被放大太多，文字看起来会非常小。

在 style 标签中定义了两组 CSS 样式，其中一组使用了媒体查询，即@media only screen and (max-width: 500px) { ... }，这组样式在页面宽度小于或等于 500px 时生效，另一组则没有使用媒体查询，这组样式在页面宽度大于 500px 时生效。

在 Edge 浏览器中打开该页面，更改浏览器窗口宽度，查看两组 CSS 样式呈现的页面布

局，其效果如图 1.1 和图 1.2 所示。

图 1.1　页面宽度大于 500px 时的布局效果　　图 1.2　页面宽度小于等于 500px 时改变布局

1.3　使用 Sass 语言

　　Sass 的英文全称是 Syntactically Awesome Stylesheets，意为语法优雅的样式表。Sass 是一种功能强大的 CSS 扩展语言，它与所有版本的 CSS 完全兼容。Sass 语言源代码的文件名为.sass 或.scss，这种源文件不能直接在网页中使用，必须编译成普通的 CSS 样式表文件才能被浏览器正确解析和执行。Bootstrap 4 的源代码是用 Sass 语言编写的，其文件扩展名为.scss。为了加深对 Bootstrap 源代码的理解，并根据应用开发的实际需要对 Bootstrap 功能进行定制，就不能不对 Sass 语言有所了解。

1.3.1　安装 Sass

　　Sass 基于 Ruby 语言开发而成，但是两者在语法上并没有什么关系，不懂 Ruby 照样可以使用 Sass。只是必须首先安装 Ruby，然后才能安装 Sass。在 Windows 中可以从官网下载 Ruby 并进行安装。在安装过程中，请勾选"Add Ruby executables to your PATH"复选框，以便将 Ruby 可执行文件路径添加到系统环境变量 PATH 中，如图 1.3 所示。

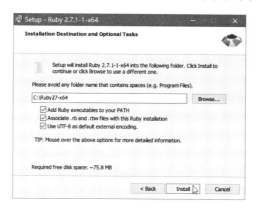

图 1.3　安装 Ruby

安装完成后需测试安装是否成功。在命令提示符下输入以下命令：

```
ruby -v
```

如果安装成功，则会显示以下信息：

```
ruby 2.7.1p83 (2020-03-31 revision a0c7c23c9c) [x64-mingw32]
```

Ruby 自带一个叫做 RubyGems 的包管理器，用来安装基于 Ruby 的软件。Sass 可以使用 RubyGems 安装。要安装最新版本的 Sass，需要输入下面的命令：

```
gem install sass
```

安装完成之后，可以通过运行下面的命令来查看 Sass 的版本并确认它已经被正确地安装到计算机系统中。

```
sass -v
```

安装成功时会显示当前 Sass 的版本号，如 Ruby Sass 3.7.4。

下面列出一些常用的 Sass 命令。

（1）更新 Sass 版本：

```
gem update sass
```

（2）查看 Sass 帮助信息：

```
sass -h
```

（3）编译单个 Sass 文件（省略目标文件名时在屏幕上显示 CSS 代码）：

```
sass input.scss output.css
```

> 此命令非常有用！可以根据需要对 Bootstrap 源文件进行控制，然后用此命令进行重新编译！

（4）单文件监听命令（每当 Sass 源文件发生变化时自动生成编译后的版本）：

```
sass --watch input.scss:output.css
```

（5）文件夹监听命令（每当文件夹内的 Sass 源文件变化时自动生成编译后的版本）：

```
sass --watch app/sass:public/stylesheets
```

命令行编译 Sass 时有一些配置选项，如编译后 CSS 排版、生成调试 map、开启调试信息等，可通过使用命令 sass -v 查看详细信息等。

（6）设置编译格式：

```
sass --watch input.scss:output.css --style compact
```

其中--style 表示解析后的 CSS 文件按什么格式排版，Sass 内置有 4 种编译格式：nested（嵌套）、expanded（扩展）、compact（紧凑）、compressed（压缩）。

（7）编译添加调试 map：

```
sass --watch input.scss:output.css --sourcemap
```

其中--sourcemap 表示开启 sourcemap 调试。开启 sourcemap 调试后，会生成一个扩展名为.css.map 的文件。

（8）选择编译格式并添加调试 map：

```
sass --watch input.scss:output.css --style expanded --sourcemap
```

（9）开启调试信息：

```
sass --watch input.scss:output.css --debug-info
```

除了命令行编译，也可以使用其他 Sass 编译工具（如 Koala 等）。

1.3.2 使用变量

Sass 语言的一个重要特性就是它为 CSS 引入了变量。对于那些反复使用的 CSS 属性值，可以将其定义成变量，然后通过变量名来引用它们，而无须重复书写这一属性值。对于仅使用一次的属性值，也可以对其赋予一个易懂的变量名，做到见名知意，让人一看就知道这个属性值有什么用途。

1. 定义变量

在 Sass 语言中，使用$符号来标识变量（这一点与 PHP 类似），变量名与变量值用一个半角冒号分隔，这与 CSS 属性的声明类似。例如：

```
$highlight-color: red;
```

这意味着变量$highlight-color 的当前值是 red。

声明变量时，可以通过在变量值后面添加!default 标志，将该值设置为默认值。这意味着，如果在此之前变量已经被赋值，则不会使用默认值，如果尚未被赋值，则使用默认值。

任何可以作为 CSS 属性值的赋值都可以用作 Sass 的变量值，包括以空格分割的多个属性值在内。例如：

```
$basic-border: 1px solid green;
```

对于 Sass 变量，也可以使用以逗号分割的多个属性值。例如：

```
$plain-font: "Myriad Pro", "Helvetica Neue", Helvetica, "Liberation Sans", Arial, sans-serif;
```

这时变量还没有生效，除非引用这个变量。

与 CSS 属性不同的是，Sass 变量可以在 CSS 规则块定义之外存在。如果 Sass 变量定义在 CSS 规则块内，则该变量只能在这个规则块内使用。如果变量出现在任何形式的{...}块（如@media 块）中，情况也是如此。例如：

```
$nav-color: green;
nav {
    $width: 100px;
    width: $width;
    color: $nav-color;
}
// 编译后
nav {
    width: 100px;
    color: green;
}
```

在这段代码中，变量$nav-color 定义在 CSS 规则块外面，因此在这个样式表中都可以像 nav 规则块那样来引用它。变量$width 定义在 nav 的{ }规则块内，因此它只能在 nav 规则块内部使用。换言之，可以在样式表的其他地方定义和使用$width 变量，不会对此造成什么影响。

2. 引用变量

在 CSS 样式规则中，凡是使用 CSS 属性的标准值的地方都可以使用变量。如果要将变量嵌入字符串中，则必须写在#{}内。当编译成 CSS 时，变量会被它们的值所替代。之后可以根据需要改变这个变量的值，于是所有引用此变量的地方所生成的值都会随之改变。例如：

```
$highlight-color: #f90;
.selected {
    border: 1px solid $highlight-color;
}
// 编译后
.selected {
    border: 1px solid #f90;
}
```

上面例子中，变量$highlight-color 被直接赋值给 border 属性，当这段代码被编译输出为 CSS 时，$highlight-color 会被#f90 这一颜色值所替代。产生的效果就是给 selected 这个类样式添加一条 1px 宽、颜色值为#f90 的实线边框。

在声明变量时，变量值也可以引用其他变量。例如：

```
$highlight-color: #f90;
$highlight-border: 1px solid $highlight-color;
.selected {
    border: $highlight-border;
}
// 编译后
.selected {
    border: 1px solid #f90;
}
```

在这里，声明变量$highlight-border 时使用了另一个变量$highlight-color，其效果与直接为 border 属性设置为 1px solid $highlight-color 的值没什么区别。

3. 变量名用中画线还是下画线分隔

Sass 变量名可以与 CSS 中的属性名和选择器名称相同，包括中画线和下画线。这取决于个人的喜好，有些人喜欢使用中画线来分隔变量中的多个词（如$highlight-color），而有些人则喜欢使用下画线（如$highlight_color）。使用中画线的方式更为普遍。在 Sass 语言中，这两种用法是相互兼容的。用中画线声明的变量可以使用下画线的方式引用，反之亦然。

请看下面的例子。

```
$link-color: blue;
a {
    color: $link_color;
}
// 编译后
a {
    color: blue;
}
```

在上例中，$link-color 和$link_color 其实指向的是同一个变量。实际上，在 Sass 的大多数地方，中画线命名的内容和下画线命名的内容是互通的。当然除了变量，也包括对混合器和 Sass 函数的命名。不过需要注意的是，在 Sass 代码的纯 CSS 部分并不是互通的，如类名、ID 或属性名。

1.3.3 嵌套 CSS 规则

在 CSS 中，重复写选择器是非常恼人的。当编写一组指向页面中同一块的样式时，往

往需要一遍又一遍地写同一个 ID。在 Sass 中可以在规则块中嵌套规则块，从而避免这种情况，并使样式可读性更高。Sass 在输出 CSS 时会将这些嵌套规则处理好，避免重复书写。

1. 简单的 CSS 规则嵌套

假如在 id 为 content 的元素中包含一个 article 元素和一个 aside 元素，该 article 元素中又包含一个一级标题 h1 和一个段落 p，如果要为一级标题、段落和 aside 设置样式，则可以通过嵌套 CSS 规则块来实现。Sass 源代码如下：

```
#content {
    article {
        h1 {
            color: #333
        }
        p {
            margin-bottom: 1.4em
        }
    }
    aside {
        background-color: #eee
    }
}

// 编译后
#content article h1 {
    color: #333
}
#content article p {
    margin-bottom: 1.4em
}
#content aside {
    background-color: #eee
}
```

在输出 CSS 时，Sass 用了两步：首先，将#content（父级）这个 id 放到 article 选择器（子级）和 aside 选择器（子级）的前边；然后，由于#content article 内部存在嵌套的规则，Sass 重复一遍上面的步骤，将新的选择器添加到内嵌的选择器前面。

一个给定的规则块，既可以像普通的 CSS 那样包含属性，又可以嵌套其他规则块。当要同时为一个容器元素及其子元素编写样式时，这种能力就非常有用了。例如：

```
#content {
    background-color: #f5f5f5;
    aside {
        background-color: #eee
    }
}

// 编译后
#content {
    background-color: #f5f5f5
}
#content aside {
    background-color: #eee
}
```

2. 父选择器的标识符&

一般情况下，Sass 在解开一个嵌套规则时会把父选择器（#content）通过一个空格连接到子选择器（article 和 aside）的前面形成新的选择器（#content article 和#content aside），在 CSS 中称为后代选择器。但在，在某些情况下却不会希望 Sass 使用这种后代选择器的方式来生成这种连接。比较常见的情况是：为链接之类的元素写:hover 这种伪类时，并不希望采用这种后代选择器的方式进行连接。

在这种情况下，可以使用一个特殊的 Sass 选择器，即父选择器&。在使用嵌套规则时，父选择器能对嵌套规则如何解开提供更好的控制。它就是一个简单的&符号，并且可以放在任何一个选择器可以出现的地方，如 h1 放在哪里，它就可以放在哪里。例如：

```
article a {
    color: blue;
    &:hover {
        color: red
    }
}
```

当包含父选择器标识符的嵌套规则被打开时，它不会像后代选择器那样进行拼接，而是&被父选择器直接替换。因此，上述 Sass 代码编译后的结果为：

```
article a {
    color: blue
}
article a:hover {
    color: red
}
```

3. 群组选择器的嵌套

在 CSS 中，选择器 "h1, h2, h3" 会同时选中 h1 元素、h2 元素和 h3 元素。与此类似，选择器 ".button, button" 会选中 button 元素和类名为.button 的元素。这种选择器称为群组选择器。群组选择器的规则会对命中群组中任何一个选择器的元素生效。

如果需要在一个特定的容器元素内对一个群组选择器进行修饰，则在群组选择器中的每一个选择器前都重复一遍容器元素的选择器。例如：

```
.container h1, .container h2, .container h3 {
    margin-bottom: .8em
}
```

Sass 的嵌套特性在这种情况下也非常有用。当 Sass 解开一个群组选择器规则内嵌的规则时，它会把每一个内嵌选择器的规则都正确地解出来，这看起来有点儿像代数中提取公因式的情形。例如：

```
.container {
    h1, h2, h3 {
        margin-bottom: .8em
    }
}
```

首先 Sass 将.container 与 h1、h2 和 h3 分别组合，然后将三者重新组合成一个群组选择器，从而生成上面所看到的普通 CSS 样式。对于内嵌在群组选择器内的嵌套规则，处理方式也是一样的。例如：

```
nav, aside {
    a {
        color: blue
    }
}
```

编译时，Sass 首先将 nav 和 aaside 分别与 a 组合，然后将二者重新组合成一个群组选择器，结果如下：

```
nav a, aside a {
    color: blue
}
```

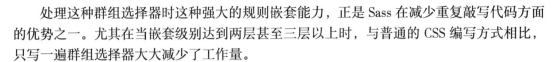

处理这种群组选择器时这种强大的规则嵌套能力，正是 Sass 在减少重复敲写代码方面的优势之一。尤其在当嵌套级别达到两层甚至三层以上时，与普通的 CSS 编写方式相比，只写一遍群组选择器大大减少了工作量。

4. 子选择器和同层选择器

在 CSS 中，后代选择器用于选择特定元素或元素组的所有后代，对父元素的选择放在前面，对子元素的选择放在后面，两者之间用一个空格分隔。子选择器>用于选择直接后代；同层选择器包括+和~，其中+用于选择后面紧跟的一个兄弟元素，~则用于选择后面的所有兄弟元素。这些组合选择器必须与其他选择器配合使用，以选择某种特定上下文中的元素。

在 Sass 的规则嵌套中也可以使用后代选择器、子选择器及同层选择器，使用时应将它们放在外层选择器之后、内层选择器之前。

下面给出 1 个例子。

```scss
article {
  ~ article {
    border-top: 1px dashed #ccc
  }
  > section {
    background: #eee
  }
  dl > {
    dt {
      color: #333
    }
    dd {
      color: #555
    }
  }
  nav + & {
    margin-top: 0
  }
}

// 编译后
article ~ article {
  border-top: 1px dashed #ccc
}
article > section {
  background: #eee
}
article dl > dt {
  color: #333
}
article dl > dd {
  color: #555
}
nav + article {
  margin-top: 0
}
```

5. 嵌套属性

有不少 CSS 属性是由两个单词组成的，单词之间用中画线"-"连接。这样的属性也称为嵌套属性。例如：border-style 就是嵌套属性，其中 boder 为根属性，style 为子属性。在 Sass 语言中，CSS 属性也可以进行嵌套，其规则如下：将属性名从中画线"-"处断开，在根属性后面添加一个冒号:，紧跟一个{ }块，将子属性部分写在这个{ }块中。Sass 会将这些子属性一一解开，将根属性和子属性部分通过中画线"-"连接起来，最后生成所需要的CSS 样式。例如：

```
nav {
    border: {
    style: solid;
    width: 1px;
    color: #ccc;
    }
}

// 编译后
nav {
    border-style: solid;
    border-width: 1px;
    border-color: #ccc;
}
```

对于 CSS 属性的缩写形式，还可以用以下方式来嵌套，以指明例外规则：

```
nav {
    border: 1px solid #ccc {
    left: 0px;
    right: 0px;
    }
}

// 编译后
nav {
    border: 1px solid #ccc;
    border-left: 0px;
    border-right: 0px;
}
```

1.3.4 导入 Sass 文件

与 CSS 类似，Sass 语言也支持@import 规则。在大型 Sass 项目中，为了处理大量的样式，通常将这些样式分拆到多个文件中，并在需要时利用@import 规则导入 Sass 文件。这也是保证 Sass 的代码可维护性和可读性的一个重要环节。

1. @import 规则

在 CSS 中，允许通过@import 规则在一个 CSS 文件中导入其他 CSS 文件。不过，由于只有执行到@import 时浏览器才会去下载其他 CSS 文件，这将导致页面加载过程变慢。

在 Sass 语言中，也有一个@import 规则，所不同的是，Sass 的@import 规则是在生成 CSS 文件时就把相关文件导入进来，所有相关的样式被归并到了同一个 CSS 文件中，而无须发起额外的下载请求。另外，在被导入的文件中定义的所有变量和混合器都可以在导入文件中使用。

使用 Sass 的@import 规则时，并不需要指明被导入文件的全名，可以省略文件扩展名.sass 或.scss（见图 1.4）。这样，在不修改样式表的前提下，就可以修改被导入的 Sass 样式文件语法，在 Sass 与 Scss 语法之间随意切换。

2. 使用 Sass 部分文件

将 Sass 样式分散到多个文件时，通常只想生成少数几个 CSS 文件。那些专门为@import 命令而编写的 Sass 文件，并不需要生成对应的独立 CSS 文件，这样的 Sass 文件称为局部文件。命名 Sass 局部文件时其文件名必须以下画线开头。这样，Sass 就不会在编译时单独编译这个文件并输出为 CSS，而只把这个文件用作导入的文件。当导入一个局部文件时，也可以省略文件名开头的下画线，而不写文件的全名。例如，要导入 themes/_night-sky.scss 这个局部文件里的变量，只需要在样式表中写@import "themes/night-sky";即可。

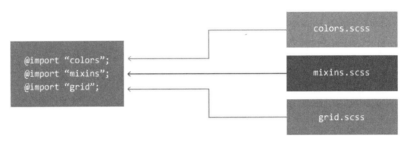

图 1.4　使用@import 导入 Sass 文件

3. 默认变量值

同一个 Sass 局部文件可以在多个不同的文件中引用。当一些样式需要在多个页面甚至多个项目中使用时，这是非常有用的。在这种情况下，有时需要在样式表中对导入的样式稍作修改，Sass 有一个功能刚好可以解决这个问题，即默认变量值。

一般情况下，反复声明一个变量时，只有最后一处声明有效且它会覆盖前面的值。例如：

```
$link-color: blue;
$link-color: red;
a {
    color: $link-color;
}
```

在上例中，超链接的 color 会被设置为 red，这可能并不是想要的结果。假如写了一个可被他人通过@import 导入的 Sass 库文件，可能希望导入者可以定制修改 Sass 库文件中的某些值,这时使用 Sass 的!default 标签可以达到这个目的。这个标签很像 CSS 属性中!important标签的对立面，所不同的是它只能用于设置变量的默认值，其作用是：如果这个变量被声明赋值了，则使用所声明的值，否则使用这个默认值。例如：

```
$fancybox-width: 400px !default;
.fancybox {
    width: $fancybox-width;
}
```

在上例中，如果用户在导入 Sass 局部文件之前声明了一个$fancybox-width 变量，则局部文件中对变量$fancybox-width 赋值 400px 的操作就无效。如果用户没有做这样的声明，则该变量将默认为 400px。

4. 嵌套导入

与原生的 CSS 不同，Sass 允许将@import 命令写在 CSS 规则内。使用这种导入方式生成对应的 CSS 文件时，局部文件会被直接插入 CSS 规则内导入它的位置。

举个例子。假设有一个名为_blue-theme.scss 的局部文件，其内容如下：

```
aside {
  background: blue;
  color: white;
}
```

然后将这个局部文件导入一个 CSS 规则内，代码如下：

```
.blue-theme {
  @import "blue-theme"
}
```

生成的结果与直接在.blue-theme 选择器内写_blue-theme.scss 文件的内容完全相同：

```
.blue-theme {
  aside {
    background: blue;
    color: #fff;
  }
}
```

被导入的局部文件中定义的所有变量和混合器，也会在这个规则范围内生效。这些变量和混合器不会全局有效，这样就可以通过嵌套导入只对站点中某一特定区域运用某种颜色主题或其他通过变量配置的样式。

5. 原生的 CSS 导入

由于 Sass 语言兼容原生的 CSS，所以它也支持原生的 CSS@import。尽管通常在 Sass 中使用@import 时，Sass 会尝试找到对应的 Sass 文件并将其导入进来，但在下列 3 种情况下会生成原生的 CSS@import，这将造成浏览器解析 CSS 时的额外下载。

- 被导入文件以.css 作为扩展名；
- 被导入文件的路径是一个 URL 地址（如 http://www.sass.com/css/css.css）；
- 被导入文件的路径是 CSS 的 url() 值。

由此可知，不能用 Sass 的@import 直接导入一个原始的 CSS 文件，因为 Sass 会认为这是想使用 CSS 原生的@import。不过，由于 Ssass 的语法完全兼容 CSS，所以只需要将原始的 CSS 文件的扩展名改为.scss，即可直接导入了。

6. 静默注释

注释可以帮助样式作者记录编写 Sass 代码过程中的想法。在原生的 CSS 中，注释内容对于其他人是直接可见的，但 Sass 提供了一种方式，可以在生成的 CSS 文件中按需抹掉相应的注释。CSS 中注释的作用包括帮助组织样式、以后看代码时明白为什么这样写，以及简单的样式说明。但是，并不希望每个浏览网站源码的人都能看到所有注释。

Sass 提供了一种不同于 CSS 标准注释格式/* …… */的注释语法，即静默注释，其内容不会出现在生成的 CSS 文件中。编写静默注释时，所遵循的语法与 JavaScript、Java 等类 C 的语言中单行注释的语法相同，它们以//开头，注释内容直到行末。例如：

```
body {
  color: #333;   // 这种注释内容不会出现在生成的 CSS 文件中
  padding: 0;    /* 这种注释内容会出现在生成的 CSS 文件中 */
}
```

实际上，CSS 的标准注释格式/* …… */内的注释内容也可以在所生成的 CSS 文件中抹去。当注释内容出现在原生 CSS 不允许的地方，如在 CSS 属性或选择器中，Sass 将不知道如何将其生成到对应 CSS 文件中的相应位置，于是这些注释将被抹掉。例如：

```
body {
```

```
        color /* 这块注释内容不会出现在生成的 css 中 */: #333;
        padding: 1; /* 这块注释内容也不会出现在生成的 css 中 */ 0;
}
```

1.3.5　使用混合器

如果在整个网站中有几处小小的样式类似（如一致的颜色和字体等），则使用变量来统一处理这种情况是非常不错的选择。但是，当样式变得越来越复杂，需要大段大段的重用样式的代码时，只使用独立的变量就难以应付这种情况了。在这种场合，可以通过 Sass 语言中的的混合器来实现大段样式的重用。

1. 定义混合器

在 Sass 中，混合器可以使用@mixin 标识符来定义，通过这个标识符给一大段样式赋予一个名称，然后可以通过引用这个名称来重用这段样式。

下面的 Sass 代码定义了一个非常简单的混合器，目的是添加跨浏览器的圆角边框。

```
@mixin rounded-corners {          // 定义名为 rounded-corners 的混合器
    -moz-border-radius: 5px;      // 前缀-moz 代表 Firefox 浏览器私有属性
    -webkit-border-radius: 5px;   // 前缀-webkit 代表 Safari、Chrome 浏览器的私有属性
    border-radius: 5px;
}
```

然后便可以在样式表中通过@include 来调用这个混合器，并将其放在所希望的任何地方。@include 调用会把混合器中的所有样式提取出来放在@include 被调用的位置。例如：

```
.notice {
    background-color: green;
    border: 2px solid #00aa00;
    @include rounded-corners;
}
// 编译后
.notice {
    background-color: green;
    border: 2px solid #00aa00;
    -moz-border-radius: 5px;
    -webkit-border-radius: 5px;
    border-radius: 5px;
}
```

在类样式.notice 中，属性 border-radius、-moz-border-radius 及-webkit-border-radius 全部来自 rounded-corners 这个混合器。

2. 何时使用混合器

利用混合器很容易在样式表的不同地方共享样式。如果发现自己在不停地重复一段样式，就应该将这段样式构造成优良的混合器。

判断一组属性是否应该组合成一个混合器，一条经验就是能否为这个混合器想出一个好的名字。如果能找到一个很好的短名字来描述这些属性修饰的样式，如 rounded-cornersfancy-font 或者 no-bullets，则往往能够构造一个合适的混合器，否则构造混合器可能并不合适。

混合器在某些方面与 CSS 类相似，即都是给一大段样式命名，所以在选择使用哪个的时候有可能会产生疑惑。最重要的区别就是类名是在 HTML 文件中应用的，而混合器是在CSS 样式表中应用的；CSS 类名具有语义化含义，用来描述 HTML 元素的含义而不是 HTML

元素的外观，而混合器是展示性的描述，用来描述一条 CSS 规则应用之后会产生何种视觉效果。

在前面的例子中，.notice 是一个有语义的类名。如果一个 HTML 元素拥有 notice 类名，则表明这个 HTML 元素的用途是向用户展示提醒信息。rounded-corners 混合器是展示性的，它描述了引用它的 CSS 规则的视觉样式是具有圆角边框效果。

3. 混合器中的 CSS 规则

混合器中不仅可以包含 CSS 属性，也可以包含 CSS 规则。当一个包含 CSS 规则的混合器通过@include 包含在一个父规则中时，该混合器中的规则最终会生成一个嵌套规则。例如：

```
@mixin no-bullets {   // 定义混合器
  list-style: none;   // CSS 属性
  li {   // CSS 规则
    list-style-image: none;
    list-style-type: none;
    margin-left: 0px;
  }
}
ul.plain {
  color: #333;
  @include no-bullets;   // 调用混合器
}
// 编译后
ul.plain {
  color: #333;
  list-style: none;
}
ul.plain li {   // 嵌套规则
  list-style-image: none;
  list-style-type: none;
  margin-left: 0px;
}
```

混合器中的规则也可以使用 Sass 的父选择器标识符&。使用起来与不用混合器时一样，Sass 解开嵌套规则时，用父规则中的选择器替代&。

如果一个混合器只包含 CSS 规则而不包含属性，则该混合器可以在文档的顶部调用，写在所有的 CSS 规则之外。

4. 给混合器传参

为了定制混合器生成的精确样式，可以通过在使用@include 混合器时给混合器传递参数。当@include 混合器时，参数就是可以赋值给 CSS 属性值的变量。例如：

```
// 定义混合器 link-colors，包含 3 个参数
@mixin link-colors($normal, $hover, $visited) {
  color: $normal;
  &:hover {
    color: $hover;
  }
  &:visited {
    color: $visited;
  }
}
// 调用定义混合器 link-colors 并为其传参
```

```
a {
    @include link-colors(blue, red, green);
}
// 编译后
a {
    color: blue;
}
a:hover {
    color: red;
}
a:visited {
    color: green;
}
```

当@include 混合器时，有时可能难以区分每个参数是什么意思，参数之间是一个什么样的顺序。为了解决这个问题，Sass 允许通过语法$name: value 的形式指定每个参数的值。使用这种方式传递参数，参数的顺序就无所谓了，只需要保证没有漏掉参数即可。例如：

```
a {
    @include link-colors ($normal: blue, $visited: green, $hover: red);
}
```

5. 默认参数值

为了在@include 混合器时不必传入所有的参数，也可以给参数指定一个默认值。参数默认值使用$name:default-value 形式来进行声明，默认值可以是任何有效的 CSS 属性值，也可以是对其他参数的引用。例如：

```
// 定义包含默认参数值的混合器
@mixin link-colors($normal, $hover: $normal, $visited: $normal) {
    color: $normal;
    &:hover {
        color: $hover;
    }
    &:visited {
        color: $visited;
    }
}
// 调用混合器时省略了后两个参数
a {
    @include link-colors(red);
}
// 编译后
a {
    color: red;
}
a:hover {
    color: red;
}
a:visited {
    color: red;
}
```

1.3.6　使用选择器继承

选择器继承是指一个选择器可以继承为另一个选择器定义的所有样式。在 Sass 语言中，选择器继承通过@extend 语法来实现。例如：

```
.error {
    border: 1px solid red;
```

```
    background-color: #fdd;
}
.serious-error {
    @extend .error;          //选择器继承
    border-width: 3px;
}
// 编译后
.error, .serious-error {
    border: 1px solid red;
    background-color: #fdd;
}
.serious-error {
    border-width: 3px;
}
```

在上例中，类样式.serious-error 继承了为.error 定义的所有样式。以 class="serious-error" 修饰的 HTML 元素最终的展示效果如同以 class="serious-error error"修饰的。

1.4　使用 Bootstrap

Bootstrap 基本上是一个 CSS 框架，它提供了大量的 CSS 样式和组件，可以方便快速地创建优雅美观的 Web 应用界面。使用 Bootstrap 之前，需要首先下载和安装它，然后就可以在 HTML 文档中引用它，并在原生的 HTML 标签中通过 class 属性来应用 Bootstrap 样式。还可以通过 JavaScript 插件来增强 Bootstrap 的功能，为此还必须在文档中引用 jQuery 库。

1.4.1　下载和安装 Bootstrap

Bootstrap 可以从其官网（http://getbootstrap.com）下载。编写本书时 Bootstrap 的最新稳定版是 4.4.1。下载 Bootstrap 的步骤如下。

（1）在 Bootstrap 官网首页上单击"Download"按钮，如图 1.5 所示。

图 1.5　Bootstrap 官网首页

（2）在如图 1.6 所示的下载页面上选择要下载的 Bootstrap 版本。

图 1.6　Bootstrap 下载页面

- 下载 Bootstrap 编译版本：单击"Download"按钮，将会得到一个.zip 压缩文件，文件名为 bootstrap-4.4.1-dist.zip，文件大小为 714KB。文件解压后，将会看到以下目录结构和文件列表。

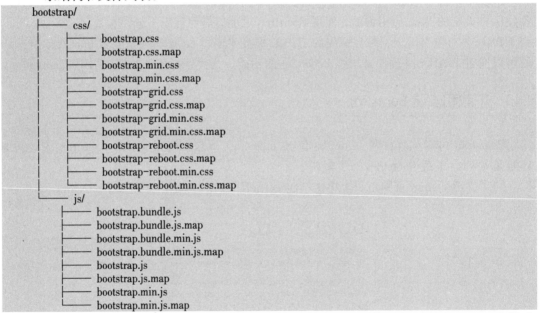

这是 Bootstrap 的基础形式，即编译过的文件，这种即用型代码包可以在 HTML 文档中直接使用，并且几乎能在所有 Web 项目中使用。其中 bootstrap.*是未经压缩的文件，便于在开发过程中阅读、学习和分析；bootstrap.min.*则是经过压缩的文件，可以用于生产过程。

所有文件中真正要用的只有 4 个，即 bootstrap.css 和 bootstrap.min.css（Bootstrap CSS库）、bootstrap.js 和 bootstrap.min.js（JavaScript 插件支持文件）。为了在开发中使用 Bootstrap，需要将这些文件复制到项目中。

bootstrap.*.map 格式的文件是源代码映射表，可以在某些浏览器的开发工具中使用。

- 下载 Bootstrap 源代码：单击"Download source"按钮，将会得到一个.zip 压缩文件，

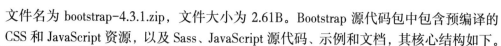

　　文件名为 bootstrap-4.3.1.zip，文件大小为 2.61B。Bootstrap 源代码包中包含预编译的 CSS 和 JavaScript 资源，以及 Sass、JavaScript 源代码、示例和文档，其核心结构如下。

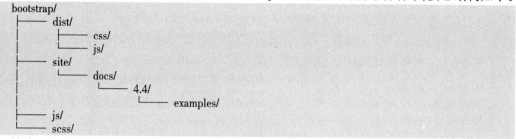

```
bootstrap/
├── dist/
│   ├── css/
│   └── js/
├── site/
│   └── docs/
│       └── 4.4/
│           └── examples/
├── js/
└── scss/
```

　　其中 dist/文件夹包括上述列举的所有预编译文件，docs/文件夹是开发者文件夹，examples/文件夹下则是一些例子。其他文件则是对整个 Bootstrap 开发、编译提供支持的文件、授权信息及支持文档。scss/文件夹下是 Sass 源代码（.scss），js/文件夹下是 JavaScript 源代码。

　　（3）为了使用 Bootstrap 提供的 JavaScript 插件，还需要额外下载以下两个 JavaScript 支持文件。

　　● jQuery 库：下载地址为 https://code.jquery.com/jquery-3.4.1.js。

　　● 定位引擎 Popper.js：下载地址为 https://cdn.bootcss.com/popper.js/1.14.7/esm/popper.js。

　　完成下载后，可将这些支持文件与 Bootstrap 一起复制到项目中。建议在项目中创建两个文件夹：一个是 css 文件夹，用于存放 bootstrap.css、bootstrap.min.css 及其他 CSS 样式表文件；另一个是 js 文件夹，用于存放 bootstrap.js、bootstrap.min.js 及其他 JavaScript 文件。

1.4.2　Bootstrap 开发工具

　　工欲善其事，必先利其器。使用 Bootstrap 框架进行开发时，选择一种好用的开发工具是十分重要的。下面介绍几种目前比较流行的开发工具。

1. Dreamweaver

　　Dreamweaver 是 Adobe 公司旗下的一款网站开发和网页设计工具，其最新版本为 20.1.0.15211。这个版本提供了 Bootstrap 集成功能，同时集成了 Bootstrap 3.4.1 和 Bootstrap 4.4.1 两个版本。默认情况下，将使用 Bootstrap 4.4.1 版本创建新站点。创建文档后，可以在站点根文件夹中找到 css 和 js 文件夹。不过，如果要使用 Bootstrap 3.4.1 版本创建站点，则可以使用"管理站点和设置"。对于 Bootstrap 3.4.1 版本，可以在站点根文件夹中看到 css、js 和 fonts 文件夹。

　　使用新版本的 Dreamweaver，可以通过创建基于 Bootstrap 框架的 HTML 文档来开始打造快速响应网站。一旦文档创建完成，就可以使用 Dreamweaver 中的"插入"面板来快速添加所需要的 Bootstrap 组件，如折叠面板、导航栏或轮播组件等，并且可以在实时视图中查看页面布局和组件的渲染效果。此外，在 Dreamweaver 中还可以使用"可视媒体查询"栏直观地显示页面中的媒体查询，并通过可视化方式显示不同断点处的网页及网页组件在不同大小（viewport）中的呈现效果。

2. WebStorm

WebStorm 是捷克 JetBrains 公司旗下的一款 JavaScript 开发工具，其最新版本为 2020.1。WebStorm 被誉为"Web 前端开发神器""最强大的 HTML5 编辑器""最智能的 JavaScript IDE"等。与 IntelliJ IDEA 同源，继承了 IntelliJ IDEA 强大的 JavaScript 部分的功能。

WebStorm 的智能代码补全不仅支持 HTML5、CSS 和 JavaScript 语言，也支持各种 CSS 框架和 JavaScript 框架。在 WebStorm 中，可以根据需要创建 HTML5 样本文件和其他 Web 应用程序模板文件，如 Bootstrap 模板文件。通过安装 Bootstrap 插件可以快速生成代码片段，用于创建各种各样的 Bootstrap 组件。

3. Sublime Text

Sublime Text 是由澳大利亚的 Sublime HQ Pty Ltd 公司开发的一款轻量级的、跨平台的代码编辑器，其最新版本为 3.2.2 Build 3211。

Sublime Text 具有漂亮的用户界面和强大的功能，支持多种编程语言的语法高亮显示，具有优秀的代码自动完成功能，还拥有代码片段的功能，可以将常用的代码片段保存起来，以便在需要时随时调用。通过安装插件，可以在 Sublime Text 中创建 Bootstrap 模板文件，也可以快速生成代码片段，用于创建 Bootstrap 组件。Sublime Text 支持自定义快捷键、菜单和工具栏，并支持项目切换、多选择、多窗口等。

1.4.3　Bootstrap 起始模板

要在网页中使用 Bootstrap，首先需要导入相关的 CSS 文件和 JavaScript 文件。

（1）导入 Bootstrap CSS 文件可以使用<link>标签来完成。

在开发过程中，可以导入本地 Bootstrap CSS 样式文件：

```
<link rel="stylesheet" href="../css/bootstrap.css">
```

部署项目时，可以使用 CDN 上的 Bootstrap CSS 样式文件：

```
<link rel="stylesheet" href="https://stackpath.bootstrapcdn.com/bootstrap/4.4.1/css/bootstrap.min.css">
```

（2）使用 Bootstrap 提供的 JavaScript 插件时，还需要导入相关的 JavaScript 文件，这可以使用<script>标签来完成。由于存在依赖关系，导入本地 JavaScript 文件时请务必在 bootstrap.js 之前引入 jQuery 库：

```
<script src="../js/jquery-3.4.1.js"></script>
<script src="../js/popper.js"></script>
<script src="../js/bootstrap.js"></script>
```

为了了解何时需要引入 JavaScript 文件，这里列出需要使用 JavaScript 文件的组件清单。

- 可关闭的警告框（Alert）；
- 可切换状态的按钮和单选按钮、复选框（Button、Radio 和 Checkbox）；
- 轮播组件（Carousel）；
- 折叠面板（Collapse）；
- 下拉菜单（Dropdown）（同时需要 popper.js）；
- 模态框（Modal）；
- 导航栏（Navbar）；
- 弹出框（Popover）；
- 工具提示（Tooltip）（同时需要 popper.js）；

- 提示框（Toast）；
- 滚动侦测（Scrollspy）。

部署项目时，也可以使用 Staticfile CDN 上的 JavaScript 文件：

```
<script src="https://code.jquery.com/jquery-3.4.1.min.js"></script>
<script src="https://cdn.jsdelivr.net/npm/popper.min.js@1.16.0/dist/umd/popper.min.js"></script>
<script src="https://stackpath.bootstrapcdn.com/bootstrap/4.4.1/js/bootstrap.min.js"></script>
```

【例 1.2】创建 Bootstrap 模板网页，源代码如下。

```
<!doctype html>
<html>
<head>
<meta charset="utf-8">
<meta name="viewport" content="width=device-width, initial-scale=1, shrink-to-fit=no">
<title>Bootstrap 起始页</title>
<link rel="stylesheet" href="../css/bootstrap.css" >          导入 Bootstrap CSS 样式文件，这
</head>                                                        是使用 Bootstrap 的必要条件！

<body>
<h1>Hello, world!</h1>
<script src="../js/jquery-3.4.1.js"></script>                 这 3 行用于导入 JavaScript 文
<script src="../js/popper.js"></script>                       件，可以根据上面列出的清单
<script src="../js/bootstrap.js"></script>                    块空是否需要导入。
</body>
</html>
```

在网页中使用 Bootstrap 框架时，必须以 HTML5 标准的<!doctype html>声明开头，以指定文档的解析类型。Bootstrap 4 不同于其早期版本，它首先为移动设备优化代码，然后用 CSS 媒体查询来扩展组件。为了确保所有设备的渲染和触摸效果，必须在网页的<head>区添加一个响应式的 meta 标签，即：<meta name="viewport" content="width=device-width, initial-scale=1, shrink-to-fit=no">。这个 meta 标签用于设置文档视口（viewport）的大小，其中 shrink-to-fit=no 的作用是禁止用户对页面进行手动缩放。设置这些参数将有助于在移动设备上查看网页内容。

紧跟着这个 meta 标签，使用 link 标签导入了 Bootstrap CSS 样式文件。Bootstrap 为网页设置了一些全局样式，对基本的网页元素的字体、字号、文本颜色及外边距等属性设置了默认值，这个设置会在当前页面中自动生效。本例中 body 部分只有一个一级标题（h1），其文本颜色和外边距等属性受到了 Bootstrap CSS 样式文件的影响。

在 Edge 浏览器中打开该页面，其效果如图 1.7 所示；如果将导入 Bootstrap CSS 样式文件的<link>标签移除，则该页面就是一个普通 HTML5 页面，其效果如图 1.8 所示。

图 1.7　Bootstrap 模板页面效果

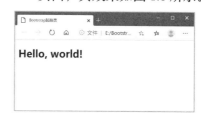

图 1.8　普通 HTML5 页面效果

习题 1

一、选择题

1. Bootstrap 是由（　　）开发的一款前端组件库。

　　A. Microsoft　　　　　　B. Adobe　　　　　　　C. Twitter　　　　　　　　D. IBM

2. 在媒体查询中，（　　）用于计算机屏幕、平板、智能手机等设备。

　　A. print　　　　　　　　B. screen　　　　　　　C. speech　　　　　　　　D. all

3. 在媒体查询中，（　　）定义输出设备的屏幕可见宽度。

　　A. device-width　　　　B. max-device-width　　C. max-width　　　　　　D. width

4. Bootstrap 源文件的扩展名是（　　）。

　　A. .css　　　　　　　　B. .scss　　　　　　　　C. sass　　　　　　　　　D. .js

二、判断题

1. （　　）如果要支持 Internet Explorer 9 浏览器，开发时需要选择 Bootstrap 4。

2. （　　）媒体查询旨在不同条件下使用不同样式，使网页在不同终端设备中达到不同的渲染效果。

3. （　　）使用分号可以将多个媒体查询组合起来。

4. （　　）如果希望屏幕宽度在 600px～900px 时 CSS 样式生效，则媒体查询可定义为@media screen and (min-width: 600px) and (max-width: 900px) {. . .}。

5. （　　）编译 Sass 文件的命令是：sass input.scss output.css。

三、操作题

1. 从网上下载最新版本的 Bootstrap。

2. 从网上下载最新版本的 jQuery。

3. 从网上下载最新版本的 Popper.js。

4. 下载并安装 Sass 语言。

5. 用 Sass 语言编写一个 Sass 源文件（.scss），然后将其编译为 CSS 文件（.css）。

6. 编写 Bootstrap 模板网页文件并在浏览器中查看其效果。

第**2**章

| 使用 Bootstrap 布局 |

Bootstrap 提供了一套响应式布局解决方案，包括包装容器、强大的网格系统、灵活的媒体对象和响应式实用程序类。由于这套布局解决方案是在媒体查询的基础之上建立的，因此很容易实现响应式网页设计。通过本章将学习和掌握 Bootstrap 布局解决方案。

本章学习目标

- 掌握布局容器的使用方法
- 掌握网格系统的使用方法
- 了解布局工具类的功能

 ## 2.1　布局基础知识

使用 Bootstrap 布局解决方案之前，首先需要了解一些基础知识，包括包装容器、响应断点及堆叠顺序等。

2.1.1　包装容器

使用 Bootstrap 网格系统时，要求将整个网格布局放在容器中，这也是使用网格系统的必要条件。容器是 Bootstrap 中最基本的布局元素，容器用于包含页面内容并具有内边距，还可以使内容居中对齐。Bootstrap 提供了以下 3 种类型的包装容器。

1. .container 容器

使用.container 类样式定义的容器根据视口宽度的不同，通过媒体查询来设置固定的宽度。由于.container 容器的最大宽度（max-width）在每个断点处都会发生变化，因此，当改变视口宽度时，整个页面布局将呈现出阶段性的变化。

.container 类样式代码包括以下两个部分。

第 1 部分代码未应用媒体查询，具体内容如下。

```
.container {
    width: 100%;
    padding-right: 15px;
    padding-left: 15px;
    margin-right: auto;
    margin-left: auto;
}
```

> 当视口宽度为 576px 时，容器宽度等于视口宽度。

上述样式具有以下特点：容器具有全宽度（100%），但这种情况仅适用于超小视口；容器的左、右内边距均为 15px；容器在视口中水平居中。

第 2 部分代码应用了媒体查询，具体内容如下。

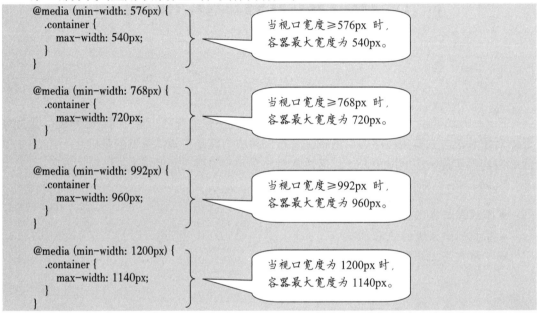

```
@media (min-width: 576px) {
    .container {
        max-width: 540px;
    }
}
```

> 当视口宽度≥576px 时，容器最大宽度为 540px。

```
@media (min-width: 768px) {
    .container {
        max-width: 720px;
    }
}
```

> 当视口宽度≥768px 时，容器最大宽度为 720px。

```
@media (min-width: 992px) {
    .container {
        max-width: 960px;
    }
}
```

> 当视口宽度≥992px 时，容器最大宽度为 960px。

```
@media (min-width: 1200px) {
    .container {
        max-width: 1140px;
    }
}
```

> 当视口宽度为 1200px 时，容器最大宽度为 1140px。

上述代码针对不同的视口最小宽度 min-width（断点），对容器的最大宽度 max-width 设置了不同的值。当视口宽度小于等于 576px（超小型设备）时，第 1 部分代码中定义的容器宽度生效，即容器具有全宽度，此时容器宽度始终等于视口宽度，容器宽度随视口宽度变化而变化，而且这种变化是连续的。如果视口宽度超过了 576px，则容器的最大宽度将随视口宽度的变化而变化，而且这种变化是不连续的，在以下 4 个断点处容器最大宽度将发生变化。

- 当视口宽度大于等于 576px（小型设备）时，容器宽度固定为 540px。
- 当视口宽度大于等于 768px（中型设备）时，容器宽度固定为 720px。
- 当视口宽度大于等于 992px（大型设备）时，容器宽度固定为 960px。
- 当视口宽度大于等于 1200px（超大设备）时，容器宽度固定为 1140px。

提示：CSS 属性 width 和 max-width 之间有联系也有区别。width 属性设置元素的宽度，max-width 则定义元素的最大宽度，后者对元素宽度设置一个最大限制。因此，元素宽度可以比 max-width 值窄，但不能比其宽。在实际应用中，如果未设置 width 而只设置 max-width，则元素宽度由 max-width 决定；如果只设置 width 而未设置 max-width，则元素宽度由 width 决定。当同时设置 width 和 max-width 时，则分为以下两种情况：如果 width 值小于 max-width 值，则元素宽度由 width 决定；如果 width 值大于或等于 max-width 值，则元素宽度由

max-width 决定。

在 Dreamweaver 中，可以使用"可视媒体查询"栏直观地显示页面中的媒体查询，并通过可视化方式显示不同断点处的网页及网页组件在不同大小视口中的呈现效果。当在不同视口查看页面时，可以针对特定视口进行页面设计，而不影响其他视口的页面设计。

要将一个元素定义为.container 容器，将.container 类样式应用于该元素即可。例如：

```
<body class="container">...</body>
<div class="container">...</div>
```

在这里，容器中包含的内容一般应当是应用.row 类样式的元素（行），一个行中可以包含若干个应用.col 类的元素（列）。

2. .container-{breakpoint}容器

.container-{breakpoint}是 Bootstrap 4 中新增的容器类，其中 breakpoint 表示断点类型，用 sm、md、lg 或 xl 表示，对应的视口最小宽度分别为 576px、768px、992px 和 1200px。

与.container 容器一样，.container-{breakpoint}容器的左右内边距均为 15px，容器内容在水平方向居中对齐。不过，此类容器达到指定断点之前，其宽度一直为 100%（与视口同宽），达到该断点时将设置 max-width，此后将应用后续断点的 max-width（见表 2.1）。

表 2.1   .container-{breakpoint}容器在不同视口宽度下的 max-width 属性设置

类样式	超小型（<576px）	小型（≥576px）	中型（≥768px）	大型（≥992px）	超大型（≥1200px）
.container-sm	100%	540px	720px	960px	1140px
.container-md	100%	100%	720px	960px	1140px
.container-lg	100%	100%	100%	960px	1140px
.container-xl	100%	100%	100%	100%	1140px

.container-{breakpoint}可以用于定义响应式容器，即：

```
<div class="container-sm">...</div>
<div class="container-md">...</div>
<div class="container-lg">...</div>
<div class="container-xl">...</div>
```

3. .container-fluid 容器

.container-fluid 用于定义跨越整个视口宽度的容器，即：

```
<div class="container-fluid">
    <!-- 内容在此 -->
</div>
```

与.container 和.container-{breakpoint}容器一样，.container-fluid 容器的左右内边距也是 15px。所不同的是，无论视口的宽度如何，.container-fluid 容器的宽度始终为 100%，换言之，此类容器具有全宽度。

【例 2.1】创建不同类型的容器并测试不同宽度视口中的页面布局。源代码如下。

```
<!doctype html>
<html>
<head>
<meta charset="utf-8">
<meta name="viewport" content="width=device-width, initial-scale=1">
<title>布局容器</title>
<link rel="stylesheet" href="../css/bootstrap.css">
</head>

<body class="border border-info">
```

.border 用于设置边框；.border-info 用于设置边框颜色。

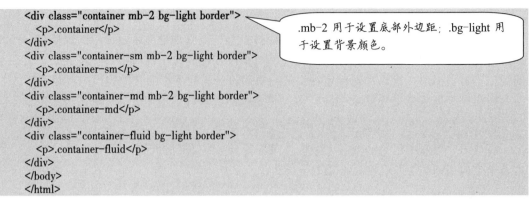

```
<div class="container mb-2 bg-light border">
    <p>.container</p>
</div>
<div class="container-sm mb-2 bg-light border">
    <p>.container-sm</p>
</div>
<div class="container-md mb-2 bg-light border">
    <p>.container-md</p>
</div>
<div class="container-fluid bg-light border">
    <p>.container-fluid</p>
</div>
</body>
</html>
```

.mb-2 用于设置底部外边距；.bg-light 用于设置背景颜色。

本例中分别对 4 个 div 元素应用.contianer、.container-sm、.container-md 及.container-fluid 类样式，将它们定义为不同类型的容器。此外，代码中还应用了以下类样式：.border 用于设置边框；.border-info 用于设置边框颜色；.mb-2 用于设置底部外边距；.bg-light 用于设置背景颜色。所有这些类样式均包含在 bootstrap.css 中。

在 Edge 浏览器中打开该页面；按快捷键【F12】或【Ctrl+Shift+I】，打开开发人员工具窗口；单击该窗口工具栏上的【Toggle device toolbar】按钮 ⌨，或按快捷键【Ctrl+Shift+M】，打开切换设备工具栏，进入响应式设计模式；在工具栏上输入不同的宽度（如 360px、600px、1000px），或通过拖动宽度控制柄改变视口的宽度，同时观察页面布局的变化，如图 2.1~图 2.3 所示。

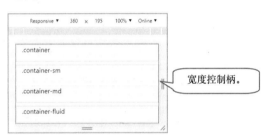

宽度控制柄。

图 2.1　视口宽度等于 360px 时的页面布局

图 2.2　视口宽度等于 600px 时的页面布局

图 2.3　视口宽度等于 1000px 时的页面布局

2.1.2 响应断点

由于 Bootstrap 首先是为移动设备而开发的，因此使用了一些媒体查询来为布局和界面创建合理的断点。这些断点主要基于最小视口宽度（min-width），并允许随着视口宽度的变化按比例放大元素。

Bootstrap 主要是在源 Sass 文件中使用以下媒体查询范围（或断点）来处理布局、网格系统和组件。

```
// xs：超小型设备（纵向手机，小于 576 像素）
// 没有针对 "xs" 的媒体查询，因为这是 Bootstrap 中的默认设置
// 未应用媒体查询的样式，如.container 类样式的第 1 部分

// sm：小型设备（横向手机，576 像素及以上）
@media (min-width: 576px) { ... }

// md：中型设备（平板电脑，768 像素及以上）
@media (min-width: 768px) { ... }

// lg：大型设备（台式机，992 像素及以上）
@media (min-width: 992px) { ... }

// xl：超大型设备（大型台式机，1200 像素及以上）
@media (min-width: 1200px) { ... }
```

由于 Bootstrap 的 CSS 源文件是用 Sass 语言编写的，因此所有媒体查询都可以通过 Sass 混合器（mixin）来获得：

```
// xs 断点无须媒体查询，因为它实际上是@media (min-width: 0) { ... }
@include media-breakpoint-up(sm) { ... }
@include media-breakpoint-up(md) { ... }
@include media-breakpoint-up(lg) { ... }
@include media-breakpoint-up(xl) { ... }
```

2.1.3 堆叠顺序

CSS 属性 z-index 通过提供第 3 个轴（z 轴）来安排内容，以帮助控制布局。z-index 属性用于设置元素的堆叠顺序，堆叠顺序较高的元素总是位于堆叠顺序较低的元素前面。

在 Bootstrap 中，一些组件使用了 z-index 属性，即通过使用默认的 z-index 属性，适当地对导航、工具提示、弹出窗口及模态框等组件进行分层。在 Sass 文件中，z-index 属性值是通过一些 Sass 变量来设置的，变量列表如下：

```
$zindex-dropdown:            1000 !default;
$zindex-sticky:              1020 !default;
$zindex-fixed:               1030 !default;
$zindex-modal-backdrop:      1040 !default;
$zindex-modal:               1050 !default;
$zindex-popover:             1060 !default;
$zindex-tooltip:             1070 !default;
```

上述值用于依赖于 z 轴的分层组件。应避免对这些值进行自定义，如果要更改其中的一项，则可能需要全部更改。

2.2　创建网格系统

Bootstrap 4 提供了一套强大的移动优先的 flexbox 网格系统，它是一个 12 列的布局，具有 5 种响应尺寸（对应于不同的屏幕），支持 Sass 变量、混合器及数十个预定义类，可以用来构建各种形状和大小的布局。

2.2.1　工作原理

Bootstrap 网格系统使用一系列容器、行和列来布局和对齐内容，它是使用弹性框构建的，并且具有完全的响应能力。

容器提供了一种使网页内容水平居中放置的方法。创建网格系统时，可以使用.container 定义自适应宽度容器，也可以使用.container-{breakpoint}定义响应式容器。除此之外，还可以使用.container-fluid 定义全屏宽度容器，即在所有视口和设备尺寸中宽度始终为 100%。不同类型的容器均具有相同的内边距，其 padding-right 和 padding-left 的值均为 15px。

创建网格布局时，可以在容器中添加多个行（.row）。行具有负的外边距，其 margin-left 和 margin-right 的值均为-15px。行是列的包装，一行中包含多个列，内容则必须放在列内，并且只有列可以是行的直接子代。

每列都有水平填充，其 padding-right 和 padding-left 的值均为 15px，也称为装订线，用于控制它们之间的间距。一行中的第 1 列和最后一列的水平填充与该行的负边距刚好抵消。这样，列中的所有内容在视觉上都是左对齐的。

由于网络布局是基于弹性框创建的，没有指定列宽度的网格将自动按等宽列来安排布局。例如，.col-sm 的 4 个实例将自动从小断点开始向上增加 25%的宽度。

列类（.col-*）表示希望在每行中使用的列数，每行最多包含 12 列。因此，如果要创建跨 3 个相等宽度的列，则可以使用.col-4 类。

列宽是按相对于其父元素的百分比设置的，因此列宽始终是流式的，且大小合适。

列具有水平填充，用于在各个列之间创建装订线，但是，也可以删除行的边距，并通过使用.no-gutter 删除列的填充。

网格是响应式布局，一共有 5 个网格断点，分别对应一个响应断点：超小型（xs）、小型（sm）、中型（md）、大型（lg）和超大型（xl）。

网格断点基于最小宽度（min-width）的媒体查询，这意味着它们适用于该断点及其上方的所有断点。例如，.col-sm-4 适用于小型、中型、大型和超大型设备，但不适用于第 1 个断点（xs）。

使用预定义的网格类（如.col-4）或 Sass 混合器，可以获得更多的语义标记。

需要注意的是，由于 flexbox 的局限性和错误，无法将某些 HTML 元素用作 flex 容器。

Bootstrap 使用 em 或 rem 为单位来定义大多数元素的大小，但网格断点和容器宽度使用的是 px。这是因为视口宽度以 px 为单位，并且不会随字体大小而变化。

Bootstrap 网格系统在各种设备上的工作方式（见表 2.2）。

表 2.2　Bootstrap 网格系统在各种设备上的工作方式

	超小型屏幕 （<576px）	小型屏幕 （≥576px）	中型屏幕 （≥768px）	大型屏幕 （≥992px）	超大型屏幕 （≥1200px）
最大容器宽度	None（auto）	540px	720px	960px	1140px
列类前缀	.col-	.col-sm-	.col-md-	.col-lg-	.col-xl-
列　　数	12				
列　间　隙	30px（每列两侧各 15px）				
可嵌套性	允许				
可排序性	允许				

【例 2.2】使用预定义的网格类在小型、中型、大型和超大型设备上创建一个网格系统，一共包含 3 行，其中第 1 行包含 1 列，第 2 行包含 2 列，第 3 行包含 3 列。源代码如下：

```
<!doctype html>
<html>
<head>
<meta charset="utf-8">
<meta name="viewport" content="width=device-width, initial-scale=1">
<title>等宽布局</title>
<link rel="stylesheet" href="../css/bootstrap.css">
</head>

<body>
<div class="container border border-info">
    <div class="row">                                          第 1 行。
        <div class="col py-3 text-center">
            <h4>等宽布局</h4>                    .py-3 用于添加垂直填充；.text-center
        </div>                                   设置文本水平居中对齐。
    </div>
    <div class="row">                            第 2 行。
        <div class="col py-3 bg-light border"> 1 / 2 </div>
        <div class="col py-3 bg-light border"> 1 / 2 </div>    包含 2 列。
    </div>
    <div class="row">                            第 3 行。
        <div class="col py-3 bg-light border"> 1 / 3 </div>
        <div class="col py-3 bg-light border"> 1 / 3 </div>
        <div class="col py-3 bg-light border"> 1 / 3 </div>    包含 3 列。
    </div>
</div>
</body>
</html>
```

本例中网络系统的容器、行和列均使用 div 元素，在 div.container 容器中添加了 3 个 div.row 元素作为行，在每一行中添加一些 div.col-sm 元素作为列。对于每一列均应用了.py-3 类，以添加垂直填充，将 padding-top 和 padding-bottom 均设置为 1rem，rem 是相对长度单位，指相对于根元素（html）的 font-size 计算值的大小；.text-center 设置文本水平居中对齐。

在 Edge 浏览器中打开该页面，进入响应式设计模式；在工具栏上输入宽度为 360px（小于断点 sm），此时网格内的所有列均变成 100%，与容器宽度相等，沿垂直方向呈现为堆叠状态，如图 2.4 所示。在工具栏上输入宽度为 600px（大于断点 sm），此时网格分为 3 行显示，同一行中各列宽度相等，沿水平方向排列，如图 2.5 所示。

图 2.4　视口宽度等于 360px 时的布局　　　图 2.5　视口宽度等于 600px 时的布局

2.2.2　基本网格

Bootstrap 网格由容器、行和列组成。要创建一个网格，在容器中添加行和列即可。

1. 等宽布局

在网格布局中，可以使用.col 类来定义各列，此时同一行中每列的宽度都相等，而且适用于从 xs 到 xl 所有断点的各种设备和视口。在这种等宽布局中，如果一行中包含的列数为 n，则每个列的宽度均为 $1/n$（相对于父元素的百分比）。

例如，如果一行中只包含一个.col 列，则该列的宽度为 100%；如果一行中包含两个.col 列，则每列的宽度均为 50%；如果一行中包含 3 个.col 列，则每列的宽度均为 33.333333%，以此类推。

需要说明的是，实际上并不存在"xs"这个断点类型，通常将屏幕宽度小于 576px 的设备视为超小设备。

【例 2.3】等宽列布局示例。源代码如下：

```html
<!doctype html>
<html>
<head>
<meta charset="utf-8">
<meta name="viewport" content="width=device-width, initial-scale=1">
<title>等宽布局</title>
<link rel="stylesheet" href="../css/bootstrap.css">
</head>

<body>
<div class="container border border-info">
    <div class="row">
        <div class="col py-3 text-center">
            <h4>等宽布局</h4>
        </div>
    </div>
    <div class="row">
        <div class="col py-3 bg-light border"> 1 / 2 </div>
        <div class="col py-3 bg-light border"> 1 / 2 </div>
    </div>
    <div class="row">
        <div class="col py-3 bg-light border"> 1 / 3 </div>
        <div class="col py-3 bg-light border"> 1 / 3 </div>
        <div class="col py-3 bg-light border"> 1 / 3 </div>
    </div>
</div>
</body>
```

第 1 行仅包含 1 列，该列于容器等宽。

第 2 行包含 2 列，这 2 列平分容器宽度。

第 3 行包含 3 列，这 3 列占容器宽度的 1/3。

```
</body>
</html>
```

本例中创建了一个.container 容器，在该容器中添加了 3 行，并在这些行中分别添加了 1~3 个.col 列，同一行中各列宽度相等。由此创建的网格系统适用于所有设备和视口。

在 Edge 浏览器中打开该页面，进入响应式设计模式，将视口宽度分别设置为 360px 和 600px，观察网格布局效果，如图 2.6 和图 2.7 所示。

图 2.6 视口宽度等于 360px 的布局　　　　图 2.7 视口宽度等于 600px 时的布局

2. 等宽多行

通过插入.w-100 可以创建跨越多行的等宽列，位于插入点之后的列将换到新的一行中。.w-100 是 Bootstrap 提供的一个通用类样式，其作用是将元素的 width 属性设置为 100%。

【例 2.4】等宽多行布局示例。源代码如下：

```
<!doctype html>
<html>
<head>
<meta charset="utf-8">
<meta name="viewport" content="width=device-width, initial-scale=1">
<title>等宽多行布局</title>
<link rel="stylesheet" href="../css/bootstrap.css">
</head>

<body>
<div class="container border border-info">
  <div class="row">
    <div class="col py-3 text-center"><h4>等宽多行布局</h4></div>
  </div>
  <div class="row">
    <div class="col py-3 bg-light border">col</div>
    <div class="col py-3 bg-light border">col</div>        这 3 列位于同一行中。
    <div class="col py-3 bg-light border">col</div>
    <div class="w-100"></div>                              此处强制换行。
    <div class="col py-3 bg-light border">col</div>
    <div class="col py-3 bg-light border">col</div>        这 3 列位于同一行中。
    <div class="col py-3 bg-light border">col</div>
    <div class="w-100"></div>                              此处强制换行。
    <div class="col py-3 bg-light border">col</div>
    <div class="col py-3 bg-light border">col</div>        这 3 列位于同一行中。
    <div class="col py-3 bg-light border">col</div>
  </div>
</div>
</body>
</html>
```

本例在第 2 行中添加了 9 个.col 列，并在第 3 列和第 6 列之后添加了 div.w-100 元素，从而将一行拆分成了3行。显示效果如图2.8所示。

3. 设置列宽

在网格列的自动布局中，使用列类.col-1～.col-12 可以设置一列的宽度，并使同级列在其周围自动调整大小。在这种情况下，无论中间列的宽度如何，其他列都会调整大小。

列类.col-1～.col-12 中的数字对应于列的flex-basis 和 max-width 属性。例如，.col-1 将这两个属性均设置为 1/12=8.333333%，.col-2 将这两个属性均设置为 2/12=16.666667%，.col-12 将这两个属性均设置为 12/12=100%。

图 2.8　等宽多行布局

【例 2.5】创建一个布局网格，对其中的部分列设置宽度。源代码如下：

```
<!doctype html>
<html>
<head>
<meta charset="utf-8">
<meta name="viewport" content="width=device-width, initial-scale=1">
<title>设置列宽</title>
<link rel="stylesheet" href="../css/bootstrap.css">
</head>

<body>
<div class="container border border-info text-center">
   <div class="row">
      <div class="col py-3 border text-center">
         <h4>设置列宽</h4>
      </div>
   </div>
   <div class="row">
      <div class="col py-3 bg-light border"> .col </div>
      <div class="col-2 py-3 bg-light border"> .col-2 </div>
      <div class="col py-3 bg-light border"> .col </div>
   </div>
   <div class="row">
      <div class="col py-3 bg-light border"> .col </div>
      <div class="col-3 py-3 bg-light border"> .col-3 </div>
      <div class="col py-3 bg-light border"> .col </div>
   </div>
   <div class="row">
      <div class="col py-3 bg-light border"> .col </div>
      <div class="col-4 py-3 bg-light border"> .col-4 </div>
      <div class="col py-3 bg-light border"> .col </div>
   </div>
</div>
</body>
</html>
```

中间列宽度为 2/12，左右 2 列平分剩余空间。

中间列宽度为 3/12，左右 2 列平分剩余空间。

中间列宽度为 4/12，左右 2 列平分剩余空间。

本例在容器中一共添加了4行。在下面3行中均添加了3列，并指定了中间列的宽度，中间列具有指定宽度，左右两侧的.col列则平分了剩余的空间。在 Edge 浏览器中打开该页面，可以看到网格下面的3行中，两个.col列宽度相等，但不同行中的.col列宽度是各不相同的，效果如图2.9所示。

图 2.9　设置列宽

4. 自动列宽

创建网格布局时，如果想使某一列的宽度随着其内容的自然宽度自动调整，使用.col-auto 类样式来定义该列即可。.col-auto 列的宽度仅由其包含的内容决定，并不会随着视口宽度的变化而变化。

【例 2.6】创建一个布局网格，设置其中的部分列自动适应内容宽度。源代码如下：

```
<!doctype html>
<html>
<head>
<meta charset="utf-8">
<meta name="viewport" content="width=device-width, initial-scale=1">
<title>自动列宽</title>
<link rel="stylesheet" href="../css/bootstrap.css">
</head>

<body>
<div class="container border border-info">
  <div class="row">
    <div class="col py-3 text-center">
      <h4>可变列宽</h4>
    </div>
  </div>
  <div class="row justify-content-center text-center">
    <div class="col-2 py-3 bg-light border"> .col-2 </div>
    <div class="col-5 py-3 bg-light border"> .col-5 </div>
    <div class="col-2 py-3 bg-light border"> .col-2 </div>
  </div>
  <div class="row justify-content-center text-center">
    <div class="col-2 py-3 bg-light border"> .col-2</div>
    <div class="col-auto py-3 bg-light border"> .col-auto 左右 2 列宽度固定 </div>
    <div class="col-2 py-3 bg-light border"> .col-2 </div>
  </div>
  <div class="row text-center">
    <div class="col py-3 bg-light border"> .col </div>
    <div class="col-auto py-3 bg-light border"> .col-auto 左列宽度可变 右列宽度固定 </div>
    <div class="col-2 py-3 bg-light border"> .col-2 </div>
  </div>
</div>
</body>
</html>
```

> justify-content-center 设置列中内容居中对齐。

> 左右 2 列宽度固定，中间列根据内容自动决定宽度。

本例在网格中一共添加了 4 行。对最下面的 2 行的中间列应用了.col-auto 类样式，因此其列宽刚好容纳了文本内容。对中间 2 行应用了.justify-content-center 类样式，其作用是使行中包含的内容水平居中对齐。在 Edge 浏览器中打开该页面，观察布局随视口而变化的情况，如图 2.10 和图 2.11 所示。

图 2.10　某一视图宽度时的布局

图 2.11　增加视口宽度时的布局

2.2.3　响应网格

Bootstrap 网格包括 5 层预定义的类，用于构建复杂的响应式网格布局。在开发过程中，可以针对超小型（.xl）、小型（.sm）、中型（.md）、大型（.lg）或超大型（.xl）设备自定义合适的列大小。

1.覆盖所有断点

如果要一次性创建覆盖从超小型到超大型设备的布局网格，添加列时可以使用与断点无关的列类.col 或.col-*。创建等宽布局时，使用不带编号的列类.col 即可；如果需要特定宽度的列，则应使用带有编号的列类.col-*。

【例 2.7】使用与断点无关的列类创建一个覆盖所有设备的网格。源代码如下：

```
<!doctype html>
<html>
<head>
<meta charset="utf-8">
<meta name="viewport" content="width=device-width, initial-scale=1">
<title>覆盖所有设备的网格</title>
<link rel="stylesheet" href="../css/bootstrap.css">
</head>

<body>
<div class="container border border-info text-center">
  <div class="row">
    <div class="col py-3">
        <h4>覆盖所有设备的网格</h4>
    </div>
  </div>
  <div class="row">
    <div class="col py-3 bg-light border"> .col </div>
```

```
        <div class="col py-3 bg-light border"> .col </div>
        <div class="col py-3 bg-light border"> .col </div>
    </div>
    <div class="row">
        <div class="col-3 py-3 bg-light border"> .col-3 </div>
        <div class="col-4 py-3 bg-light border"> .col-4 </div>
        <div class="col-5 py-3 bg-light border"> .col-5 </div>
    </div>
    <div class="row">
        <div class="col py-3 bg-light border"> .col </div>
        <div class="col-7 py-3 bg-light border"> .col-7 </div>
        <div class="col py-3 bg-light border"> .col </div>
    </div>
</div>
</body>
</html>
```

本例网格由 4 行组成。首行仅包含一个.col
列，列宽为 100%；次行包含 3 个.col 列，列宽
均为 1/3；第 3 行包含 3 个特定宽度的列，分别
使用带编号的列类.col-*来定义，列宽取决于类
名中数字的大小；末行中间的.col-7 列宽度为
7/12，剩余空间由左右两侧的.col 列平分。

在 Edge 浏览器中打开该页面，对视口宽度
进行调整，此时可以看到网格布局将保持不变，
显示效果如图 2.12 所示。

图 2.12　覆盖所有设备的网格布局

2. 响应式列类

响应式列类可以用.col-{breakpoint}-*来表示，其中 breakpoint 为断点类型，可以是 sm、
md、lg 或 xl。使用某种.col-{breakpoint}-*类，可以创建一个基本的响应式网格。此时如果
没有指定其他断点类型，则当视口宽度小于该断点宽度时各列将呈现堆叠状态，即每列均
单独占一行，而当视口宽度大于或等于该断点宽度时各列又会变成水平排列。

【例 2.8】使用.col-sm-*类创建响应式网格。源代码如下：

```
<!doctype html>
<html>
<head>
<meta charset="utf-8">
<meta name="viewport" content="width=device-width, initial-scale=1">
<title>响应式网格</title>
<link rel="stylesheet" href="../css/bootstrap.css">
</head>

<body>
<div class="container border border-info text-center">
    <div class="row">
        <div class="col-sm py-3">
            <h4>响应式网格</h4>
        </div>
    </div>
    <div class="row">
        <div class="col-sm py-3 bg-light border"> .col-sm </div>
        <div class="col-sm py-3 bg-light border"> .col-sm </div>
        <div class="col-sm py-3 bg-light border"> .col-sm </div>
    </div>
```

```
    <div class="row">
        <div class="col-sm-3 py-3 bg-light border"> .col-sm-3 </div>
        <div class="col-sm-4 py-3 bg-light border"> .col-sm-4 </div>
        <div class="col-sm-5 py-3 bg-light border"> .col-sm-5 </div>
    </div>
    <div class="row">
        <div class="col-sm py-3 bg-light border"> .col-sm </div>
        <div class="col-sm-7 py-3 bg-light border"> .col-sm-7 </div>
        <div class="col-sm py-3 bg-light border"> .col-sm </div>
    </div>
</div>
</body>
</html>
```

本例中的响应式网格由 4 行组成。首行仅包含一个.col-sm 列；次行包含 3 个.col-sm 列；第 3 行包含.col-sm-3 列、.col-sm-4 列和.col-sm-5 列各一个；末行中间为.clo-sm-7 列，两侧各有一个.col-sm 列。所有列均与 sm 断点相关，在该断点以下呈堆叠状态，超过该断点后将变成水平排列。在 Edge 浏览器中打开该页面，进入响应式开发模式，分别设置视口宽度为 360px、600px 和 800px，可以看到网格布局由堆叠状态转换为水平排列，结果如图 2.13～图 2.15 所示。

图 2.13　堆叠状态

图 2.14　水平排列（1）

图 2.15　水平排列（2）

3. 混合搭配

如果将各种设备中的网格布局都做成一样的，将很单调乏味。实际上，也可以根据需要对同一个列应用包含多种不同断点类型的列类，从而使同一个网格在不同设备上呈现出不同的布局效果。

【例 2.9】创建包含混合搭配列的响应式网格。源代码如下：

```html
<!doctype html>
<html>
<head>
<meta charset="utf-8">
<meta name="viewport" content="width=device-width, initial-scale=1">
<title>混合搭配布局</title>
<link rel="stylesheet" href="../css/bootstrap.css">
</head>

<body>
<div class="container border border-info text-center">
  <div class="row">
    <div class="col py-3">
      <h4>混合搭配布局</h4>
    </div>
  </div>
  <div class="row">
    <div class="col-sm-8 py-3 bg-light border">.col-sm-8</div>
    <div class="col-6 col-sm-4 py-3 bg-light border">.col-6 .col-sm-4</div>
  </div>
  <div class="row">
    <div class="col-6 col-sm-4 py-3 bg-light border">.col-6 .col-sm-4</div>
    <div class="col-6 col-sm-4 py-3 bg-light border">.col-6 .col-sm-4</div>
    <div class="col-6 col-sm-4 py-3 bg-light border">.col-6 .col-sm-4</div>
  </div>
  <div class="row">
    <div class="col-6 py-3 bg-light border">.col-6</div>
    <div class="col-6 py-3 bg-light border">.col-6</div>
  </div>
</div>
</body>
</html>
```

> 第 1 列仅与 sm 断点有关，第 2 列为混合搭配。

> 这 3 列均为混合搭配。

> 这 2 列宽度恒为 6/12。

本例中网格为 4 行。

第 1 行仅包含一个.col 列，列宽恒为 100%。

第 2 行包含 2 列，第 1 列应用了.col-sm-8 类，在 sm 断点以下呈现为全宽度，超过 sm 断点时列宽则为 2/3；第 2 列同时应用了.col-6 和.col-sm-4 类，sm 断点以下列宽为 1/2 且换行，超过 sm 断点时列宽则为 1/3，无须换行。

第 3 行中的 3 列同时应用了.col-6 和.col-sm-4 类，sm 断点以下列宽均为 1/2，第 3 列将换行；超过 sm 断点时列宽均为 1/3，合为一行。

第 4 行包含两个.col-6 列，列宽恒为 1/2。在 Edge 浏览器中打开该页面，进入响应式开发模式，设置不同的视口宽度（如 575px 和 640px），查看 sm 断点以下和超过该断点宽度时的网格布局，效果如图 2.16 和图 2.17 所示。

图 2.16　sm 断点以下的网格布局

图 2.17　超过 sm 断点时的网格布局

4. 调整装订线

默认情况下，网格列在水平方向具有 15px 的填充量，称为装订线。根据需要，也可以通过特定断点的填充类和负边距类来快速调整装订线，具体做法是：在.row 行中应用负边距类 mx-{breakpoint}-n*，在.col 列中应用相匹配的填充类 px-{break}-*。在这种情况下，父级容器也需要使用匹配的填充类来进行调整，以避免不必要的溢出。

【例 2.10】调整装订线示例。源代码如下：

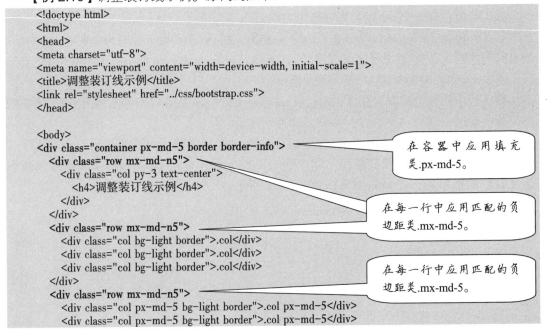

```
    <div class="col px-md-5 bg-light border">.col px-md-5</div>
  </div>
  <div class="row mx-md-n5">
    <div class="col py-3 bg-light border">.col py-3</div>
    <div class="col py-3 bg-light border">.col py-3</div>
    <div class="col py-3 bg-light border">.col py-3</div>
  </div>
  <div class="row mx-md-n5">
    <div class="col px-md-5 py-3 bg-light border">.col px-md-5 py-3</div>
    <div class="col px-md-5 py-3 bg-light border">.col px-md-5 py-3</div>
    <div class="col px-md-5 py-3 bg-light border">.col px-md-5 py-3</div>
  </div>
</div>
</body>
</html>
```

本例中网格由 5 行组成，其中所有列均通过.col 类来定义，默认装订线位置为 15px。
为了调整装订线，在.container 容器上应用了填充类.px-md-5，并在每一行上都应用了负边
距类.mx-md-n5。第 1 行仅包含一列，该列应用了填充类.py-3；第 2 行作为参照行使用，
装订线保持默认状态，没有进行调整；第 3 行中每列均应用了填充类.px-md-5，当小于 md
断点时装订线保持默认状态，当超过 md 断点时将增加填充量，装订线向右移动。第 4 行
中每列均应用了填充类.py-3，仅调整了垂直填充。最后一行中每列均应用了填充
类.px-md-5（与第 3 行类似），同时还应用了填充类.py-3（与第 4 行类似）。

在 Edge 浏览器中打开该页面，进入响应式开发模式，在工具栏上输入不同的视口宽度
（如 600px 和 800px），并观察装订线的变化情况，效果如图 2.18 和图 2.19 所示。

图 2.18　小于 md 断点时的布局

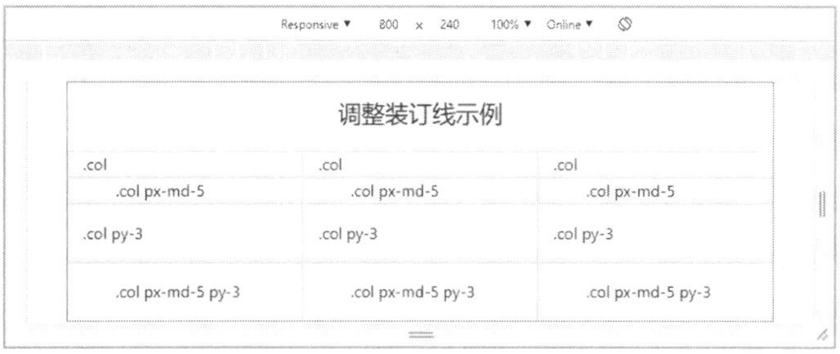

图 2.19　超过 md 断点时的布局

5. 行列布局

使用响应式的行列类（.row-cols-*）可以快速设置最能呈现站点内容和布局的列数，
例如：.row-cols-2 指定一行内包含 2 列，.row-cols-3 指定一行内包含 3 列，等等。

普通的列类.col-*（如.col-md-4）应用于各个列，而行列类则要应用于行（.row）上。

使用这些行列类可以快速创建基本的网格布局或控制卡片布局。

【例 2.11】行列布局示例。源代码如下：

```
<!doctype html>
<html>
<head>
<meta charset="utf-8">
<meta name="viewport" content="width=device-width, initial-scale=1">
<title>行列布局示例</title>
<link rel="stylesheet" href="../css/bootstrap.css">
</head>

<body>
<div class="container border border-info text-center">
  <div class="row">
    <div class="col py-3">
       <h4>行列布局示例</h4>
    </div>
  </div>
  <div class="row row-cols-2">                      .row-cols-2 设置一行内包含 2 列。
    <div class="col py--3 bg-light border">.col</div>
    <div class="col py--3 bg-light border">.col</div>
    <div class="col py--3 bg-light border">.col</div>
    <div class="col py--3 bg-light border">.col</div>
  </div>
  <div class="row row-cols-3">                      .row-cols-3 设置一行内包含 3 列。
    <div class="col py--3 bg-light border">.col</div>
    <div class="col py--3 bg-light border">.col</div>
    <div class="col py--3 bg-light border">.col</div>
    <div class="col py--3 bg-light border">.col</div>
    <div class="col py--3 bg-light border">.col</div>
    <div class="col py--3 bg-light border">.col</div>
  </div>
  <div class="row row-cols-4">                      .row-cols-4 设置一行内包含 4 列。
    <div class="col py--3 bg-light border">.col</div>
    <div class="col py--3 bg-light border">.col</div>
    <div class="col py--3 bg-light border">.col</div>
    <div class="col py--3 bg-light border">.col</div>
    <div class="col py--3 bg-light border">.col</div>
    <div class="col py--3 bg-light border">.col</div>
    <div class="col py--3 bg-light border">.col</div>
  </div>
</div>
</body>
</html>
```

在本例的网格系统中，第 1 个 .row 行仅包含 1 列，用于显示标题；后面 3 个 .row 行中分别包含 4 列、6 列和 8 列，对它们依次应用了行列类 .row-col-2、.row-col-3 和 .row-col-4，设置这些 .row 行分别包含 2 列、3 列和 4 列，从而将它们都拆分成了 2 行，因此整个网格系统一共有 7 行。在 Edge 浏览器中打开该页面，其显示效果如图 2.20 所示。

图 2.20　行列布局示例

2.2.4 对齐方式

使用 flexbox 对齐工具可以设置列的水平和垂直对齐方式。不过，当 flex 容器具有最小高度（min-height）时，Internet Explorer 10/11 浏览器不支持 flex 项目的垂直对齐。

1. 水平对齐方式

在网格布局中，行是列的弹性容器，列则是行中的项目。通过在 .row 行中应用以下对齐类可以设置列在行中的水平对齐方式。

- .justify-content-start：对齐于行的起始位置（左对齐）。
- .justify-content-center：对齐于行的中间（居中对齐）。
- .justify-content-end：对齐于行的结束位置（右对齐）。
- .justify-content-between：首列与其所在行起始位置对齐，末列与其所在行结束位置对齐。空白空间在列之间平均分配，使得相邻列之间的间距相同。
- .justify-content-around：类似于 justify-content-between，所不同的是首列与末列与所在行两端同样存在间距，该间距是列间距的一半。

【例 2.12】设置水平对齐方式示例。源代码如下：

```
<!doctype html>
<html>
<head>
<meta charset="utf-8">
<meta name="viewport" content="width=device-width, initial-scale=1">
<title>设置水平对齐方式</title>
<link rel="stylesheet" href="../css/bootstrap.css">
</head>

<body>
<div class="container border border-info">
  <div class="row">
    <div class="col py-3 text-center">
      <h4>设置水平对齐方式</h4>
    </div>
  </div>
  <div class="row justify-content-start">           ← 左对齐。
    <div class="col-3 py-3 bg-light border"> start </div>
    <div class="col-3 py-3 bg-light border"> start </div>
    <div class="col-3 py-3 bg-light border"> start </div>
  </div>
  <div class="row justify-content-center">          ← 居中对齐。
    <div class="col-3 py-3 bg-light border"> center </div>
    <div class="col-3 py-3 bg-light border"> center </div>
    <div class="col-3 py-3 bg-light border"> center </div>
  </div>
  <div class="row justify-content-end">             ← 右对齐。
    <div class="col-3 py-3 bg-light border"> end </div>
    <div class="col-3 py-3 bg-light border"> end </div>
    <div class="col-3 py-3 bg-light border"> end </div>
  </div>
  <div class="row justify-content-between">         ← 首列左对齐，末列右对齐，
    <div class="col-3 py-3 bg-light border"> between </div>   空白空间均分。
    <div class="col-3 py-3 bg-light border"> between </div>
    <div class="col-3 py-3 bg-light border"> between </div>
  </div>
```

```
    <div class="row justify-content-around">
        <div class="col-3 py-3 bg-light border"> around </div>
        <div class="col-3 py-3 bg-light border"> around </div>
        <div class="col-3 py-3 bg-light border"> around </div>
    </div>
</div>
</body>
</html>
```

> 左列与左端，右列与右端的间距均为列间距的一半。

本例网格包含 6 行，首行用于显示标题，其余 5 行均用于演示设置水平对齐方式的效果，分别对这些行应用了不同的对齐类。在 Edge 浏览器中打开该页面，效果如图 2.21 所示。

2. 垂直对齐方式

设置列的垂直对齐方式分为以下两种情况。

（1）通过在.row 行中应用以下对齐类可以设置所有列在行中的垂直对齐方式。

- .align-items-start：与所在行顶部对齐。

- .align-items-center：与所在行中间对齐。

图 2.21　设置水平对齐方式示例

- .align-items-end：与所在行底部对齐。

（2）通过在特定列中应用以下对齐类可以设置该列在行中的垂直对齐方式。

- .align-self-start：与所在行顶部对齐。

- .align-self-center：与所在行中间对齐。

- .align-self-end：与所在行底部对齐。

【例 2.13】设置垂直对齐方式示例。源代码如下：

```
<!doctype html>
<html>
<head>
<meta charset="utf-8">
<meta name="viewport" content="width=device-width, initial-scale=1">
<title>设置垂直对齐方式示例</title>
<link rel="stylesheet" href="../css/bootstrap.css">
<style>
.row {
    height: 60px;
    background-color: #ffe5e5;
}
.row:last-child {
    height: 120px;
}
.col {
    background-color: #e6ccd5;
}
</style>
</head>

<body>
<div class="container border border-info">
    <div class="row">
        <div class="col py-3 bg-white text-center">
            <h4>设置垂直对齐方式示例</h4>
        </div>
    </div>
```

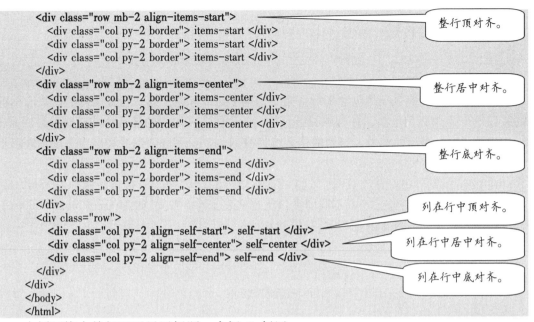

```
<div class="row mb-2 align-items-start">
    <div class="col py-2 border"> items-start </div>
    <div class="col py-2 border"> items-start </div>
    <div class="col py-2 border"> items-start </div>
</div>
<div class="row mb-2 align-items-center">
    <div class="col py-2 border"> items-center </div>
    <div class="col py-2 border"> items-center </div>
    <div class="col py-2 border"> items-center </div>
</div>
<div class="row mb-2 align-items-end">
    <div class="col py-2 border"> items-end </div>
    <div class="col py-2 border"> items-end </div>
    <div class="col py-2 border"> items-end </div>
</div>
<div class="row">
    <div class="col py-2 align-self-start"> self-start </div>
    <div class="col py-2 align-self-center"> self-center </div>
    <div class="col py-2 align-self-end"> self-end </div>
</div>
</div>
</body>
</html>
```

整行顶对齐。

整行居中对齐。

整行底对齐。

列在行中顶对齐。

列在行中居中对齐。

列在行中底对齐。

本例网格中首行用于显示标题,中间 3 行用于演示如何设置一行中所有列的垂直对齐方式,末行用于演示如何设置同一行中不同列的垂直对齐方式。在 Edge 浏览器中打开该页面,显示效果如图 2.22 所示。

3. 删除装订线

默认情况下,预定义网格的列中存在 15px 的填充量,即所谓的装订线。根据需要,也可以通过在列中应用.px-0 类来清除这个填充量,从而删除网格列之间的装订线。

图 2.22 设置垂直对齐方式示例

【例 2.14】删除装订线示例。源代码如下:

```
<!doctype html>
<html>
<head>
<meta charset="utf-8">
<meta name="viewport" content="width=device-width, initial-scale=1">
<title>删除装订线示例</title>
<link rel="stylesheet" href="../css/bootstrap.css">
</head>

<body>
<div class="container border border-info">
    <div class="row">
        <div class="col py-3 text-center">
            <h4>删除装订线示例</h4>
        </div>
    </div>
    <div class="row">
        <div class="col-sm-6 col-md-8 py-3 bg-light border">.col-sm-6 .col-md-8</div>
        <div class="col-6 col-md-4 py-3 bg-light border">.col-6 .col-md-4</div>
    </div>
    <div class="row">
```

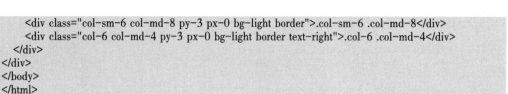

```
        <div class="col-sm-6 col-md-8 py-3 px-0 bg-light border">.col-sm-6 .col-md-8</div>
        <div class="col-6 col-md-4 py-3 px-0 bg-light border text-right">.col-6 .col-md-4</div>
    </div>
</div>
</body>
</html>
```

本例的网格系统中一共包含 3 行。第 1 行用于显示标题；第 2 行作为参照，具有标准的装订线；第 3 行用于演示如何删除装订线，各列的左右两侧的装订线均被删除。后面 2 行均应用了混合搭配的列类，整个网格系统将根据 xs、sm 和 md 这 3 种断点宽度呈现出不同的布局效果。

在 Edge 浏览器中打开该页面，按【F12】进入响应式开发模式，按快捷键【Ctrl+Shift+M】打开设置工具栏，然后通过输入不同的视口宽度来改变网格布局（如 360px、600px 和 800px），显示效果如图 2.23~图 2.25 所示。

图 2.23　xs 断点下的布局

图 2.24　sm 断点下的布局

图 2.25　md 断点下的布局

4. 列的换行

如果在一行内包含的列数超过了 12，则会在保留列完整的前提下，将无法水平排列的多余列重置到下一行，并占用一个完整的新行。

【例 2.15】列换行示例。源代码如下：

```
<!doctype html>
<html>
<head>
<meta charset="utf-8">
<meta name="viewport" content="width=device-width, initial-scale=1">
<title>列换行示例</title>
<link rel="stylesheet" href="../css/bootstrap.css">
</head>

<body>
<div class="container border border-info">
  <div class="row">
    <div class="col py-3 text-center">
      <h4>列换行示例</h4>
    </div>
  </div>
  <div class="row">
    <div class="col-4 py-3 bg-light border">.col-4</div>
    <div class="col-6 py-3 bg-light border">.col-6</div>
    <div class="col-9 py-3 bg-light border">.col-9</div>
  </div>
  <div class="row">
    <div class="col-7 py-3 bg-light border">.col-7</div>
    <div class="col-8 py-3 bg-light border">.col-8</div>
    <div class="col-5 py-3 bg-light border">.col-5</div>
    <div class="col-4 py-3 bg-light border">.col-4</div>
    <div class="col-3 py-3 bg-light border">.col-3</div>
  </div>
</div>
</body>
</html>
```

> 第 1 行包含的列数为 19，被拆分成 2 行。

> 第 2 行包含的列数为 27，被拆分成 3 行。

本例网格包含 3 行。首行仅包含一列，用于显示标题；后面 2 行包含的列数均超过 12，结果第 2 行被拆分成 2 行，第 3 行则被拆分成 3 行。在 Edge 浏览器中打开该页面，其显示效果如图 2.26 所示。

图 2.26 列换行示例

2.2.5 重新排序

默认情况下网格布局中的列是按 DOM 中的先后顺序排列的，也可以根据需要对列进行重新排序。

1. 排序类

排序类.order-*用来控制网格行中列的排列顺序，这些类都是响应式的，因此可以按断点来设置排列顺序（如.order-1 .order-md-2），包括对所有 5 个网格断点从 1 到 12 的支持。此外，还有响应式的排序类.order-first 和.order-last，它们分别将列更改为首列和末列，这些类也可以与带编号的.order-*类混合使用。

【例 2.16】列排序示例。源代码如下：

```
<!doctype html>
<html>
<head>
<meta charset="utf-8">
<meta name="viewport" content="width=device-width, initial-scale=1">
<title>列排序示例</title>
<link rel="stylesheet" href="../css/bootstrap.css">
</head>

<body>
<div class="container border border-info">
    <div class="row">
        <div class="col py-3 text-center">
            <h4>列排序示例</h4>
        </div>
    </div>
  <div class="row">
    <div class="col py-3 bg-light border"> DOM 中的第一列，未应用任何顺序 </div>
    <div class="col order-12 py-3 bg-light border"> DOM 中的第二列，现在排到最后 </div>
    <div class="col order-1 py-3 bg-light border"> DOM 中的第三列，现在顺序为 1 </div>
  </div>
  <div class="row">
    <div class="col order-last py-3 bg-light border"> DOM 中的第一列，现在排到最后 </div>
    <div class="col py-3 bg-light border"> DOM 中的第二列，未排序 </div>
    <div class="col order-first py-3 bg-light border"> DOM 中的第三列，现在排到第一 </div>
  </div>
</div>
</body>
</html>
```

本例网格中包含 3 行，首行用于显示标题，后面 2 行用于演示如何对列进行排序。第 2 行包含 3 列，首列没有进行排序，相当于应用了排序类.order-0，后面 2 列分别应用了排序类.order-12 和.order-1，从而交换了位置。第 3 行也包含 3 列，首列和末列分别应用了排序类.order-last 和.order-first，从而顺序互换，中间列没有排序，相当于应用了排序类.order-0，它仍然位于中间。在 Edge 浏览器中打开该页面，其布局显示效果如图 2.27 所示。

图 2.27 列排序示例

2. 列偏移

网格列的偏移可以通过两种方式来实现，即应用响应式偏移类.offset-*或边距类，边距类包括 ml-*、.p-*、pl-*、.ml-auto 及.mr-auto 等。偏移类的大小可以与列匹配，而边距类对于偏移宽度可变的快速布局更为有用。

使用.offset-{breakpoint}-*类可以使列向右移动，这些类通过*指定的数字增加列的左边距，从而实现列偏移。例如，.offset-md-4 将.col-md-4 向右移动 4 列。

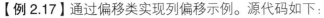

【例 2.17】通过偏移类实现列偏移示例。源代码如下：

```
<!doctype html>
<html>
<head>
<meta charset="utf-8">
<meta name="viewport" content="width=device-width, initial-scale=1">
<title>列偏移示例</title>
<link rel="stylesheet" href="../css/bootstrap.css">
</head>

<body>
<div class="container border border-info">
    <div class="row">
        <div class="col py-3 text-center">
            <h4>列偏移示例</h4>
        </div>
    </div>
    <div class="row">
        <div class="col-md-4 py-3 bg-light border">
            .col-md-4
        </div>
        <div class="col-md-4 offset-md-4 py-3 bg-light border">
            .col-md-4 .offset-md-4
        </div>
    </div>
    <div class="row">
        <div class="col-md-3 offset-md-3 py-3 bg-light border">
            .col-md-3 .offset-md-3
        </div>
        <div class="col-md-3 offset-md-3 py-3 bg-light border">
            .col-md-3 .offset-md-3
        </div>
    </div>
    <div class="row">
        <div class="col-md-6 offset-md-3 py-3 bg-light border">
            .col-md-6 .offset-md-3
        </div>
    </div>
    <div class="row">
        <div class="col-sm-5 col-md-6 py-3 bg-light border">
            .col-sm-5 .col-md-6
        </div>
        <div class="col-sm-5 offset-sm-2 col-md-6 offset-md-0 py-3 bg-light border">
            .col-sm-5 .offset-sm-2 .col-md-6 .offset-md-0
        </div>
    </div>
    <div class="row">
        <div class="col-sm-6 col-md-5 col-lg-6 py-3 bg-light border">
            .col.col-sm-6.col-md-5.col-lg-6
        </div>
        <div class="col-sm-6 col-md-5 offset-md-2 col-lg-6 offset-lg-0 py-3 bg-light border">
            .col-sm-6 .col-md-5 .offset-md-2 .col-lg-6 .offset-lg-0
        </div>
    </div>
</div>
</body>
</html>
```

> 在 md 断点处向右偏移 4 列。

> 在 md 断点处向右偏移 3 列。

> 在 md 断点处向右偏移 2 列，在 lg 断点处取消偏移。

本例网格由 6 行组成，首行用于显示标题，其他 5 行用于演示如何设置列偏移。第 2 行第 2 列（.col-md-4）应用了.offset-md-4 类，在 md 断点处将该列向右偏移 4 列。第 3 行中的 2 列（.col-md-3）均应用了.offset-md-3 类，因此在 md 断点处这 2 列将向右偏移 3 列。第 4 行仅有一个.col-md-6 列，对其应用了 offset-md-3 类，因此在 md 断点处该列将向右偏移 3 列。第 5 行和第 6 行分别包含两个混合搭配列（.col-sm-6 .col-md-5 .col-lg-6），并对第 2 列应用了.offset-md-2 和.offset-lg-0 类，在 md 断点处该列将向右偏移 2 列，在 lg 断点处则取消该列的偏移。在 Edge 浏览器中打开该页面，查看不同断点处的网格布局，效果如图 2.28～图 2.31 所示。

图 2.28　xs 断点处的布局

图 2.29　sm 断点处的布局

图 2.30　md 断点处的布局

图 2.31　lg 断点处的布局

随着 Bootstrap 4 向 flexbox 迁移，也可以使用诸如.ml-auto、.mr-auto 之类的边距类来迫使同级列彼此分离。

【例 2.18】使用边距类分离列示例。源代码如下：

```html
<!doctype html>
<html>
<head>
<meta charset="utf-8">
<meta name="viewport" content="width-device-width, initial-scale=1">
<title>使用边距类分离列示例</title>
<link rel="stylesheet" href="../css/bootstrap.css">
</head>

<body>
<div class="container border border-info">
  <div class="row">
    <div class="col py-3 text-center">
      <h4>使用边距类分离列示例</h4>
    </div>
  </div>
  <div class="row">
    <div class="col-md-4 py-3 bg-light border">.col-md-4</div>
    <div class="col-md-4 ml-auto py-3 bg-light border">.col-md-4 .ml-auto</div>
  </div>
  <div class="row">
    <div class="col-md-3 ml-md-auto py-3 bg-light border">.col-md-3 .ml-md-auto</div>
    <div class="col-md-3 ml-md-auto py-3 bg-light border">.col-md-3 .ml-md-auto</div>
  </div>
  <div class="row">
    <div class="col-auto mr-auto py-3 bg-light border">.col-auto .mr-auto</div>
    <div class="col-auto py-3 bg-light border">.col-auto</div>
  </div>
</div>
</body>
</html>
```

本例网格由 4 行组成。首行用于显示标题；第 2 行包含两个.col-md-4 列，这 2 列在 md 断点以下呈现堆叠状态，由于第 2 列应用了边距类.ml-auto，在 md 断点处该列左侧出现边距，即向右偏移；第 3 行包含的两个.col-md-3 列均应用了边距类.ml-md-auto，它们在 md 断点以下呈现堆叠状态，在 md 断点处左侧出现边距，即向右偏移；第 4 行中包含两个.col-auto 列，其中第 1 列应用了边距类.mr-auto，2 列之间始终存在边距，即处于分离状态。

在 Edge 浏览器中打开该页面，进入响应式开发模式，在工具栏上设置不同的视口宽度，以查看 md 断点两侧的布局，显示效果如图 2.32 和图 2.33 所示。

图 2.32　md 断点以下的布局

图 2.33　md 断点及以上的布局

2.2.6　列的嵌套

如果要将内容嵌套在默认网格中，可以在现有的.col-*列中添加一个新的.row 行和一组.col-*列。这样的行称为嵌套行，其中包含的列数不超过 12。

【例 2.19】列的嵌套示例。源代码如下：

```
<!doctype html>
<html>
<head>
<meta charset="utf-8">
<meta name="viewport" content="width=device-width, initial-scale=1">
<title>列嵌套示例</title>
<link rel="stylesheet" href="../css/bootstrap.css">
</head>

<body>
<div class="container border border-info">
    <div class="row">
        <div class="col py-3 text-center">
            <h4>列嵌套示例</h4>
        </div>
    </div>
    <div class="row justify-content-center">
        <div class="col-sm-9 py-3 bg-light border">
            级别一：.col-sm-9
            <div class="row text-white">
                <div class="col-8 col-sm-6 py-3 bg-success border">
                级别二：.col-8 .col-sm-6 </div>
                <div class="col-4 col-sm-6 py-3 bg-success border">
                级别二：.col-4 .col-sm-6 </div>
            </div>
        </div>
    </div>
</div>
</body>
</html>
```

> 列中包含嵌套行。

本例网格中包含 2 行，其中第 1 行用于显示标题，第 2 行仅包含一个.col-sm-9 列（级别一），该列包含一个嵌套的.row 行，后者包含两个混合搭配列（级别二）。在 sm 断点以下，级别一的列呈现堆叠状态，级别二的 2 列宽度分别为 2/3 和 1/3，超过 sm 断点时级别一的列宽度为 3/4，级别二的 2 列宽度相等。

在 Edge 浏览器中打开该页面，进入响应式开发模式，在工具栏上输入不同的视口宽度，查看 sm 断点两侧的布局情况，效果如图 2.34 和图 2.35 所示。

图 2.34　sm 断点以下的布局

图 2.35　sm 断点及以上的布局

2.3　了解布局工具类

为了更快地进行适合移动设备的响应式开发，Bootstrap 提供了数十种通用样式类，可以用于显示、隐藏、对齐和分隔内容。下面对与布局相关的通用样式类做一个简要的说明，至于这些样式类的详细用法请参阅第 4 章。

1. 设置显示方式

使用响应式显示类.d-*可以设置元素的 display 属性的一些常用值（仅是所有可能值的一个子集），将其与网格系统、内容或组件一起使用，可以在特定视口中显示或隐藏它们。

2. 设置边距

在 CSS 中，可以用 margin 属性来设置元素的外边距，用 padding 属性来设置元素的内边距（也称为填充）。Bootstrap 4 提供了各种响应式边距和填充类，用于设置元素的外边距和内边距。

3. 设置弹性盒布局

Bootstrap 4 是使用弹性盒（flexbox）构建的，但并非每个元素的 display 属性都已更改为 flex，因为这将添加许多不必要的替代内容，并且会意外更改关键的浏览器行为。通过对某个元素应用.d-flex 或.d-inline-flex 类可以创建弹性框容器，并将其直接子元素转换为弹性项目。启用弹性盒之后，可以通过其他 flex 类样式对弹性容器和项目进一步修改。

4. 切换可见性

当不需要切换显示方式时，可以使用可见性实用程序来切换元素的可见性。不可见的元素仍然会占据页面空间，不会对页面布局造成什么影响，不过，其内容在视觉上对访问者来说是隐藏的。

习题 2

一、选择题

1. 对应于最小视口宽度 768px 的容器类是（　　）。

A. .container-sm   B. .container-md   C. .container-lg   D. .container-xl

2. 大型屏幕对应的列类前缀是（   ）。

A. .col-   B. .col-sm-   C. .col-md-   D. .col-lg-

3. 欲使列对齐于行的结束位置，则应在.row 容器中应用.justify-content-（   ）。

A. start   B. center   C. end   D. around

4. 欲使某列在与所在行居中对齐，则应对其应用（   ）。

A. .align-items-start   B. .align-items-center   C. .align-self-start   D. .align-self-center

二、判断题

1.（   ）在视口宽度小于 576px 时.container 容器具有全宽度（100%）。

2.（   ）所有容器类定义的左右内边距都是 20px。

3.（   ）没有指定列宽度的网格将自动按等宽列来安排布局。

4.（   ）网格断点基于最大宽度的媒体查询，这意味着它们适用于该断点及其下方的所有断点。

5.（   ）使用.col 类定义列时，同一行中每列的宽度都相等，而且适用于所有断点。

6.（   ）.col-auto 列的宽度与其包含的内容无关。

7.（   ）使用.col-{breakpoint}-*类创建的响应式网格，当视口宽度小于该断点宽度时各列将呈现堆叠状态，当视口宽度大于或等于该断点宽度时各列又会变成水平排列。

8.（   ）行列类（.row-cols-*）应用于列中。

三、操作题

1. 创建一个适用于所有断点的网格系统，一共包含 4 行，其中第 1 行包含 1 列，第 2 行包含 2 列，第 3 行包含 3 列，第 4 行包含 4 列，要求每一行中的各列宽度相等。

2. 创建一个适用于所有断点的网格系统，一共包含 3 行，每一行包含 3 列，并对每一行中的中间列宽度进行设置，第 1 行中间列占 1/6，第 2 行中间列占 1/4，第 3 行中间列占 1/3。

3. 创建一个适用于所有断点的网格系统，一共包含 3 行，每一行包含 3 列，其中第 1 行第 1 列和第 3 列各占 1/6，第 2 列占 7/12；第 2 行第 1 列和第 3 列各占 1/6，第 2 列按内容自动调整宽度；第 3 行第 2 列按内容自动调整宽度，第 3 列占 1/6，第 1 列占所有剩余空间。

4. 创建一个适用于所有断点的网格系统，一共包含 5 行，每一行包含 3 个.col-3 列，将各行分别设置为不同的水平对齐方式。

5. 创建一个适用于所有断点的网格系统，一共包含 5 行，每一行包含 3 个.col 列，通过 CSS 设置行的高度，将各行分别设置为不同的垂直对齐方式。

第 **3** 章

| 使用 Bootstrap 版式 |

通过网格系统创建页面布局之后，内容的编排直接影响页面的美观程度。Bootstrap 4 从全局设置出发，提供了一组与版式相关的样式，可以用来快速设置标题、段落、代码、图片、列表及表格的格式。

本章学习目标

- 了解 CSS 初始设置内容
- 掌握文档排版的方法
- 掌握代码排版的方法
- 掌握图片排版的方法
- 掌握表格排版的方法

 3.1 CSS 初始设置

Bootstrap 通过 CSS 样式对一系列元素的特征进行初始化设置，并放在一个文件中，旨在提供一个简洁、优雅的基础，并以此作为开发工作的出发点。

3.1.1 页面默认设置

初始设置建立在规范化的基础上，仅使用元素选择器为许多 HTML 元素提供一些基本样式，其他样式则通过.class 类来定义。例如，重置了\<table\>元素的一些基本样式并以此作为基准，然后提供了.table、.table-bordered 等类样式。

Bootstrap 在重置 CSS 时选择覆盖和重定义哪些元素，主要基于以下原则。

- 更新一些浏览器默认值，使用相对单位 rem 代替 em，用于实现可伸缩组件的间距。
- 避免使用 margin-top，防止由此造成排版混乱，从而产生意外结果。更重要的是，单一方向的 margin 是更简单的构思模型。

- 为了更容易进行跨设备缩放，块元素应将 rem 作为 margin 的单位。
- 尽量减少与字体相关的属性的声明，并尽可能使用 inherit。

为了提供更好的页面展示效果，Bootstrap 4 更新了 html 和 body 元素的一些属性，其中包括以下属性。

- 全局性地将每个元素的 box-sizing 属性都设置为 border-box，以确保不会由于 padding 或 border 而超出元素声明的宽度。
- html 根元素上没有声明 font-size 属性，但被假定为 16px（浏览器默认值），然后在此基础上采用 font-size:1rem 的比例应用于<body>元素，可以通过媒体查询轻松地实现响应式缩放，同时尊重用户的首选项，并且确保使用更方便。
- body 元素上设置了全局性的 font-family、line-height 和 text-align，其下面的一些表单元素也继承此属性，以防止字体不一致。
- 为了安全起见，body 元素的 background-color 的默认值赋为#fff（白色）。

Bootstrap 4 删除了默认的 Web 字体（Helvetica Neue，Helvetica 和 Arial），并替换为"本机字体堆栈"，以便在每个设备和操作系统上实现最佳文本呈现。

在源文件_variables.scss 中，本机字体堆栈是通过变量$font-family-sans-serif 来定义的：

```
$font-family-sans-serif:
    // Safari for macOS and iOS (San Francisco)
    -apple-system,
    // Chrome < 56 for macOS (San Francisco)
    BlinkMacSystemFont,
    // Windows
    "Segoe UI",
    // Android
    "Roboto",
    // Basic web fallback
    "Helvetica Neue", Arial, sans-serif,
    // Emoji fonts
    "Apple Color Emoji", "Segoe UI Emoji", "Segoe UI Symbol" !default;
```

上述字体系列适用于 body 元素，并在整个 Bootstrap 中自动全局继承。若要切换全局字体系列，更新变量$font-family-base 并重新编译 Bootstrap 即可。

3.1.2 常用元素设置

Bootstrap 4 对标题、段落、列表、表格和表单等常用页面元素的格式进行了初始化设置，下面对设置的内容做一个简要的说明。

1. 标题和段落

所有标题元素（h1~h6）和段落元素（p）均被重置，移除了顶部外边距 margin-top，对各种标题元素添加了底部外边距 margin-bottom: 0.5rem，对段落元素 p 添加了底部外边距 margin-bottom: 1rem。

2. 列表

对所有列表元素（ul、ol 和 dl）移除了顶部外边距 margin-top，并将底部外边距 margin-bottom 设置为 1rem，被嵌套的子列表则没有 margin-bottom 值。

为了得到更简单的样式、清晰的等级及更好的间距，描述列表中的列表内容<dd>具有更新的边距，其左侧外边距 margin-left 被设置为 0，底部外边距 margin-bottom 则被设置为 0.5rem；列表标题<dt>则以粗体形式显示。

3. 预格式化文本

pre 元素用于定义预格式化的文本，它所包含的文本通常会保留空格和换行符，而文本也会呈现为等宽字体。Bootstrap 重新设置了 pre 元素，移除了其顶部外边距 margin-top，并使用 rem 作为底部外边距 margin-bottom 的单位。

请看下面的例子。

```
.example-element {
    margin-bottom: 1rem;
}
```

4. 表格

对表格进行了微调，以适应 caption 元素的样式和折叠边框,并确保文本始终一致。.table 类对边框和填充等进行了额外的更改。

5. 表单

为了得到简化的基本样式，Bootstrap 对多种表单元素进行了重置，其显著变化主要表现在以下方面。

- fieldset 元素去除了边框、内填充、外边距属性，所以可以将其作为单一的输入框或输入框组放入容器中使用。
- legend 元素与字段集 fieldset 一样，也已被重新设置样式，可以显示为各种标题。
- label 元素的 display 属性被设置为 inline-block，从而可以设置边距属性。
- input、select、textarea、button 元素已被规范化处理，同时重置移除了它们的 margin，并将 inline-height 属性设置为 inherit。
- textarea 元素被修改为只能在垂直方向上调整其大小，因为在水平方向上调整大小通常会"破坏"页面布局。

6. 地址

Bootstrap 更新了 address 元素的初始属性，重置了浏览器默认的 font-style，由 italic 更改为 normal，line-height 同样是继承来的，并添加了 margin-bottom: 1rem。

7. 引用

blockquote 引用块默认的 margin 为 1em 40px，而 Bootstrap 将它重置为 0 0 1rem（该属性为复合属性，可以有 1~4 个属性值），使其与其他元素更加一致。

8. 缩写

abbr 内联元素具有基本的样式，从而使其在段落文本中突出显示。

9. 摘要

摘要元素 summary 上的 cursor 光标默认为 text，Bootstrap 已将其重置为 pointer，以表示可以通过单击来与元素进行交互。

10. hidden 属性

HTML5 添加了一个名为 hidden 的新全局属性，该属性的样式默认设置为 display:

none。借鉴 PureCSS 的想法，Bootstrap 将其定义为[hidden] {display: none !important;}，从而可以防止其 display 被意外覆盖。Internet Explorer 10 本身不支持[hidden]，但 CSS 中的显式声明可以解决这个问题。

3.2 文档排版

下面介绍如何使用 Bootstrap 进行页面排版，主要内容包括全局设置、标题、段落、内联文本元素及列表等。

3.2.1 全局设置

Bootstrap 定义了基本的全局显示、排版和链接样式，如果需要进行更多的控制，则应使用通用的文本处理样式。

- 使用本机字体堆栈，为每个操作系统和设备选择最佳字体系列。
- 假定浏览器使用默认的根字体大小（通常为 16px），以便访问者可以根据需要自定义其浏览器默认设置。
- 使用$font-family-base、$font-size-base 和$line-height-base 属性作为应用于<body>标签的版式基础。
- 通过$link-color 设置全局链接颜色，并仅在:hover 上应用链接下画线。
- 使用$body-bg 在 body 元素上设置背景颜色（默认为#fff）。

以上这些样式可以在 Bootstrap 源文件_reboot.scss 中找到，而全局变量在_variables.scss 中定义，确保使用 rem 来设置$font-size-base。

3.2.2 设置标题

使用 Bootstrap 版式时，可以使用不同方式来设置多种级别的 HTML 页面标题，也可以根据需要设置辅助性标题。

1. 设置各级标题

通常可以使用标准的 HTML 标签<h1>～<h6>来设置各级标题。如果想使用匹配标题的字体样式，但不能使用相关的 HTML 元素，则可以使用类样式 h1.～h6.来设置标题。

【例 3.1】设置标题示例。源代码如下：

```
<!doctype html>
<html>
<head>
<meta charset="utf-8">
<meta name="viewport" content="width=device-width, initial-scale=1">
<title>设置标题示例</title>
<link rel="stylesheet" href="../css/bootstrap.css">
</head>

<body>
```

```
<div class="container">
  <div class="row">
    <div class="col border">
      <h1>h1.一级标题</h1>
      <h2>h2.二级标题</h2>
      <h3>h3.三级标题</h3>
      <h4>h4.四级标题</h4>
      <h5>h5.五级标题</h5>
      <h6>h6.六级标题</h6>
    </div>
    <div class="col border">
      <p class="h1">h1.一级标题</p>
      <p class="h2">h2.二级标题</p>
      <p class="h3">h3.三级标题</p>
      <p class="h4">h4.四级标题</p>
      <p class="h5">h5.五级标题</p>
      <p class="h6">h6.六级标题</p>
    </div>
  </div>
</div>
</body>
</html>
```

本例在网格左列中使用 HTML 标签<h1>~<h6>来设置标题，在右列中使用 h1.~h6.类来设置标题，这两种方式在效果上是相同的，如图 3.1 所示。

2. 设置辅助性标题

从 Bootstrap 3 开始，也可以使用<small>标签和随附的.text-muted 类，在主标题中创建字体较小且颜色暗淡的辅助性标题文本。

图 3.1　设置标题示例

【例 3.2】创建辅助性标题示例。源代码如下：

```
<!doctype html>
<html>
<head>
<meta charset="utf-8">
<meta name="viewport" content="width=device-width, initial-scale=1">
<title>春夜喜雨</title>
<link rel="stylesheet" href="../css/bootstrap.css">
</head>

<body>
<div class="container">
  <div class="row">
    <div class="col text-center">
      <h4>春日<small class="text-muted">【宋代】朱熹</small></h4>
      <hr>
      <p>胜日寻芳泗水滨，无边光景一时新。</p>
      <p>等闲识得东风面，万紫千红总是春。</p>
    </div>
  </div>
</div>
</body>
</html>
```

本例在网格列中应用了.text-center 类，设置文本内容居中对齐。在<h4>标签中嵌入一个<small>标签并对其应用.text-muted 类，用于设置一个辅助性的标题。该页面的显示效果如图 3.2 所示。

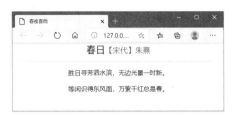

图 3.2　设置辅助性标题

3. 设置显示标题

传统的标题元素旨在以最有效的方式来处理页面内容。当需要一个标题来突出显示时，可以考虑使用 Bootstrap 提供的.display-1 ~ .display-4 类来设置显示标题，这是一种较大的标题样式。默认情况下这些标题不是响应式的，但是根据需要也可以启用响应式字体大小。

【例 3.3】设置显示标题示例。源代码如下：

```html
<!doctype html>
<html>
<head>
<meta charset="utf-8">
<meta name="viewport" content="width=device-width, initial-scale=1">
<title>设置显示标题</title>
<link rel="stylesheet" href="../css/bootstrap.css">
</head>

<body>
<div class="container">
  <div class="row">
    <div class="col">
      <h1 class="display-1">一级显示标题 Display 1</h1>
      <h1 class="display-2">二级显示标题 Display 2</h1>
      <h1 class="display-3">三级显示标题 Display 3</h1>
      <h1 class="display-4">四级显示标题 Display 4</h1>
    </div>
  </div>
</div>
</body>
</html>
```

本例中对 4 个<h1>标签分别了应用了.display-1 ~ .display-4 类，用于创建 4 种不同级别的显示标题，显示效果如图 3.3 所示。

图 3.3　设置显示标题示例

3.2.3　使用段落

在 Bootstrap 4 中，段落标签<p>的顶部外边距被设置为 0，底部边距则被设置为 1rem。

如果打开 bootstrap.css 文件，则可以看到段落标签<p>的 CSS 样式定义，其源代码如下：

```
p {
    margin-top: 0;
    margin-bottom: 1rem;
}
```

如果要使某个段落突出显示，则可以对其添加.lead 类，这样将使该段落的 font-size 变为 1.25rem，font-weight 则变为 300，CSS 源代码如下：

```
.lead {
    font-size: 1.25rem;
    font-weight: 300;
}
```

【例 3.4】段落与.lead 类应用示例。源代码如下：

```
<!doctype html>
<html>
<head>
<meta charset="utf-8">
<meta name="viewport" content="width=device-width, initial-scale=1">
<title>古诗二首</title>
<link rel="stylesheet" href="../css/bootstrap.css">
</head>

<body>
<div class="container text-center">
   <div class="row border">
     <div class="col">
        <h4>望庐山瀑布<small class="text-muted">【唐代】李白</small> </h4>
        <p>日照香炉生紫烟，遥看瀑布挂前川。</p>
        <p>飞流直下三千尺，疑是银河落九天。</p>
     </div>
   </div>
   <div class="row">
     <div class="col border">
        <h4>题西林壁<small class="text-muted">【宋代】苏轼</small></h4>
        <p class="lead">横看成岭侧成峰，远近高低各不同。</p>
        <p class="lead">不识庐山真面目，只缘身在此山中。</p>
     </div>
   </div>
</div>
</body>
</html>
```

为了便于进行比较，本例中李白的诗用普通段落呈现，苏轼的诗则用添加.lead 类的段落呈现，显示效果如图 3.4 所示。

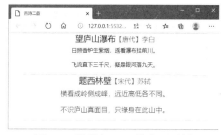

图 3.4　段落与.lead 类应用示例

3.2.4　内联文本元素

常用的 HTML5 内联文本元素的样式也适用于 Bootstrap 4，可以使用下列标签为内联文本元素添加各种强调样式。

- <mark>：定义带有记号的文本，当需要突出显示文本时使用该标签。
- <del>：定义被删除文本。
- <s>：定义带删除线的文本（不赞成使用）。
- <ins>：定义被插入文本。

- <u>：定义带下画线的文本（不赞成使用）。
- <small>：定义小号文本。
- <strong>：定义强调文本，加粗显示。
- <em>：定义强调文本，呈现为斜体。

Bootstrap 4 提供的.mark 和.small 类，也可以实现与<mark>和<small>标签相同的样式，同时避免标签带来任何不必要的语义影响。

在 HTML5 中也可以使用<b>和<i>标签，<b>旨在突出显示单词或短语而不传达其他重要性，而<i>主要用于语音、技术术语等。

【例 3.5】内联文本元素应用示例。源代码如下：

```
<!doctype html>
<html>
<head>
<meta charset="utf-8">
<meta name="viewport" content="width=device-width, initial-scale=1">
<title>内联文本元素应用示例</title>
<link rel="stylesheet" href="../css/bootstrap.css">
</head>

<body>
<div class="container">
  <div class="row">
    <div class="col">
      <h4 class="text-center">内联文本元素应用示例</h4>
      <hr>
      <p>&lt;mark&gt;标签：<mark>突出显示的文本</mark></p>
      <p>&lt;del&gt;标签：<del>删除的文本</del></p>
      <p>&lt;s&gt;标签：<s>不再正确的文本</s></p>
      <p>&lt;ins&gt;标签：<ins>对文档的补充文本</ins></p>
      <p>&lt;u&gt;标签：<u>带下画线的文本</u></p>
      <p>&lt;small&gt;标签：<small>小号文本</small></p>
      <p>&lt;strong&gt;：<strong>粗体文本</strong></p>
      <p>&lt;em&gt;标签：<em>斜体文本</em></p>
    </div>
  </div>
</div>
</body>
</html>
```

本例在页面中添加了一个 h4 标题、一条水平分隔线和 8 个段落。在这些段落中，分别使用不同的内联文本标签对部分文本进行了标记。该页面的显示效果如图 3.5 所示。

3.2.5 使用缩略语

HTML5 中是通过使用<abbr>标签来实现缩略语的。Bootstrap 4 对<abbr>标签进行了加强，使缩略语具有默认下画线，并在鼠标指针悬停时显示帮助光标。通过将.initialism 类添加到缩略语中可以使其字体略微变小一些，并设置字母为全部大写。

图 3.5　内联文本元素应用示例

【例 3.6】缩略语应用示例。源代码如下：

```
<!doctype html>
<html>
<head>
<meta charset="utf-8">
<meta name="viewport" content="width=device-width, initial-scale=1">
<title>缩略语应用示例</title>
<link rel="stylesheet" href="../css/bootstrap.css">
</head>

<body>
<div class="container">
  <div class="row">
    <div class="col">
      <h4 class="text-center">缩略语应用示例</h4>
      <hr>
      <p><abbr class="initialism" title="World Health Organization 的缩写，即世界卫生组织">Who</abbr>
是联合国下属的一个专门机构，总部设置在瑞士日内瓦，只有主权国家才能参加，是国际上最大的政府间卫生
组织，其宗旨是使全世界人民获得尽可能高水平的健康，其主要职能包括：促进流行病和地方病的防治；提供
和改进公共卫生、疾病医疗和有关事项的教学与训练；推动制定生物制品的国际标准。</p>
    </div>
  </div>
</div>
</body>
</html>
```

本例在段落中用<abbr>标签定义了一个缩略语，并对其应用了.initialism 类，通过 title 属性提供了该缩略语所代表的完整含义，显示效果如图 3.6 所示。

图 3.6　缩略语应用示例

3.2.6　引用内容

当需要在文档中引用另一个来源的内容块的时候，可以在正文中插入引用块。引用块使用添加.blockquote 类的<blockquote>标签来定义，在引用块中可以使用以下 3 个标签。

● <blockquote>：定义引用块。

● <footer>：包含引用来源和作者。

● <cite>：引用块内容的来源。

默认情况下，引用和备注均为左对齐。如果要设置为居中对齐、右对齐或两端对齐，则可以使用.text-center、.text-right 或.text-justify 类。

【例 3.7】引用与备注应用示例。源代码如下：

```
<!doctype html>
<html>
<head>
<meta charset="utf-8">
<meta name="viewport" content="width=device-width, initial-scale=1">
<title>引用与备注应用示例</title>
<link rel="stylesheet" href="../css/bootstrap.css">
</head>

<body>
<div class="container">
```

```
        <div class="row">
          <div class="col">
            <h4>什么是 HTML? </h4>
            <blockquote class="blockquote">
              <p class="mb-0 text-justify">HTML 称为超文本标记语言，是一种标识性的语言。它包括一
系列标签。通过这些标签可以将网络上的文档格式统一，使分散的 Internet 资源连接为一个逻辑整体。HTML
文本是由 HTML 命令组成的描述性文本，HTML 命令可以说明文字，图形、动画、声音、表格、链接等。
</p>
              <footer class="blockquote-footer text-right">引自 <cite title=" 百度百科 ">百度百科
（https://baike.baidu.com/item /HTML/97049?fr=aladdin ）</cite></footer>
            </blockquote>
          </div>
        </div>
      </div>
    </body>
  </html>
```

本例在 h4 标题后面引用了一段关于 HTML 的文字内容，对这段内容包裹上了
<blockquote class="blockquote">，内容包含在一个段落中，对此段落应用了.mb-0
和.text-justify 类，将其底部外边距设置为 0 且两端对齐。<footer>标签的使用给出了底部备
注并设置为右对齐。该页面的显示效果如图 3.7 所示。

图 3.7 引用与备注应用示例

3.2.7 使用摘要

HTML5 中新增了<details>和<summary>元素，前者用于描述有关文档或文档片段的详细信
息，后者用于设置<details>元素的标题。默认情况下，浏览器仅显示由<details>元素定义的标
题，单击该标题时会显示详细信息。摘要元素<summary>上的光标默认为 text，Bootstrap 4 已将
其重置为 pointer，以表示可以通过单击与元素进行交互。

【例 3.8】摘要应用示例。源代码如下：

```
<!doctype html>
<html>
<head>
<meta charset="utf-8">
<meta name="viewport" content="width=device-width, initial-scale=1">
<title>贾岛《题李凝幽居》欣赏</title>
<link rel="stylesheet" href="../css/bootstrap.css">
</head>

<body>
<div class="container">
  <div class="row">
    <div class="col">
      <h4 class="text-center">贾岛《题李凝幽居》欣赏</h4>
      <hr>
      <p class="text-justify"><cite>《题李凝幽居》</cite>是唐代诗人贾岛的作品。这首诗虽只是写
```

了作者走访友人未遇这样一件寻常小事,却因诗人出神入化的语言,而变得别具韵致。诗中"鸟宿池边树,僧敲月下门"两句脍炙人口。</p>

```
        <details class="text-center">
            <summary>查看原文</summary>
            <p>闲居少邻并,草径入荒园。</p>
            <p>鸟宿池边树,僧敲月下门。</p>
            <p>过桥分野色,移石动云根。</p>
            <p>暂去还来此,幽期不负言。</p>
        </details>
    </div>
    </div>
</div>
</body>
</html>
```

本例中通过一个段落来讲述唐代诗人贾岛的《题李凝幽居》诗,诗的原文则包含在 details 元素中,并通过 summary 元素为 details 元素设置了一个标题。

在 Edge 浏览器中打开该页面,此时只能看到用 summary 元素设置的标题"查看原文",如果用鼠标指针指向该标题,则鼠标指针变成🖑,如图 3.8 所示;单击摘要即可看到诗的原文内容,如图 3.9 所示。

图 3.8　默认情况下只能看到摘要

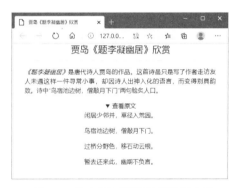
图 3.9　单击摘要可以看到详细内容

3.2.8　使用列表

Bootstrap 4 对所有列表元素进行了重新设置,主要包括:移除了顶部外边距 margin-top,并将底部外边距 margin-bottom 设置为 1rem,被嵌套的子列表则没有 margin-bottom 值。此外,在描述列表中,列表内容<dd>具有更好的边距,其左侧外边距 margin-left 被设置为 0,底部外边距 margin-bottom 则被设置为 0.5rem;列表标题<dt>则以粗体形式显示。

1. 无样式列表

在<ul>或<ol>标签上使用.list-unstyled 类可以创建无样式列表,将会删除列表项目上默认的列表样式和左外边距,但这仅影响直接子列表项目,并不会影响嵌套的子列表。

【例 3.9】无样式列表应用示例。源代码如下:

```
<!doctype html>
<html>
<head>
<meta charset="utf-8">
<meta name="viewport" content="width=device-width, initial-scale=1">
<title>无样式列表应用示例</title>
<link rel="stylesheet" href="../css/bootstrap.css">
```

```
    </head>

    <body>
    <div class="container">
      <div class="row">
        <div class="col">
          <h4 class="text-center">无样式列表应用示例</h4>
          <hr>
          <ul class="list-unstyled">
            <li>Lorem ipsum dolor sit amet</li>
            <li>Consectetur adipiscing elit</li>
            <li>Integer molestie lorem at massa</li>
            <li>Facilisis in pretium nisl aliquet</li>
            <li>Nulla volutpat aliquam velit</li>
              <ul>
                <li>Phasellus iaculis neque</li>
                <li>Purus sodales ultricies</li>
                <li>Vestibulum laoreet porttitor sem</li>
                <li>Ac tristique libero volutpat at</li>
              </ul>
            </li>
            <li>Faucibus porta lacus fringilla vel</li>
            <li>Aenean sit amet erat nunc</li>
            <li>Eget porttitor lorem</li>
          </ul>
        </div>
      </div>
    </div>
    </body>
    </html>
```

本例中使用<ul>和<li>标签创建了一个列表，并对<ul>标签应用了.list-unstyled，因此该列表是一个无样式列表，其中的所有直接列表项既不带项目符号，也不存在左外边距。不过，在第 5 个列表项中还嵌套了一个列表（也是使用<ul>和<li>创建的），这个嵌套列表不仅带有项目符号（圆圈符号），还出现了左边距，效果如图 3.10 所示。

图 3.10　无样式列表应用示例

2. 内联列表

默认情况下，列表中的项目是沿垂直方向自上而下排列的。根据需要，可以使用 Bootstrap 4 提供的.list-inline 和.list-inline-item 来创建内联列表，这将移除列表的项目符号，使项目沿水平方向从左向右排列，并在项目之间增加一些空白。

【例 3.10】内联列表示例。源代码如下：

```
<!doctype html>
<html>
<head>
<meta charset="utf-8">
<meta name="viewport" content="width=device-width, initial-scale=1">
<title>内联列表应用示例</title>
<link rel="stylesheet" href="../css/bootstrap.css">
</head>

<body>
<div class="container">
  <div class="row">
    <div class="col">
```

```html
        <h4 class="text-center">内联列表应用示例</h4>
        <hr>
        <ul class="list-inline">
            <li class="list-inline-item">网站首页</li>
            <li class="list-inline-item">关于我们</li>
            <li class="list-inline-item">新闻中心</li>
            <li class="list-inline-item">产品介绍</li>
            <li class="list-inline-item">服务中心</li>
            <li class="list-inline-item">联系我们</li>
        </ul>
      </div>
    </div>
  </div>
</body>
</html>
```

本例中用<ul>和<li>标签创建了一个列表，并对<ul>标签添加了.list-inline 类，对所有<li>标签添加了.list-inline-item，从而得到一个内联列表，其显示效果如图 3.11 所示。

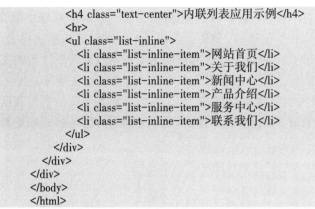

3. 描述列表

使用 Bootsrap 4 提供的网格预定义类，可以水平对齐条目和描述文本。对于较长的项目，可以根据情况选择添加.text-truncate 类，用省略号来截断文本。

图 3.11 内联列表应用示例

【例 3.11】描述列表应用示例。源代码如下：

```html
<!doctype html>
<html>
<head>
<meta charset="utf-8">
<meta name="viewport" content="width=device-width, initial-scale=1">
<title>描述列表应用示例</title>
<link rel="stylesheet" href="../css/bootstrap.css">
</head>

<body>
<div class="container">
  <div class="row">
    <div class="col">
        <h4 class="text-center">描述列表应用示例</h4>
        <hr>
    </div>
  </div>
  <dl class="row">
    <dt class="col-sm-3">语言</dt>
    <dd class="col-sm-9">描述</dd>
    <dt class="col-sm-3">HTML</dt>
    <dd class="col-sm-9 text-truncate">超级文本标记语言，
通过标记符号来标记要显示的网页中的各个部分。</dd>
    <dt class="col-sm-3">CSS</dt>
    <dd class="col-sm-9 text-truncate">层叠样式表，用来表现
HTML 或 XML 等文件样式的计算机语言。</dd>
    <dt class="col-sm-3">JavaScript</dt>
    <dd class="col-sm-9">客户端脚本语言，用来给 HTML 网页增加动态功能。</dd>
  </dl>
</div>
</body>
</html>
```

用省略号截断过长的文本内容。

本例网格由 2 行组成。第 1 行是用 div.row 和 div.col 创建的，用于显示 h4 标题；第 2 行则是用 dl.row 和 dt.col-sm-3、dd.col-sm-9 创建的，整体上形成了一个响应式的描述列表。在此列表中，对前面两个<dd>标签应用了 .text-truncate，其作用是用省略号来截断过长的文本内容，如果视口宽度足以容纳文本内容，则显示全部文本内容，不会出现省略号。

在 Edge 浏览器中打开该页面，进入响应式开发模式，在工具栏上输入不同的视口宽度（如 500px、600px 和 800px），观察处在不同断点状态时的布局（包括列的呈现形式和是否显示省略号），效果如图 3.12~图 3.14 所示。

图 3.12　小于 sm 断点时的布局

图 3.13　处于 sm 断点时的布局

图 3.14　超过 sm 断点时的布局

3.3　代码排版

由计算机编程生成的各种代码，如使用 HTML、CSS、Java、PHP、Python 等语言编写的代码，也是要经常通过网站呈现的内容。Bootstrap 支持显示行内嵌入的内联代码和多行代码块，也支持显示变量和用户输入。

3.3.1　内联代码与代码块

内联代码是指用<code>标签包裹的代码片段。当通过页面呈现 HTML 代码时，需要对尖括号进行转义，即用<表示小于号<，用>表示大于号>。

代码块是指使用<pre>标签包裹的代码内容，对于 HTML 尖括号同样需要进行转义。也可以使用 .pre-scrollable 类样式来定义用于显示代码的矩形区域，其默认高度为 340px，并且具有垂直滚动的效果。

【例 3.12】代码排版示例。源代码如下：

```
<!doctype html>
<html>
```

```
<head>
<meta charset="utf-8">
<meta name="viewport" content="width=device-width, initial-scale=1">
<title>代码排版示例</title>
<link rel="stylesheet" href="../css/bootstrap.css">
</head>

<body>
<div class="container">
  <div class="row">
    <div class="col">
      <p><code>&lt;html&gt;</code>是网页的根元素，它告诉浏览器这是一个 HTML 文档，
<code>&lt;head&gt;</code>元素用于向浏览器提供有关 HTML 文档的信息，<code>&lt;body&gt;</code>元素
用于定义 HTML 文档的主体。</p>
      <p>下面是 Bootstrap 网页模板的源代码。</p>
      <pre class="pre-scrollable bg-light border">
        &lt;!doctype html&gt;
        &lt;html&gt;
        &lt;head&gt;
        &lt;meta charset="utf-8"&gt;
        &lt;meta name="viewport" content="width=device-width, initial-scale=1"&gt;
        &lt;title&gt;一个简单的 Bootstrap 网页&lt;/title&gt;
        &lt;link rel="stylesheet" href="../css/bootstrap.css"&gt;
        &lt;/head&gt;

        &lt;body&gt;
        &lt;div class="container"&gt;
          &lt;div class="row"&gt;
            &lt;div class="col"&gt;
                &lt;p&gt;这是一个简单的 Bootstrap 网页。&lt;/p&gt;
            &lt;div&gt;
          &lt;div&gt;
        &lt;div&gt;
        &lt;/body&gt;
        &lt;/html&gt;
      </pre>
    </div>
  </div>
</div>
</body>
</html>
```

> .pre-scrollable 设置元素的
> 最大宽度为 340px，且在垂
> 直方向显示滚动条。

本例中第 1 个段落中用<code>标签定义了表示<html>、<head>和<body>元素的内联代
码，下面用<pre>标签定义了一个代码块，其中包含 Bootstrap 网页模板的源代码，由于对该
标签应用了.pre-scrollable，因此这个代码块将出现在一个具有垂直滚动效果的矩形区域中。
该页面的显示效果如图 3.15 所示。

图 3.15　代码排版示例

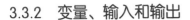

3.3.2 变量、输入和输出

在代码排版中，可以使用<var>标签来表示变量，使用<kbd>标签来表示用户通过键盘输入的内容，若要表示程序输出的内容，则可以使用<samp>标签。

【例 3.13】变量、输入与输出示例。源代码如下：

```html
<!doctype html>
<html>
<head>
<meta charset="utf-8">
<meta name="viewport" content="width=device-width, initial-scale=1">
<title>变量、输入与输出示例</title>
<link rel="stylesheet" href="../css/bootstrap.css">
</head>

<body>
<div class="container">
  <div class="row">
    <div class="col">
      <h4 class="text-center">变量、输入与输出示例</h4>
      <hr>
      <p>变量: <var>y</var> = <var>m</var><var>x</var> + <var>b</var></p>
      <p>在命令提示符下，可以使用<kbd>CD</kbd>命令来切换目录。</p>
      <p>在 Word 排版中，复制和粘贴可以按<kbd><kbd>Ctrl</kbd>+<kbd>C</kbd></kbd>和
<kbd><kbd> Ctrl</kbd>+<kbd>V</kbd></kbd>快捷键来实现。</p>
      <p>程序输出示例: <samp>Hello, World!</samp></p>
    </div>
  </div>
</div>
</body>
</html>
```

本例中一共有 4 个段落，第 1 个段落中使用<var>标签表示变量，第 2 和第 3 个段落中使用<kbd>标签表示用户输入的内容和按下的快捷键，第 4 个段落中使用<samp>标签表示程序输出的内容。该页面的显示效果如图 3.16 所示。

图 3.16 变量、输入与输出示例

3.4 图片排版

Bootstrap 4 为图片处理添加了一些轻量级的类样式和响应式行为，因此在设计中可以更加方便地使用图片，它们永远不会比其父元素还大。

3.4.1 响应式图片

在 Bootstrap 中，通过给图片添加.img-fluid 类样式，可以将图片的 max-width 属性设置为 100%、height 属性设置为 auto，从而赋予图片响应式特性，使图片大小可以随着其父元素大小同步缩放。

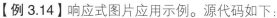

【例 3.14】响应式图片应用示例。源代码如下:

```
<!doctype html>
<html>
<head>
<meta charset="utf-8">
<meta name="viewport" content="width=device-width, initial-scale=1">
<title>埃菲尔铁塔</title>
<link rel="stylesheet" href="../css/bootstrap.css">
</head>

<body>
<div class="container">
  <div class="row">
    <div class="col">
      <h3 class="text-center">埃菲尔铁塔</h3>
      <p><img src="../images/Eiffel%20Tower.jpg" class="img-fluid" alt="埃菲尔铁塔"></p>
    </div>
  </div>
</div>
</body>
</html>
```

> 使用.img-fluid 创建响应式图片。

本例在 h4 标题下添加一个段落,并在该段落中使用<img>标签来添加一幅图片,通过对该图片应用.img-fluid 类使其变成响应式图片。

在 Edge 浏览器中打开该页面,当调整视口宽度时图片会同步进行缩放,其显示效果如图 3.17 所示。

图 3.17　响应式图片示例

3.4.2　图像缩略图

通过对<img>标签应用.img-thumbnail 类,可以对图片添加一个宽度为 1px 的圆角边框,形成缩略图效果。也可以通过使用 Bootstrap 4 提供的边距类(如.p-1)和圆角类(.rounded),并设置边框颜色,以形成这种缩略图样式。

【例 3.15】图像缩略图应用示例。源代码如下:

```
<!doctype html>
<html>
<head>
<meta charset="utf-8">
<meta name="viewport" content="width=device-width, initial-scale=1">
<title>美丽的杭州风光</title>
<link rel="stylesheet" href="../css/bootstrap.css">
</head>
```

```
<body>
<div class="container">
  <div class="row">
    <div class="col">
      <h3 class="text-center">美丽的杭州风光</h3>
    </div>
  </div>
  <div class="row">
    <div class="col"><img src="../images/hz01.jpg" class="img-thumbnail" alt="杭州风光 01"></div>
    <div class="col"><img src="../images/hz02.jpg" class="img-thumbnail" alt="杭州风光 02"></div>
    <div class="col"><img src="../images/hz03.jpg" class="img-thumbnail" alt="杭州风光 03"></div>
    <div class="col"><img src="../images/hz04.jpg" class="img-thumbnail" alt="杭州风光 04"></div>
    <div class="col"><img src="../images/hz05.jpg" class="img-thumbnail" alt="杭州风光 05"></div>
  </div>
  <div class="row">
    <div class="col"><img src="../images/hz06.jpg" class="img-thumbnail" alt="杭州风光 06"></div>
    <div class="col"><img src="../images/hz07.jpg" class="img-thumbnail" alt="杭州风光 07"></div>
    <div class="col"><img src="../images/hz08.jpg" class="img-thumbnail" alt="杭州风光 08"></div>
    <div class="col"><img src="../images/hz09.jpg" class="img-thumbnail" alt="杭州风光 09"></div>
    <div class="col"><img src="../images/hz10.jpg" class="img-thumbnail" alt="杭州风光 10"></div>
  </div>
</div>
</body>
</html>
```

本例网络由 3 行组成，第 1 行用于显示标题，后面 2 行一共包含 10 列，通过对<img>标签应用.img-thumbnail 类生成缩略图样式。该页面的显示效果如图 3.18 所示。

图 3.18　图像缩略图应用示例

3.4.3　图片对齐处理

要在页面上对齐图片，可以通过下列方式来实现。

● 对<img>标签添加浮动类.float-left 或.float-right。

● 将<img>标签放置在块级元素中并对后者应用文本对齐类.text-center 等。

● 对<img>标签添加显示类.d-block 以得到块级图像，并对其添加边距类.mx-auto。

【例 3.16】图片对齐处理示例。源代码如下：

```
<!doctype html>
<html>
<head>
<meta charset="utf-8">
<meta name="viewport" content="width=device-width, initial-scale=1">
<title>图片对齐处理示例</title>
<link rel="stylesheet" href="../css/bootstrap.css">
</head>

<body>
```

```
<div class="container">
  <div class="row">
    <div class="col">
      <h4 class="text-center">图片对齐处理示例</h4>
      <hr>
      <img src="../images/hz01.jpg" alt="杭州风光 01" class="d-block mx-auto rounded mb-2">
      <div class="text-center">
        <img src="../images/hz02.jpg" alt="杭州风光 02" class="rounded">
      </div>
      <img src="../images/hz06.jpg" alt="杭州风光 06" class="float-left rounded mt-2">
      <img src="../images/hz08.jpg" alt="杭州风光 08" class="float-right rounded mt-2">
    </div>
  </div>
</div>
</body>
</html>
```

本例在页面上添加了 4 幅图片，并对它们进行了不同的对齐处理。对第 1 幅图片添加了显示类.d-block，使之变成了块级元素，然后使用边距类.mx-auto，将其 margin-left 和 margin-right 均设置为 auto，从而实现了图片的居中对齐。第 2 幅图片被放置在块级元素 div 中，并对这个块级元素应用了文本对齐类.text-center，从而实现了图片的居中对齐。最后两幅图片是通过添加浮动类来处理的，其中一个添加了.float-left 类，实现了向左浮动效果，另一个添加了.float-rigth 类，实现了向右浮动效果。

本例中的所有图片均添加了圆角类.rounded。.mt-2 和.mb-2 类分别用于添加 margin-top 和 margin-bottom。该页面的显示效果如图 3.19 所示。

图 3.19　图片对齐处理示例

3.4.4　使用 picture 元素

HTML5 新增了一个 picture 元素，它可以为图片指定多个来源。picture 元素与零或多个 source 元素和一个 img 元素一起使用，每个 source 元素可以匹配不同的设备并引用不同的图像源，如果没有匹配，则选择 img 元素的 src 属性中指定的 url。

使用时，应确保在<img>标签中添加.img-*类。例如：

```
<picture>
  <source srcset="..." type="image/svg+xml">
  <img src="..." class="img-fluid img-thumbnail" alt="...">
</picture>
```

pictrue 元素可以用于创建不同屏幕下的响应式图片，其使用逻辑如下。

```
<picture>
    <source src="大规格图片.jpg"   media="(min-width: 800px)" >
    <source src="中规格图片.jpg"   media="(min-width: 600px)">
    <source src="小规格图片.jpg">
    <img src="通用图片.jpg" alt="这是当浏览器不支持 picture 标签时显示的图片">
</picture>
```

3.4.5 创建图文框

图文框是图片和文本的组合体，其显示内容区包括一幅图片和一个可选的标题。图文框可以使用 Bootstrap 提供的.figure、.figure-img 和.figure-caption 类来创建，从而对 figure 和 figcaption 元素进行样式处理。默认情况下，图片不会设置明确的大小，因此应将.img-fluid 类添加到<img>标签中，以使其具有响应能力。

【例 3.17】图文框应用示例。源代码如下：

```
<!doctype html>
<html>
<head>
<meta charset="utf-8">
<meta name="viewport" content="width=device-width, initial-scale=1">
<title>图文框应用示例</title>
<link rel="stylesheet" href="../css/bootstrap.css">
</head>

<body>
<div class="container">
  <div class="row">
    <div class="col">
      <h4 class="text-center">图文框应用示例</h4>
      <figure class="figure">
        <img src="../images/自然风光.jpg" class="figure-img img-fluid rounded" alt="自然风光">
        <figcaption class="figure-caption text-center">自然风光</figcaption>
      </figure>
    </div>
  </div>
</div>
</body>
</html>
```

本例中使用<figure>、<img>和<figcaption>标签在页面上创建了一个图文框，对<figure>标签添加了.figure 类，对<img>标签添加了.figure-img、img-fluid 和.rounded 类，对<figcaption>标签则添加了.figure-caption 和.text-center 类。该页面的显示效果如图 3.20 所示。

图 3.20 图文框应用示例

3.5 表格排版

在 HTML 中将<table>和相关标签搭配使用可以制作表格，其主要用途是以网格形式来呈现二维数据，此外表格也经常应用于一些第三方部件（如日历和日期选择器）。

3.5.1 创建基本表格

要创建一个最基本的表格，将 Bootstrap 定义的基类.table 添加到<table>标签中即可，然后还可以使用自定义样式或各种修饰类对表格进行扩展。Bootstrap 4 继承了所有的表格样式，任何嵌套表格的样式均与父表格相同。

【例 3.18】基本表格应用示例。源代码如下：

```
<!doctype html>
<html>
<head>
<meta charset="utf-8">
<meta name="viewport" content="width=device-width, initial-scale=1">
<title>学生信息表</title>
<link rel="stylesheet" href="../css/bootstrap.css">
</head>

<body>
<div class="container">
  <div class="row">
    <div class="col">
      <h4 class="w-100 text-center">学生信息表</h4>
      <table class="table">
        <thead>
          <tr>
            <th scope="col">学号</th>
            <th scope="col">姓名</th>
            <th scope="col">性别</th>
            <th scope="col">年龄</th>
          </tr>
        </thead>
        <tbody>
          <tr>
            <th scope="row">202012001</th>
            <td>张华</td>
            <td>男</td>
            <td>18</td>
          </tr>
          <tr>
            <th scope="row">202012002</th>
            <td>李倩</td>
            <td>女</td>
            <td>18</td>
          </tr>
          <tr>
            <th scope="row">202012003</th>
            <td>王强</td>
            <td>男</td>
            <td>17</td>
```

<thead>定义表格的表头。

scope="col"声明它们是下面数据单元格的表头。

<thead>标签用于对表格主题内容进行分组。

scope="row"声明它们是右边数据单元格的表头。

scope="row"声明它们是右边数据单元格的表头。

scope="row"声明它们是右边数据单元格的表头。

```
            </tr>
            <tr>
              <th scope="row">202012004</th>
              <td>何涛</td>
              <td>男</td>
              <td>16</td>
            </tr>
            <tr>
              <th scope="row">202012005</th>
              <td>刘梅</td>
              <td>女</td>
              <td>18</td>
            </tr>
            <tr>
              <th scope="row">202012006</th>
              <td>马亮</td>
              <td>男</td>
              <td>18</td>
            </tr>
          </tbody>
        </table>
      </div>
    </div>
  </div>
</body>
</html>
```

本例中通过对\<table>添加.table 类创建了一个基本表格。整个表格分成表头和主体两部分，分别用\<thead>和\<tbody>标签来组织。表头仅包含一行（用\<tr>标签创建），其中包含 4 个表头单元格（用\<th>标签创建），每个表头单元格的 scope 属性设置为 col，规定表头单元格是否是列的头部。表格主体一共包含 6 行，每行包含 4 个单元格，即一个表头单元格和 3 个标准单元格（用\<td>标签创建），其中表头单元格的 scope 属性设置为 row，规定表头单元格是否是行的头部。在表格上方添加了一个\<h4>标题，并对其添加了.w-100 和.text-center 类。如果不添加.w-100 类，表格将会浮动到标题的右侧。该页面的显示效果如图 3.21 所示。 

图 3.21　基本表格应用示例

3.5.2　设置表头

默认情况下，基本表格中的所有单元格均以白底黑字样式显示。在实际应用中，经常要对表头行进行处理，以使其突出显示。为此，可以对\<thead>标签添加.thead-light 或.thead-dark 类样式，从而使表头区域显示浅灰色或深灰色。

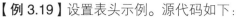
【例 3.19】设置表头示例。源代码如下：

```
<!doctype html>
<html>
<head>
<meta charset="utf-8">
<meta name="viewport" content="width=device-width, initial-scale=1">
<title>学生信息表</title>
<link rel="stylesheet" href="../css/bootstrap.css">
</head>

<body>
<div class="container">
  <div class="row">
    <div class="col">
      <h4 class="w-100 text-center">学生信息表</h4>
      <table class="table">
        <thead class="thead-light">
          <tr>
            <th scope="col">学号</th>
            <th scope="col">姓名</th>
            <th scope="col">性别</th>
            <th scope="col">年龄</th>
          </tr>
        </thead>
        <tbody>
          <tr>
            <th scope="row">202012001</th>
            <td>张华</td>
            <td>男</td>
            <td>18</td>
          </tr>
          <tr>
            <th scope="row">202012002</th>
            <td>李倩</td>
            <td>女</td>
            <td>18</td>
          </tr>
          <tr>
            <th scope="row">202012003</th>
            <td>王强</td>
            <td>男</td>
            <td>17</td>
          </tr>
          <tr>
            <th scope="row">202012004</th>
            <td>何涛</td>
            <td>男</td>
            <td>16</td>
          </tr>
          <tr>
            <th scope="row">202012005</th>
            <td>刘梅</td>
            <td>女</td>
            <td>18</td>
          </tr>
          <tr>
            <th scope="row">202012006</th>
            <td>马亮</td>
            <td>男</td>
            <td>18</td>
          </tr>
```

> 设置表头行背景颜色为浅灰色。

```
          </tbody>
        </table>
      </div>
    </div>
  </div>
</body>
</html>
```

本例中通过在<table>标签中添加.table 基类制作了一个基本表格，用于显示学生信息。由于在<thead>标签中添加了.thead-light 类，因此表头行中所有单元格呈现浅灰色背景。该页面的显示效果如图 3.22 所示。 

图 3.22　设置表头示例

3.5.3　设置条纹行效果

制作表格时，可以在<tbody>标签中添加.table-striped 类样式，从而产生逐行更改背景颜色的表格样式，即一行呈现浅灰色背景，下一行则呈现白色背景，这被称为条纹行效果。

【例 3.20】设置条纹行效果示例。源代码如下：

```
<!doctype html>
<html>
<head>
<meta charset="utf-8">
<meta name="viewport" content="width=device-width, initial-scale=1">
<title>学生信息表</title>
<link rel="stylesheet" href="../css/bootstrap.css">
</head>

<body>
<div class="container">
  <div class="row">
    <div class="col">
      <h4 class="w-100 text-center">学生信息表</h4>
      <table class="table table-striped">              设置表格具有条
        <thead class="thead-dark">                     纹行效果。
          <tr>
            <th scope="col">学号</th>                   设置表头背景颜
            <th scope="col">姓名</th>                   色为深灰色。
            <th scope="col">性别</th>
            <th scope="col">年龄</th>
          </tr>
        </thead>
        <tbody>
```

```
        <tr>
            <th scope="row">202012001</th>
            <td>张华</td>
            <td>男</td>
            <td>18</td>
        </tr>
        <tr>
            <th scope="row">202012002</th>
            <td>李倩</td>
            <td>女</td>
            <td>18</td>
        </tr>
        <tr>
            <th scope="row">202012003</th>
            <td>王强</td>
            <td>男</td>
            <td>17</td>
        </tr>
        <tr>
            <th scope="row">202012004</th>
            <td>何涛</td>
            <td>男</td>
            <td>16</td>
        </tr>
        <tr>
            <th scope="row">202012005</th>
            <td>刘梅</td>
            <td>女</td>
            <td>18</td>
        </tr>
        <tr>
            <th scope="row">202012006</th>
            <td>马亮</td>
            <td>男</td>
            <td>18</td>
        </tr>
        </tbody>
    </table>
  </div>
 </div>
</div>
</body>
</html>
```

本例中对<table>标签同时添加了.table 和.table-striped 类，从而创建了条纹行效果。另外还对<thead>标签添加了.thead-dark 类，将表头的背景颜色设置为深灰色，如图 3.23 所示。

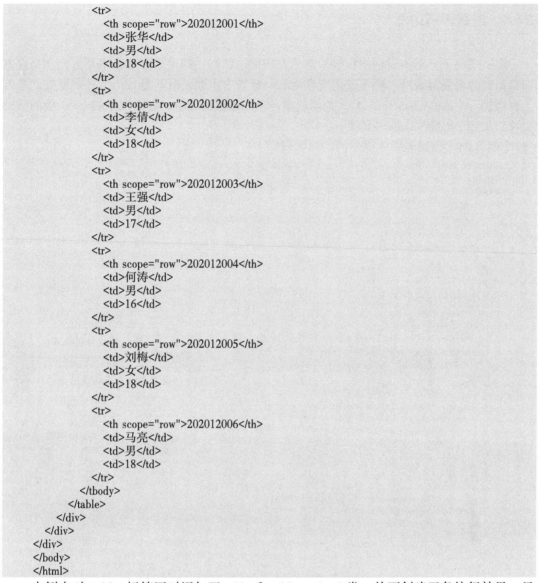

图 3.23　设置条纹行效果示例

3.5.4　设置表格边框

默认情况下，基本表格中仅显示水平方向的边框线。如果想创建在水平方向和垂直方向都带有边框线的表格，则不仅需要在<table>标签中添加表格基类.table，还需要在此基础上再添加一个.table-bordered 类。若要创建一个无边框的表格，则应在添加.table 类的基础上再添加一个.table-borderless 类。

【例 3.21】设置表格边框示例。源代码如下：

```
<!doctype html>
<html>
<head>
<meta charset="utf-8">
<meta name="viewport" content="width=device-width, initial-scale=1">
<title>学生信息表</title>
<link rel="stylesheet" href="../css/bootstrap.css">
</head>

<body>
<div class="container">
  <div class="row">
    <div class="col">
      <h4 class="w-100 text-center">学生信息表</h4>
      <table class="table table-bordered">
        <thead class="thead-light">
          <tr>
            <th scope="col">学号</th>
            <th scope="col">姓名</th>
            <th scope="col">性别</th>
            <th scope="col">年龄</th>
          </tr>
        </thead>
        <tbody>
          <tr>
            <th scope="row">202012001</th>
            <td>张华</td>
            <td>男</td>
            <td>18</td>
          </tr>
          <tr>
            <th scope="row">202012002</th>
            <td>李倩</td>
            <td>女</td>
            <td>18</td>
          </tr>
          <tr>
            <th scope="row">202012003</th>
            <td>王强</td>
            <td>男</td>
            <td>17</td>
          </tr>
          <tr>
            <th scope="row">202012004</th>
            <td>何涛</td>
            <td>男</td>
            <td>16</td>
          </tr>
          <tr>
            <th scope="row">202012005</th>
```

设置带边框的表格。

设置表头颜色为浅灰色。

```
            <td>刘梅</td>
            <td>女</td>
            <td>18</td>
        </tr>
        <tr>
            <th scope="row">202012006</th>
            <td>马亮</td>
            <td>男</td>
            <td>18</td>
        </tr>
    </tbody>
  </table>
 </div>
 </div>
</body>
</html>
```

本例中创建了一个表格，用于显示学生信息。在 <table> 标签中同时添加了 .table 和 .table-bordered 类，以便表格在水平和垂直方向都能显示出边框。另外，还在 <thead> 标签中添加了 .thead-light 类，将表头设置为浅灰色背景。该页面的显示效果如图 3.24 所示。

图 3.24　设置表格边框示例

3.5.5　设置悬停行效果

当表格包含的列数比较多时，为了操作上的便利，通常需要设置一种悬停行效果，即当鼠标指针移到某行时会改变该行的背景颜色。若要设置这种悬停行效果，则需要在 <table> 标签中同时添加 .table 和 .table-hover 类。

【例 3.22】设置悬停行效果示例。源代码如下：

```
<!doctype html>
<html>
<head>
<meta charset="utf-8">
<meta name="viewport" content="width=device-width, initial-scale=1">
<title>学生信息表</title>
<link rel="stylesheet" href="../css/bootstrap.css">
</head>

<body>
<div class="container">
   <div class="row">
```

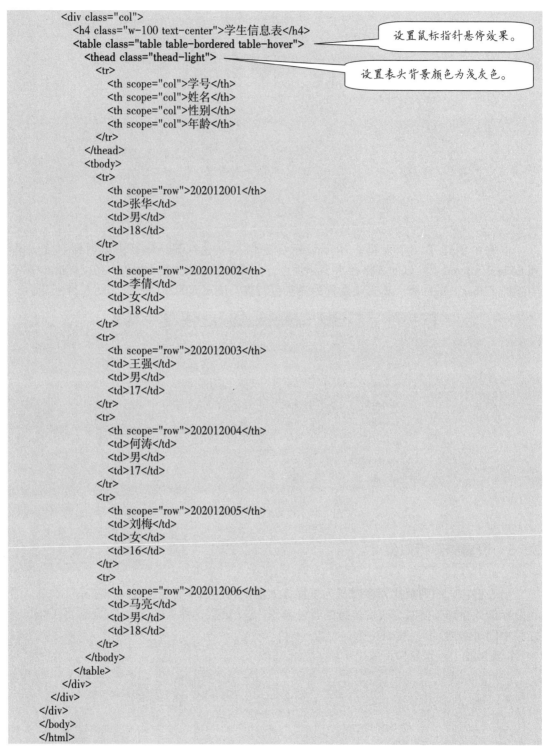

```
            <div class="col">
                <h4 class="w-100 text-center">学生信息表</h4>
                <table class="table table-bordered table-hover">
                    <thead class="thead-light">
                        <tr>
                            <th scope="col">学号</th>
                            <th scope="col">姓名</th>
                            <th scope="col">性别</th>
                            <th scope="col">年龄</th>
                        </tr>
                    </thead>
                    <tbody>
                        <tr>
                            <th scope="row">202012001</th>
                            <td>张华</td>
                            <td>男</td>
                            <td>18</td>
                        </tr>
                        <tr>
                            <th scope="row">202012002</th>
                            <td>李倩</td>
                            <td>女</td>
                            <td>18</td>
                        </tr>
                        <tr>
                            <th scope="row">202012003</th>
                            <td>王强</td>
                            <td>男</td>
                            <td>17</td>
                        </tr>
                        <tr>
                            <th scope="row">202012004</th>
                            <td>何涛</td>
                            <td>男</td>
                            <td>17</td>
                        </tr>
                        <tr>
                            <th scope="row">202012005</th>
                            <td>刘梅</td>
                            <td>女</td>
                            <td>16</td>
                        </tr>
                        <tr>
                            <th scope="row">202012006</th>
                            <td>马亮</td>
                            <td>男</td>
                            <td>18</td>
                        </tr>
                    </tbody>
                </table>
            </div>
        </div>
    </div>
</body>
</html>
```

设置鼠标指针悬停效果。

设置表头背景颜色为浅灰色。

在本例中创建了一个表格，用于显示学生信息。在 <table> 标签中同时添加了.table、.table-bordered 和.table-hover 类，后者的作用是产生鼠标指针悬停效果。另外，由于在<thead>标签中添加了.thead-dark 类，因此表头的背景呈现为深灰色。该页面的显示效果如图 3.25 所示。

图 3.25　设置悬停行效果示例

3.5.6　创建紧凑表格

默认情况下，用 Bootsrap 制作的表格中单元格的 padding 为 0.75rem，四周的内边距显得比较大。有时候可能需要使用一种比较紧凑的表格，以节省页面的布局空间。若要制作这种紧凑表格，只需要在\<table\>标签中同时添加.table 和.table-sm 类即可，这样将使表格单元格（包括 th 和 td）的 padding 值缩减为 0.3rem。

【例 3.23】创建紧凑表格示例。源代码如下：

```
<!doctype html>
<html>
<head>
<meta charset="utf-8">
<meta name="viewport" content="width=device-width, initial-scale=1">
<title>学生信息表</title>
<link rel="stylesheet" href="../css/bootstrap.css">
</head>

<body>
<div class="container">
  <div class="row">
    <div class="col">
      <h4 class="w-100 text-center">学生信息表</h4>
      <table class="table table-sm table-bordered table-hover text-center">
       <thead class="thead-dark">
        <tr>
         <th scope="col">学号</th>
         <th scope="col">姓名</th>
         <th scope="col">性别</th>
         <th scope="col">年龄</th>
        </tr>
       </thead>
       <tbody>
        <tr>
         <th scope="row">202012001</th>
         <td>张华</td>
         <td>男</td>
         <td>18</td>
        </tr>
        <tr>
         <th scope="row">202012002</th>
         <td>李倩</td>
         <td>女</td>
         <td>18</td>
```

设置紧凑表格效果。

```
            </tr>
            <tr>
                <th scope="row">202012003</th>
                <td>王强</td>
                <td>男</td>
                <td>17</td>
            </tr>
            <tr>
                <th scope="row">202012004</th>
                <td>何涛</td>
                <td>男</td>
                <td>16</td>
            </tr>
            <tr>
                <th scope="row">202012005</th>
                <td>刘梅</td>
                <td>女</td>
                <td>18</td>
            </tr>
            <tr>
                <th scope="row">202012006</th>
                <td>马亮</td>
                <td>男</td>
                <td>18</td>
            </tr>
        </tbody>
    </table>
    </div>
  </div>
 </div>
</body>
</html>
```

本例在<table>标签中添加了.table（表格基类）、.table-sm（紧凑表格）、.table-hover（悬停行效果）和.text-center（文本居中对齐）类，并在<thead>标签中添加了.thead-dark 类。该页面的显示效果如图 3.26 所示。 

图 3.26　创建紧凑表格示例

3.5.7　表格着色

Bootstrap 4 提供了一组用于表格的语义状态类样式，可以用来对整个表格（<table>）、表头（<thead>）、主体(<tbody>)、行(<tr>)或单元格(<th>、<td>)进行着色处理,这将会对 border-color 和 background-color 属性进行设置。下面列出用于表格的语义状态类样式。

- table-active：灰色，用于鼠标指针悬停效果。
- table-primary：蓝色，表示重要操作。

- table-secondary：灰色，表示内容不重要。
- table-success：绿色，表示允许执行的操作。
- table-danger：红色，表示危险操作。
- table-warning：橘色，表示需要注意的操作。
- table-info：浅蓝色，表示内容已变更。
- table-light：浅灰色，用于表格行背景。
- table-dark：深灰色，用于表格行背景。

【例 3.24】表格着色应用示例。源代码如下：

```html
<!doctype html>
<html>
<head>
<meta charset="utf-8">
<meta name="viewport" content="width=device-width, initial-scale=1">
<title>表格着色应用示例</title>
<link rel="stylesheet" href="../css/bootstrap.css">
</head>

<body>
<div class="container">
  <div class="row">
    <div class="col">
      <h4 class="text-center">表格着色应用示例</h4>
      <table class="table table-bordered">
        <thead>
          <tr>
            <th scope="col">语义状态类</th>
            <th scope="col">颜色</th>
            <th scope="col">语义</th>
          </tr>
        </thead>
        <tbody>
          <tr class="table-active">
            <th scope="row">.table-active</th>
            <td>灰色</td>
            <td>用于鼠标指针悬停效果</td>
          </tr>
          <tr>
            <th scope="row">默认</th>
            <td>白色</td>
            <td>表示标准样式</td>
          </tr>
          <tr class="table-primary">
            <th scope="row">.table-primary</th>
            <td>蓝色</td>
            <td>表示重要操作</td>
          </tr>
          <tr class="table-secondary">
            <th scope="row">.table-secondary</th>
            <td>灰色</td>
            <td>表示内容不怎么重要</td>
          </tr>
          <tr class="table-success">
            <th scope="row">.table-success</th>
            <td>绿色</td>
            <td>表示允许执行的操作</td>
          </tr>
          <tr class="table-danger">
            <th scope="row">.table-danger</th>
            <td>红色</td>
            <td>表示危险操作</td>
```

```
      </tr>
        <tr class="table-warning">
          <th scope="row">.table-warning</th>
          <td>橘色</td>
          <td>表示需要注意的操作</td>
        </tr>
        <tr class="table-info">
          <th scope="row">.table-info</th>
          <td>浅蓝色</td>
          <td>表示内容已变更</td>
        </tr>
        <tr class="table-light">
          <th scope="row">.table-light</th>
          <td>浅灰色</td>
          <td>用于表格行背景</td>
        </tr>
        <tr class="table-dark">
          <th scope="row">.table-dark</th>
          <td>深灰色</td>
          <td>用于表格行背景</td>
        </tr>
      </tbody>
    </table>
  </div>
  </div>
 </div>
 </body>
 </html>
```

本例中创建了一个表格，除了表头行和主体中第 2 行之外，分别对各个行添加了不同的语义状态类，添加.table-dark 类时文本颜色自动变为白色，添加其他类时文本颜色默认为黑色。该页面的显示效果如图 3.27 所示。

图 3.27　表格着色应用示例

 习题3

一、选择题

1.使某个段落突出显示，可以对其添加（　　）类。

　　A. .text-muted　　　　　　　　B. .display-1　　　　　　　　C. .lead　　　　　　　　D. .small

2. 定义带有记号的文本，可以使用（　　）标签。

    A. <mark>　　　　　　B. <del>　　　　　　C. <ins>　　　　　　D. <strong>

3. 表示键盘输入的内容，可以使用（　　）标签。

    A. <var>　　　　　　B. <kbd>　　　　　　C. <pre>　　　　　　D. <samp>

4. 对表格设置悬停行效果，则应对<table>同时应用.table（　　）。

    A. .table-bordered　　B. .table-striped　　C. .table-sm　　D. .table-hover

二、判断题

1.（　　）如果想使用匹配标题的字体样式，但不能使用相关的 HTML 元素，则可以使用类样式 h1.~ h6.来设置标题。

2.（　　）通过将.initialism 类添加到缩略语中可以使其字体略微变大一些，并设置字母为全部小写。

3.（　　）摘要元素<summary>上的光标默认为 text，Bootstrap 4 已将其重置为 help。

4.（　　）使用 Bootstrap 4 提供的.list-inline 和.list-inline-item 来创建内联列表。

5.（　　）对于较长的内容，可以根据情况选择添加.text-truncate 类，用省略号来截断文本。

6.（　　）.pre 类样式用于定义代码显示区域，其默认高度为 350px，并且具有垂直滚动的效果。

7.（　　）创建响应式图片的方法是给图片添加.img-fluid 类样式。

8.（　　）在表格行中添加.table-dark 类时文本颜色会自动变为白色。

三、操作题

1. 在网页中分别使用<h1>~ <h6>标签和 h1.~ h6.设置各级标题。

2. 在网页中使用相关标签来定义带有记号的文本、被删除的文本、带删除线的文本、被插入文本、带下画线文本、小号文本、强调文本（加粗显示）及强调文本（斜体）。

3. 在网页中使用<details>元素描述有关文档或文档片段的详细信息，使用<summary>元素来设置<details>元素的标题。

4. 在网页中创建一个内联列表，其中包含的项目沿水平方向从左到右排列。

5. 在网页中用<pre>标签定义了一个代码块，并对该标签应用.pre-scrollable 类。

6. 在网页中使用<img>标签添加一幅图片，对其添加.img-fulid 类使其变成响应式图片。

7. 在网页中添加一组图片，通过应用.img-thumbnail 类形成缩略图效果。

8. 在网页中使用<figure>、<img>和<figcaption>标签创建一个图文框，要求对<figure>标签添加.figure 类，对 <img>标签添加.figure-img 、.img-fluid 和.rounded 类，对<figcaption>标签添加.figure-caption 和.text-center 类。

9. 在网页中使用<table>标签创建一个表格，要求对其添加.table 类。

10. 在网页中创建一个表格，要求对<thead>标签添加.thead-light 类，使表头区域显示出浅灰色。

11. 在网页中创建一个表格，要求对<tbody>标签添加.table-striped 类，以形成条纹行效果。

12. 在网页中创建一个表格，要求对<table>添加.table-borderedd 类以设置表格边框。

13. 在网页中创建一个表格，要求对<table>标签同时添加.table 和.table-hover 类以设置悬停行效果。

14. 在网页中创建一个表格，要求对<table>标签同时添加.table 和.table-sm 类以设置紧凑表格效果。

15. 在网页中创建一个表格，一共包含 9 行，要求对各行（<tr>）分别添加.table-*语义状态类以设置不同的背景颜色。

第 **4** 章

| 使用 Bootstrap 通用样式 |

Bootstrap 4 本质是一个 CSS 样式包，它定义了丰富的通用样式，包括边距、边框、颜色、阴影、对齐方式、浮动和定位及显示与隐藏等，可用来快速开发响应式移动优先的项目。完成页面内容编排后，还需要使用 Bootstrap 4 提供的通用样式对页面进行修饰和美化。

本章学习目标

- 掌握文本的处理方法
- 掌握设置颜色的方法
- 掌握设置边框和阴影的方法
- 掌握设置大小和边距的方法
- 掌握设置浮动和定位的方法
- 掌握设置弹性盒布局的方法

 4.1　文本处理

Bootstrap 4 提供了一组通用文本类样式，可以用来控制文本的对齐方式、换行和溢出、字体粗细的倾斜等。

4.1.1　设置文本对齐方式

使用下列文本对齐类可以轻松地设置文本的对齐方式。

- .text-left、.text-{breakpoint}-left：左对齐。
- .text-center、.text-{breakpoint}-center：居中对齐。
- .text-right、.text-{breakpoint}-right：右对齐。
- .text-justify、.text-{breakpoint}-justify：两端对齐。

【例 4.1】设置文本对齐方式示例。源代码如下:

```
<!doctype html>
<html>
<head>
<meta charset="utf-8">
<meta name="viewport" content="width=device-width, initial-scale=1">
<title>设置文本对齐方式</title>
<link rel="stylesheet" href="../css/bootstrap.css">
</head>

<body>
<div class="container">
  <div class="row">
    <div class="col">
      <h4 class="text-center p-2">设置文本对齐方式</h4>
      <p class="text-left p-2 border">左对齐</p>
      <p class="text-center p-2 border">居中对齐</p>
      <p class="text-right p-2 border">右对齐</p>
      <p class="text-justify p-2 border mb-2">两端对齐</p>
    </div>
  </div>
</div>
</body>
</html>
```

> 将文本段落设置成不同的对齐方式。

本例中一共有 5 行文本,其中 h4 标题行设置为居中对齐,4 个 p 元素分别设置为左对齐、居中对齐、右对齐和两端对齐。该页面的显示效果如图 4.1 所示。

从图 4.1 中可以看出,两端对齐与左对齐似乎没有什么区别,这主要是因为本例中文本内容比较少的缘故。实际上两者还是有区别的。两端对齐可以使文本内容都对齐在两端,即文本行的左右两端都放在父元素的内边界上,通过调整单词和字母间的间隔,使各行的长度恰好相等。左对齐仅使文本行对齐在左端,并不会调整单词和字母间距。当文本内容比较多(如多于 2 行)时,很容易看到这种区别。下面通过例子加以说明。

图 4.1　设置文本对齐方式示例

【例 4.2】左对齐与两端对齐效果比较。源代码如下:

```
<!doctype html>
<html>
<head>
<meta charset="utf-8">
<meta name="viewport" content="width=device-width, initial-scale=1">
<title>左对齐与两端对齐</title>
<link rel="stylesheet" href="../css/bootstrap.css">
</head>

<body>
<div class="container">
  <div class="row">
    <div class="col">
      <h4 class="p-2 text-center">左对齐与两端对齐</h4>
      <p class="p-2 text-left border mb-2">Build responsive, mobile-first projects on the web with the
world's most popular front-end component library. Bootstrap is an open source toolkit for developing with HTML, CSS
and JS. Quickly prototype your ideas or build your entire app with our Sass variables and mixins, responsive grid
system, extensive prebuilt components, and powerful plugins built on jQuery.</p>
```

```
    <p class="p-2 text-justify border mb-2">Build responsive, mobile-first projects on the web with the
world's most popular front-end component library. Bootstrap is an open source toolkit for developing with HTML, CSS
and JS. Quickly prototype your ideas or build your entire app with our Sass variables and mixins, responsive grid
system, extensive prebuilt components, and powerful plugins built on jQuery.</p>
            </div>
          </div>
        </div>
    </body>
    </html>
```

本例中两个段落均包含多行文本，且内容完全相同，但其中一个段落设置为左对齐，其文本行仅左端对齐，另一个段落则设置为两端对齐，其文本行左右两端均对齐（末行除外），效果如图 4.2 所示。

4.1.2　换行和溢出

使用.text-wrap 类包装文本可以使文本换行。与此相反，使用.text-nowrap 类包装文本则可以防止文本换行，此时文本内容可能会溢出。对于较长的文本内容，可以添加.text-truncate 类，同时结合 display: inline-block 或 display: block 来使用，可以截断文本并显示省略号。

图 4.2　左对齐与两端对齐效果比较

通过使用.text-break 类会将 word-break 和 overflow-wrap 属性均设置为 break-word，这样可以使文本内容适时换行，从而防止长字符串破坏组件的布局。

【例 4.3】换行与溢出应用示例。源代码如下：

```
<!doctype html>
<html>
<head>
<meta charset="utf-8">
<meta name="viewport" content="width=device-width, initial-scale=1">
<title>换行与溢出应用示例</title>
<link rel="stylesheet" href="../css/bootstrap.css">
</head>

<body>
<div class="container">
  <div class="row">
    <div class="col">
      <h4 class="text-center">换行与溢出应用示例</h4>
      <div class="badge badge-primary text-wrap mb-2" style="width: 4rem;">
        文本换到下一行
      </div>
      <div class="text-nowrap bg-light border rounded mb-2" style="width: 6rem;">
        文本溢出了父级容器
      </div>
    </div>
  </div>
  <div class="row">
    <div class="col-5 text-truncate mb-2">
      白日依山尽，黄河入海流。欲穷千里目，更上一层楼。
    </div>
  </div>
  <div class="row">
```

.badge 用于创建徽章组件；
.badge 用于设置徽章的颜色；
. text-wrap 使文本换行。

.text-nowrap 防止文本换行。

. text-truncate 截断文本并显示省略号。

```
        <div class="col">
            <span class="d-inline-block text-truncate mb-2" style="max-width: 252px;">
                空山不见人，但闻人语响。返景入深林，复照青苔上。
            </span>
            <p
class="text-break">mmmmmmmmmmmmmmmmmmmmmmmmmmmmmmmmmmmmmmmmmmmmmm
mmmmmmmmmmmmmmmmmmmmmmmmmmmmmmmmmmmmmmmmmmm</p>
        </div>
    </div>
</div>
</body>
</html>
```

本例网格由 3 行组成。第 1 行中包含一个 h4 标题和两个 div 元素。其中第 1 个 div 元素应用了.badge 和.badge-primary 类，用于创建一个具有圆角效果的蓝色徽章，其宽度设置为 4rem，此宽度不足以容纳文本内容，但由于对该 div 元素添加了.text-wrap 类，因此发生了文本换行现象。第 2 个 div 元素的宽度为 6rem，同样不足以容纳文本内容，但由于对其添加了.text-nowrap 类，因此不会换行，此时文本内容溢出父级元素。

网格第 2 行中仅包含一个.col-5 列，此列为块级元素，其宽度不能完全容纳王之涣的《登鹳雀楼》全文，但由于对其添加了.text-truncate 类，因此内容被截断，并显示省略号。

网格第 3 行包含一个内联元素 span 和一个段落元素 p，对 span 元素添加了.d-inline-block 类，使其变成行内块级元素，其最大宽度为 252px，不能完全容纳王维的《鹿柴》全文，但由于对其也添加了.text-truncate 类，因此内容被截断并显示省略号。段落中包含一长串英文字母 m，由于对该段落应用了.text-break 类，因此它会在必要时自动换行。

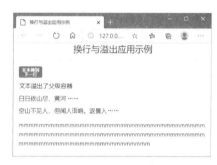

本例中还应用了.mb-2 和.rounded 两个类，前者的作用是将 margin-bottom 设置为 0.5rem，后者的作用则是用于创建圆角效果，显示效果如图 4.3 所示。

图 4.3　换行与溢出应用示例

4.1.3　字母大小写转换

使用 Bootstrap 4 提供的下列文本大小写样式，可以对英文文本进行字母大小写转换。

- .text-lowercase：将所有字母转换为小写。
- .text-uppercase：将所有字母转换为大写。
- .text-capitalize：将每个单词的首字母转换为大写，其他字母不受影响。

【例 4.4】字母大小写转换应用示例。源代码如下：

```
<!doctype html>
<html>
<head>
<meta charset="utf-8">
<meta name="viewport" content="width=device-width, initial-scale=1">
<title>字母大小写转换应用示例</title>
<link rel="stylesheet" href="../css/bootstrap.css">
</head>

<body>
<div class="container">
    <div class="row">
```

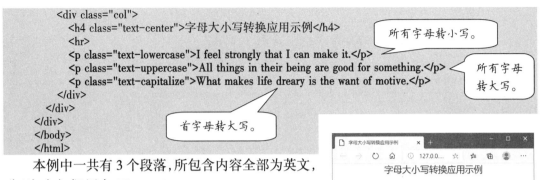

```
            <div class="col">
                <h4 class="text-center">字母大小写转换应用示例</h4>
                <hr>
                <p class="text-lowercase">I feel strongly that I can make it.</p>
                <p class="text-uppercase">All things in their being are good for something.</p>
                <p class="text-capitalize">What makes life dreary is the want of motive.</p>
            </div>
        </div>
    </div>
</body>
</html>
```

本例中一共有 3 个段落,所包含内容全部为英文,分别对它们添加了 .text-lowercase、.text-uppercase 和.text-capitalize 类,该页面的显示效果如图 4.4 所示。

图 4.4　字母大小写转换应用示例

4.1.4　字体粗细和倾斜

使用 Bootstrap 4 提供的下列类样式可以设置字体的粗细,也可以设置斜体文本或等宽字体堆栈。

- .font-weight-bold:设置粗体文本。
- .font-weight-normal:设置正常粗细文本。
- .font-weight-light:设置较细文本。
- .font-italic:设置斜体文本。
- .text-monospace:设置等宽字体堆栈。

【例 4.5】设置字体粗细和斜体示例。源代码如下:

```
<!doctype html>
<html>
<head>
<meta charset="utf-8">
<meta name="viewport" content="width=device-width, initial-scale=1">
<title>设置字体粗细和斜体示例</title>
<link rel="stylesheet" href="../css/bootstrap.css">
</head>

<body>
<div class="container">
    <div class="row">
        <div class="col">
            <h4 class="text-center">设置字体粗细和斜体示例</h4>
            <hr>
            <p class="font-weight-bold">粗体文本 Bold text.</p>
            <p class="font-weight-normal">正常粗细文本 Normal weight text.</p>
            <p class="font-weight-light">较细文本 Light weight text.</p>
            <p class="font-italic">斜体文本 Italic text.</p>
            <p class="text-monospace">这是等宽字体 This is in monospace</p>
        </div>
    </div>
</div>
</body>
</html>
```

本例中一共有 5 个段落,分别对这些段落添加了 .font-weight-bold、.font-weight-normal、.font-weight-light、.font-italic 和.text-monospace 类,显示效果如图 4.5 所示。

图 4.5　设置字体粗细和斜体示例

4.1.5　处理链接文本

默认情况下，链接文本为蓝色且带有下画线（鼠标指针移上去的时候）。如果需要，可以使用 Bootstrap 4 提供的.text-reset 类来重置或链接的颜色，以便从其父级继承颜色，也可以使用.text-decoration-none 类删除任何文本修饰，如可以用来移除链接文本上的下画线。

【例 4.6】处理链接文本示例。源代码如下：

```
<!doctype html>
<html>
<head>
<meta charset="utf-8">
<meta name="viewport" content="width=device-width, initial-scale=1">
<title>处理链接文本示例</title>
<link rel="stylesheet" href="../css/bootstrap.css">
</head>

<body>
<div class="container">
  <div class="row">
    <div class="col">
      <h4 class="text-center">处理链接文本示例</h4>
      <hr>
      <p class="text-muted">欢迎访问<a href="http://www.people.com.cn/">人民网</a></p>
      <p class="text-muted">欢迎访问<a href="http://www.xinhuanet.com/" class="text-reset">新华网
</a></p>
      <p>欢迎访问<a href="http://www.phei.com.cn/">电子工业出版社</a></p>
      <p>欢迎访问<a href="https://www.hxedu.com.cn/" class="text-decoration-none">华信教育资源网
</a></p>
    </div>
  </div>
</div>
</body>
</html>
```

本例中一共有 4 个链接，前面两个链接分别包含在添加.text-muted 类的段落中。第 1 个链接呈现正常的蓝色；第 2 个链接添加了.text-reset 类，它继承了来自段落的文本颜色（浅灰色）；后面两个链接分别包含在正常的段落中，第 3 个链接在鼠标指针移上去时会出现下画线效果，第 4 个链接添加了.text-decoration-none 类，即使鼠标指针移上去也不会出现下画线，如图 4.6 所示。

图 4.6　处理链接文本示例

4.2　设置颜色

设计网页时可以通过颜色传达意义，以表现不同的模块。Bootstrap 4 提供了一系列的类样式，可以用来表示链接、悬停、选中等相关状态，既可以设置文本颜色和背景颜色，也可以通过重新编译使用渐变颜色。

4.2.1　设置文本颜色

下列文本颜色类可以用于设置普通文本、链接文本和悬停文本的字体颜色，其中多数类设置了两个颜色，一个是针对普通文本和链接文本设置的颜色，另一个是针对:hover和:focus 状态设置的文本颜色。不过也有个别类没有提供链接样式，即鼠标指针悬停时不会变暗。

- .text-primary：蓝色（#007bff；#0056b3）。
- .text-secondary：灰色（#6c757d；#494f54）
- .text-success：绿色（#28a745；#19692c）。
- .text-danger：红色（#dc3545；#a71d2a）。
- .text-warning：橙色（#ffc107；#ba8b00）。
- .text-info：浅蓝色（#17a2b8；#0f6674）。
- .text-light：浅灰色（#f8f9fa；#cbd3da）。
- .text-dark：深灰色（#343a40；#121416）。
- .text-body：深灰色（#212529）。
- .text-muted：灰色（#6c757d）。
- .text-white：白色（#fff）。
- .text-black-50：带透明度的深灰色（rgba(0, 0, 0, 0.5)）。
- .text-white-50：带透明度的白色（rgba(255, 255, 255, 0.5)）。

【例 4.7】设置文本颜色示例。源代码如下：

```
<!doctype html>
<html>
<head>
<meta charset="utf-8">
<meta name="viewport" content="width=device-width, initial-scale=1">
<title>设置文本颜色示例</title>
<link rel="stylesheet" href="../css/bootstrap.css">
</head>

<body>
<div class="container">
  <div class="row">
    <div class="col">
      <h4 class="text-center">设置文本颜色示例</h4>
      <hr>
    </div>
  </div>
```

```
<div class="row p-2">
  <div class="col text-primary">.text-primary</div>
  <div class="col text-secondary">.text-secondary</div>
  <div class="col text-success">.text-success</div>
</div>
<div class="row p-2">
  <div class="col text-danger">.text-danger</div>
  <div class="col text-warning">.text-warning</div>
  <div class="col text-info">text-info</div>
</div>
<div class="row p-2">
  <div class="col text-light bg-dark">.text-light</div>
  <div class="col text-dark">.text-dark</div>
  <div class="col text-body">.text-body</div>
</div>
<div class="row p-2">
  <div class="col text-muted">.text-muted</div>
  <div class="col text-white bg-dark">.text-white</div>
  <div class="col text-black-50">.text-black-50</div>
</div>
<div class="row p-2">
  <div class="col text-white-50 bg-dark">.text-white-50</div>
</div>
</div>
</body>
</html>
```

本例网格中有一个单元格用于显示标题，其余 13 个单元格分别设置了不同的文本颜色类，其中的 3 个单元格还设置了背景颜色，效果如图 4.7 所示。

图 4.7　设置文本颜色示例

【例 4.8】设置链接颜色示例。源代码如下：

```
<!doctype html>
<html>
<head>
<meta charset="utf-8">
<meta name="viewport" content="width=device-width, initial-scale=1">
<title>设置链接颜色示例</title>
<link rel="stylesheet" href="../css/bootstrap.css">
</head>

<body>
<div class="container">
  <div class="row">
    <div class="col">
      <h4 class="text-center">设置链接颜色示例</h4>
      <table class="table table-bordered">
        <tbody>
          <tr>
            <td><a href="#" class="text-primary">Primary link</a></td>
            <td><a href="#" class="text-secondary">Secondary link</a></td>
            <td><a href="#" class="text-success">Success link</a></td>
          </tr>
          <tr>
            <td><a href="#" class="text-danger">Danger link</a></td>
            <td><a href="#" class="text-warning">Warning link</a></td>
            <td><a href="#" class="text-info">Info link</a></td>
          </tr>
          <tr>
            <td><a href="#" class="text-light bg-dark">Light link</a></td>
```

```
            <td><a href="#" class="text-dark">Dark link</a></td>
            <td><a href="#" class="text-muted">Muted link</a></td>
         </tr>
         <tr>
            <td  colspan="3"  class="text-center"><a  href="#"  class="text-white  bg-dark">White
link</a></td>
         </tr>
      </tbody>
   </table>
  </div>
 </div>
</div>
</body>
</html>
```

本例在表格中创建了 10 个链接，分别在这些
链接中添加了不同的文本颜色类，并对其中的两个
链接设置了背景颜色。该页面的显示效果如图 4.8
所示。

4.2.2　设置背景颜色

图 4.8　设置链接颜色示例

与文本颜色类一样，也可以使用下列背景颜
色类来设置元素的背景颜色。多数背景颜
色类用于设置两个背景颜色，一个是正常状态下的背景颜色，另一个是悬停和焦点状态下
的背景颜色，链接的背景颜色会在悬停时变暗。

- .bg-primary：蓝色（#007bff；#0062cc）。
- .bg-secondary：灰色（#6c757d；#545b62）。
- .bg-success：绿色（#28a745；#1e7e34）。
- .bg-danger：红色（#dc3545；#bd2130）。
- .bg-warning：橙色（#ffc107；#d39e00）
- .bg-info：浅蓝色（#17a2b8；#117a8b）。
- .bg-light：浅灰色（#f8f9fa；#dae0e5）。
- .bg-dark：深灰色（#343a40；#1d2124）。
- .bg-white：白色（#fff）。
- .bg-transparent：透明（transparent）。

背景颜色类不会设置文本颜色，因此通常需要使用.text-*类来设置文本颜色。

【例 4.9】设置背景颜色示例。源代码如下：

```
<!doctype html>
<html>
<head>
<meta charset="utf-8">
<meta name="viewport" content="width=device-width, initial-scale=1">
<title>设置背景颜色示例</title>
<link rel="stylesheet" href="../css/bootstrap.css">
</head>

<body>
<div class="container">
  <div class="row">
    <div class="col">
```

```
    <h4 class="p-3 text-center">设置背景颜色示例</h4>
    <div class="p-3 mb-2 bg-primary text-white">.bg-primary</div>
    <div class="p-3 mb-2 bg-secondary text-white">.bg-secondary</div>
    <div class="p-3 mb-2 bg-success text-white">.bg-success</div>
    <div class="p-3 mb-2 bg-danger text-white">.bg-danger</div>
    <div class="p-3 mb-2 bg-warning text-dark">.bg-warning</div>
    <div class="p-3 mb-2 bg-info text-white">.bg-info</div>
    <div class="p-3 mb-2 bg-light text-dark">.bg-light</div>
    <div class="p-3 mb-2 bg-dark text-white">.bg-dark</div>
    <div class="p-3 mb-2 bg-white text-dark">.bg-white</div>
    <div class="p-3 mb-2 bg-transparent text-dark">.bg-transparent</div>
  </div>
  </div>
  </div>
  </body>
  </html>
```

本例中分别对 10 个 div 元素添加了不同的背景颜色类。为了与这些背景颜色搭配，还对其中的 7 个 div 元素添加了文本颜色类.text-white，对其余 3 个 div 元素添加了文本颜色类.text-dark，该页面的显示效果如图 4.9 所示。

图 4.9　设置背景颜色示例

4.2.3　设置渐变色背景

前面对元素设置背景颜色时使用的都是纯色，但在某些情况下可能需要使用渐变色背景。不过，默认情况下，Bootstrap 4 是禁止使用渐变色背景的。如果想使用渐变色背景，则需要将全局变量$enable-gradients 设置为 ture，然后对 Bootstrap 4 源文件重新进行编译。在允许使用渐变色背景的情况下，可以使用以下渐变色背景类.bg-gradient-*对元素进行设置。例如：

```
.bg-gradient-primary {
    background: #007bff linear-gradient(180deg, #268fff, #007bff) repeat-x !important; }

.bg-gradient-secondary {
    background: #6c757d linear-gradient(180deg, #828a91, #6c757d) repeat-x !important; }
```

```
.bg-gradient-success {
  background: #28a745 linear-gradient(180deg, #48b461, #28a745) repeat-x !important; }

.bg-gradient-info {
  background: #17a2b8 linear-gradient(180deg, #3ab0c3, #17a2b8) repeat-x !important; }

.bg-gradient-warning {
  background: #ffc107 linear-gradient(180deg, #ffca2c, #ffc107) repeat-x !important; }

.bg-gradient-danger {
  background: #dc3545 linear-gradient(180deg, #e15361, #dc3545) repeat-x !important; }

.bg-gradient-light {
  background: #f8f9fa linear-gradient(180deg, #f9fafb, #f8f9fa) repeat-x !important; }

.bg-gradient-dark {
  background: #343a40 linear-gradient(180deg, #52585d, #343a40) repeat-x !important; }
```

【例 4.10】设置渐变色背景示例。

打开位于 bootstrap-4.4.1\scss 文件夹下的全局变量文件_variables.scss，在这个文件夹中查找以下代码：

```
$enable-gradients:                              false !default;
```

找到之后，将变量$enable-gradients 的默认值值更改为 true：

```
$enable-gradients:                              true !default;
```

保存文件，然后进入命令提示符，切换至 bootstrap-4.4.1\scss 目录，输入以下编译命令：

```
sass bootstrap.scss bootstrap.css
```

编译成功后，将 bootstrap.css 复制到站点的 css 文件夹中，以替换之前的同名文件。

创建用于设置渐变色背景的 HTML 文件，源代码如下。

```
<!doctype html>
<html>
<head>
<meta charset="utf-8">
<meta name="viewport" content="width=device-width, initial-scale=1">
<title>设置渐变色背景示例</title>
<link rel="stylesheet" href="../css/bootstrap.css">
</head>

<body>
<div class="container">
  <div class="row">
    <div class="col">
      <h4 class="p-3 text-center">设置渐变色背景示例</h4>
      <div class="p-3 mb-2 bg-gradient-primary text-white">.bg-gradient-primary</div>
      <div class="p-3 mb-2 bg-gradient-secondary text-white">.bg-gradient-secondary</div>
      <div class="p-3 mb-2 bg-gradient-success text-white">.bg-gradient-success</div>
      <div class="p-3 mb-2 bg-gradient-danger text-white">.bg-gradient-danger</div>
      <div class="p-3 mb-2 bg-gradient-warning text-dark">.bg-gradient-warning</div>
      <div class="p-3 mb-2 bg-gradient-info text-white">.bg-gradient-info</div>
      <div class="p-3 mb-2 bg-gradient-light text-dark">.bg-gradient-light</div>
      <div class="p-3 mb-2 bg-gradient-dark text-white">.bg-gradient-dark</div>
    </div>
  </div>
</div>
</body>
</html>
```

本例中对 8 个 div 元素分别添加了不同的渐变色背景类，该页面的显示效果如图 4.10 所示。

图 4.10　设置渐变色背景示例

4.3　设置边框和阴影

Bootstrap 4 提供了一组边框类，可以用来设置元素的边框和边框半径，适用于图像、按钮及任何其他元素。根据需要，也可以使用阴影类向元素添加阴影或去除阴影。

4.3.1　添加或移除边框

使用 Bootstrap 4 提供的边框类可以添加或删除元素的边框。这些边框类分为两组，一组用于添加边框，另一组用于删除边框。

若要向元素中添加边框，请选择下列边框类之一。

- .border：在四周添加边框。
- .border-top：仅在顶部添加边框。
- .border-right：仅在右侧添加边框。
- .border-bottom：仅在底部添加边框。
- .border-left：仅在左侧添加边框。

若要从元素中删除边框，请选择下列边框类之一。

- .border-0：删除所有边框。
- .border-top-0：删除顶部边框。
- .border-right-0：删除右侧边框。
- .border-bottom-0：删除底部边框。
- .border-left-0：删除左侧边框。

【例 4.11】设置元素边框示例。源代码如下：

```
<!doctype html>
```

```
<html>
<head>
<meta charset="utf-8">
<meta name="viewport" content="width=device-width, initial-scale=1">
<title>设置元素边框示例</title>
<link rel="stylesheet" href="../css/bootstrap.css">
<style>
span {
    display: inline-block;
    height: 100px;
    line-height: 100px;
    width: 100px;
    background-color: #f8f9fa;
    margin: 3px;
    text-align: center;
    font-size: 0.85rem;
}
</style>
</head>

<body>
<div class="container-fluid">
    <div class="row">
        <div class="col">
            <h4 class="text-center p-3">设置元素边框示例</h4>
            <p class="text-center">
                <span class="border">添加四框</span>
                <span class="border-top">添加顶框</span>
                <span class="border-right">添加右框</span>
                <span class="border-bottom">添加底框</span>
                <span class="border-left">添加左框</span>
            </p>
            <p class="text-center">
                <span class="border border-0">移除四框</span>
                <span class="border border-top-0">移除顶框</span>
                <span class="border border-right-0">移除右框</span>
                <span class="border border-bottom-0">移除底框</span>
                <span class="border border-left-0">移除左框</span>
            </p>
        </div>
    </div>
</div>
</body>
</html>
```

本例中一共有 10 个 span 元素，均被设
置为行内块级元素。对前 5 个 span 元素分别
添加了所有边框、顶部边框、右侧边框、底
部边框和左侧边框，对后 5 个元素均添加了
所有边框，然后又分别从元素中移除了全部
边框、顶部边框、右侧部边边框、底框和左
侧边框，显示效果如图 4.11 所示。

图 4.11　设置元素边框示例

4.3.2 设置边框颜色

默认情况下，对元素设置的边框均为灰色（#dee2e6）。若要设置边框的颜色，可以在应用某个边框类的基础上再添加下列边框颜色类之一，以覆盖默认的灰色。

- .border-primary：设置边框颜色为蓝色（#007bff）。
- .border-secondary：设置边框颜色为灰色（#6c757d）。
- .border-success：设置边框颜色为绿色（#28a745）。
- .border-danger：设置边框颜色为红色（#dc3545）。
- .border-warning：设置边框颜色为橙色（#ffc107）。
- .border-info：设置边框颜色为浅蓝色（#17a2b8）。
- .border-light：设置边框颜色为浅灰色（#f8f9fa）。
- .border-dark：设置边框颜色为深灰色（#343a40）。
- .border-white：设置边框颜色为白色（#fff）。

【例 4.12】设置边框颜色示例。源代码如下：

```
<!doctype html>
<html>
<head>
<meta charset="utf-8">
<meta name="viewport" content="width=device-width, initial-scale=1">
<title>设置边框颜色示例</title>
<link rel="stylesheet" href="../css/bootstrap.css">
<style>
span {
    display: inline-block;
    height: 100px;
    line-height: 100px;
    width: 100px;
    background-color: #f8f9fa;
    margin: 3px;
    text-align: center;
    font-size: 0.85rem;
}
</style>
</head>

<body>
<div class="container-fluid">
    <div class="row">
        <div class="col">
            <h4 class="text-center p-3">设置边框颜色示例</h4>
            <p class="text-center">
                <span class="border">default</span>
                <span class="border border-primary">primary</span>
                <span class="border border-secondary">secondary</span>
                <span class="border border-success">success</span>
                <span class="border border-danger">danger</span>
            </p>
            <p class="text-center">
                <span class="border border-warning">warning</span>
                <span class="border border-info">info</span>
                <span class="border border-light">light</span>
                <span class="border border-dark">dark</span>
```

```
        <span class="border border-white">white</span>
      </p>
    </div>
  </div>
</div>
</body>
</html>
```

本例中一共有 10 个 span 元素，分别设置了
不同的边框颜色，效果如图 4.12 所示。

4.3.3 设置边框半径

默认情况下，元素边框的 4 个角为标准的直
角。根据需要，也可以通过添加下列圆角类来设
置元素的边框半径属性（border-radius），以实现圆角效果。

图 4.12   设置边框颜色示例

- .rounded：设置 4 个角的圆角半径为 0.25rem。
- .rounded-top：设置左上角和右上角的边框半径为 0.25rem。
- .rounded-right：设置右上角和右下角的边框半径为 0.25rem。
- .rounded-bottom：设置为左下角和右下角的边框半径为 0.25rem。
- .rounded-left：设置左上角和左下角的边框半径为 0.25rem。
- .rounded-circle：设置 4 个角的边框半径为 50%。
- .rounded-pill：设置 4 个角的边框半径为 50rem。
- .rounded-0：设置 4 个角的边框半径为 0，即移除圆角效果。
- .rounded-lg：设置 4 个角的边框半径为 0.3rem。
- .rounded-sm：设置 4 个角的边框半径为 0.2rem。

即使没有对元素设置边框，也可以将圆角效果应用到元素的背景上。

【例 4.13】设置边框半径示例。源代码如下：

```
<!doctype html>
<html>
<head>
<meta charset="utf-8">
<meta name="viewport" content="width=device-width, initial-scale=1">
<title>设置边框半径示例</title>
<link rel="stylesheet" href="../css/bootstrap.css">
<style>
span {
    display: inline-block;
    height: 100px;
    line-height: 100px;
    width: 100px;
    background-color: #f8f9fa;
    margin: 3px;
    text-align: center;
    font-size: 0.5rem;
}
span#pill{
    width: 150px;
}
</style>
</head>
```

```
<body>
<div class="container">
  <div class="row">
    <div class="col">
      <h4 class="text-center p-3">设置边框半径示例</h4>
      <p class="text-center">
        <span class="border border-primary rounded">.rounded</span>
        <span class="border border-primary rounded-top">.rounded-top</span>
        <span class="border border-primary rounded-right">.rounded-right</span>
        <span class="border border-primary rounded-bottom">.rounded-bottom</span>
        <span class="border border-primary rounded-left">.rounded-left</span>
      </p>
      <p class="text-center">
        <span class="border border-primary rounded-circle">.rounded-circle</span>
        <span id="pill" class="border border-primary rounded-pill">.rounded-pill</span>
        <span class="border border-primary rounded-0">.rounded-0</span>
        <span class="border border-primary rounded-lg">.rounded-lg</span>
        <span class="border border-primary rounded-sm">.rounded-sm</span>
      </p>
      <p class="text-center">
        <img src="../images/hz01.jpg" alt="杭州风光 01" height="100" class="rounded-lg">
        <img src="../images/hz02.jpg" alt="杭州风光 02" height="100" class="rounded-circle">
        <img src="../images/hz03.jpg" alt="杭州风光 03" height="100" class="rounded-pill">
        <img src="../images/hz04.jpg" alt="杭州风光 04" height="100" class="rounded-circle">
      </p>
    </div>
  </div>
</div>
</body>
</html>
```

本例中为 10 个 span 元素和 4 张图片分别设置了边框半径，效果如图 4.13 所示。

图 4.13　设置边框半径示例

4.3.4　设置阴影效果

使用 Bootstrap 4 提供的下列 box-shadow 类，可以对元素添加或删除阴影。

- .shadow：设置标准阴影（box-shadow: 0 0.5rem 1rem rgba(0, 0, 0, 0.15)）。
- .shadow-lg：设置较大阴影（box-shadow: 0 1rem 3rem rgba(0, 0, 0, 0.175)）。

- .shadow-sm：设置较小阴影（box-shadow: 0 0.125rem 0.25rem rgba(0, 0, 0, 0.075)）。
- .shadow-none：移除阴影（box-shadow: none）。

【例 4.14】设置阴影效果示例。源代码如下：

```
<!doctype html>
<html>
<head>
<meta charset="utf-8">
<meta name="viewport" content="width=device-width, initial-scale=1">
<title>设置阴影效果示例</title>
<link rel="stylesheet" href="../css/bootstrap.css">
</head>

<body>
<div class="container">
  <div class="row">
    <div class="col">
      <h4 class="p-3 text-center">设置阴影效果示例</h4>
      <div class="shadow-none p-3 mb-5 bg-light border rounded-lg">.shadow-none 没有阴影</div>
      <div class="shadow-sm p-3 mb-5 bg-light border rounded-lg">.shadow-sm 较小阴影</div>
      <div class="shadow p-3 mb-5 bg-light border rounded-lg">.shadow 标准阴影</div>
      <div class="shadow-lg p-3 mb-5 bg-light border rounded-lg">.shadow-lg 较大阴影</div>
    </div>
  </div>
</div>
</body>
</html>
```

本例中对 4 个 div 元素设置了不同的阴影效果，如图 4.14 所示。

图 4.14　设置阴影效果示例

4.4　设置大小和边距

在页面布局中，经常需要设置元素的大小和边距。使用 Bootstrap 4 提供的相关通用类样式，可以轻松地设置元素的大小、内边距及边距。

4.4.1 设置元素大小

元素的大小由宽度和高度决定。在 Bootstrap 4 中，设置宽度和高度有两种方式：一种方式是相对于父级元素来设置，以百分比为单位；另一种方式是相对于视口来设置，以 vw（视口宽度）和 vh（视口高度）为单位。

1. 相对于父级元素

宽度和高度类样式是由全局变量文件_variables.scss 中的$sizes 变量来控制的，其默认值包括 25%、50%、75%和 100%。也可以根据需要来调整这些值，以定制不同的大小规格。

设置相对于父级元素的大小时，元素的宽度用 w 表示，高度用 h 表示。下面列出设置元素大小的类样式。

- .w-*：设置元素的宽度（相对于父级宽度的百分比），其中*表示 25、50、75 和 100。
- .w-auto：设置元素的宽度为 auto。
- .h-*：设置元素的高度（相对于父级高度的百分比），其中*表示 25、50、75 和 100。
- .h-auto：设置元素的高度为 auto。

【例 4.15】设置元素大小示例。源代码如下：

```html
<!doctype html>
<html>
<head>
<meta charset="utf-8">
<meta name="viewport" content="width=device-width, initial-scale=1">
<title>设置元素大小示例</title>
<link rel="stylesheet" href="../css/bootstrap.css">
</head>

<body>
<div class="container">
  <div class="row">
    <div class="col">
      <h4 class="p-3 text-center">设置元素宽度</h4>
      <div class="w-25 p-2 bg-light border mb-2">.w-25</div>
      <div class="w-50 p-2 bg-light border mb-2">.w-50</div>
      <div class="w-75 p-2 bg-light border mb-2">.w-75</div>
      <div class="w-100 p-2 bg-light border mb-2">.w-100</div>
      <div class="w-auto p-2 bg-light border mb-2">.w-auto</div>
      <h4 class="p-3 text-center">设置元素高度</h4>
      <div class="bg-dark" style="height: 100px;">
        <div class="h-25 px-4 d-inline-block bg-light border mb-2">.h-25</div>
        <div class="h-50 px-4 d-inline-block bg-light border mb-2">.h-50</div>
        <div class="h-75 px-4 d-inline-block bg-light border mb-2">.h-75</div>
        <div class="h-100 px-4 d-inline-block bg-light border mb-2">.h-100</div>
        <div class="h-auto px-4 d-inline-block bg-light border mb-2">.h-auto</div>
      </div>
    </div>
  </div>
</div>
</body>
</html>
```

> d-inline-block 使这些 div 成为列内块级元素从而折 3 列成一行。

本例中分别设置了 10 个 div 元素的宽度和高度，代码中还用到以下类样式：.p-3 和.p-2分别设置 padding 为 1rem 和 0.5rem；.mb-2 设置 margin-bottom 为 0.5rem；.d-inline-block

设置显示方式为行内块级元素。页面显示效果如图 4.15 所示。

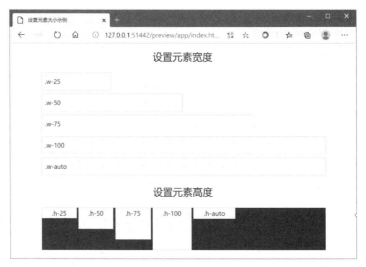

图 4.15 设置元素大小示例

除了上述类样式，还可以使用以下两个类样式。

● .mw-100：设置元素的最大宽度为 100%（相对于父级宽度的百分比）。

● .mh-100：设置元素的最大高度为 100%（相对于父级高度的百分比）。

【例 4.16】设置最大尺寸示例。源代码如下：

```html
<!doctype html>
<html>
<head>
<meta charset="utf-8">
<meta name="viewport" content="width=device-width, initial-scale=1">
<title>设置最大尺寸示例</title>
<link rel="stylesheet" href="../css/bootstrap.css">
</head>

<body>
<div class="container">
  <div class="row">
    <div class="col">
      <h4 class="text-center">设置最大尺寸示例</h4>
      <div class="mx-auto bg-light border border-light" style="width: 460px; height: 200px;">
        <img src="../images/Eiffel%20Tower.jpg" alt="埃菲尔铁塔" class="mw-100 mh-100">
      </div>
    </div>
  </div>
</div>
</body>
</html>
```

> 设置 img 元素的最大宽度和最大高度均为 100%。

本例在一个固定大小的 div 元素中放置了一幅图片。如果图片大小不确定，通过在显示图片的 img 元素中添加了.mw-100 和.mh-100 类，就可以避免由于图片尺寸太大而溢出这个 div 元素，从而影响页面布局。此外，通过添加.mx-auto 类将 margin-left 和 margin-right 设置为 auto，使此 div 元素水平居中对齐。显示效果如图 4.16 所示。

图 4.16　设置最大尺寸示例

2. 相对于视口

相对于视口的单位是 vw 和 vh，这属于 CSS 3 中的概念。无论如何调整视口的大小，其宽度均为 100vw，其高度均为 100vh。换言之，1vw 等于视口宽度的 1%，1vh 等于视口高度的 1%。Bootstrap 4 提供了以下 4 个相对于视口设置大小的类。

- .min-vw-100：设置最小宽度等于视口宽度。
- .min-vh-100：设置最小高度等于视口高度。
- .vw-100：设置宽度等于视口宽度。
- .vh-100：设置高度等于视口高度。

当使用.min-vw-100 类时，如果元素宽度大于视口宽度，则按该元素本身的宽度来显示，将会出现水平滚动条；如果元素宽度小于视口宽度，则元素宽度自动调整到视口宽度。

当使用.min-vh-100 类时，如果元素高度大于视口高度，则按该元素本身的高度来显示，将会出现垂直滚动条；如果元素高度小于视口高度，则元素高度自动调整到视口高度。

当使用.vw-100 类时，元素宽度始终等于视口宽度。当使用.vh-100 类时，元素高度始终等于视口高度。下面给出使用这些类的代码示例。

```
<div class="min-vw-100">最小宽度：100vw</div>
<div class="min-vh-100">最小高度：100vh</div>
<div class="vw-100">宽度：100vw</div>
<div class="vh-100">高度：100vh</div>
```

4.4.2　设置边距

在 CSS 中，可以用 margin 属性来设置元素的外边距，用 padding 属性来设置元素的内边距（也称为填充）。Bootstrap 4 提供了各种响应式边距和填充类，用于设置元素的外边距和内边距。这些边距和填充类有以下两种命名格式。

- {property}{sides}-{size}：不包含断点缩写，适用于从 xs 到 xl 的所有断点。
- {property}{sides}-{breakpoint}-{size}：包含断点缩写 sm、md、lg 或 xl，适用于指定断点。

其中 property 表示要设置的边距属性，用 m 表示设置 margin 的类，用 p 表示设置 padding 的类。sides 表示要设置元素哪一侧的边距，可以是下列情况之一。

- t：表示 top，即顶部，用于设置 margin-top 或 padding-top 的类。
- b：表示 bottom，即底部，用于设置 margin-bottom 或 padding-bottom 的类。
- l：表示 left，即左侧，用于设置 margin-left 或 padding-left 的类。
- r：表示 right，即右侧，用于设置 margin-right 或 padding-right 的类。

- x：表示左侧和右侧，用于设置*-left 和*-right 的类。例如，px-*同时设置 padding-left 和 padding-right。
- y：表示顶部和底部，用于*-top 和*-bottom 的类。例如，py-*同时设置 padding-top 和 padding-bottom。
- 空白：表示所有方向，用于设置元素四个边的 margin 或 padding 的类。

size 表示边距的尺寸规格，可以是下列数字或单词之一。

- 0：设置 margin 或 padding 的值为 0。
- 1：设置 margin 或 padding 为$spacer * .25，默认值为 0.25rem。
- 2：设置 margin 或 padding 为$spacer * .5，默认值为 0.5rem。
- 3：设置 margin 或 padding 为$spacer，默认值为 1rem。
- 4：设置 margin 或 padding 为$spacer * 1.5，默认值为 1.5rem。
- 5：设置 margin 或 padding 为$spacer * 3， 默认值为 3rem。
- auto：设置 margin 为 auto。

也可以通过将其他条目添加到 Sass 映射变量$spacers 中，以添加更多的规格。

在 CSS 中，margin 属性可以使用负值，padding 则不能。如果要设置负的外边距，可以在数字之前添加字母 n，相应的 Bootstrap 边距类名称如下。

- m-n1：设置 margin 或 padding 为-0.25rem。
- m-n2：设置 margin 或 padding 为-0.5rem。
- m-n3：设置 margin 或 padding 为-1rem。
- m-n4：设置 margin 或 padding 为-1.5rem。
- m-n5：设置 margin 或 padding 为-3rem。

【例 4.17】设置边距示例。源代码如下：

```
<!doctype html>
<html>
<head>
<meta charset="utf-8">
<meta name="viewport" content="width=device-width, initial-scale=1">
<title>设置边距示例</title>
<link rel="stylesheet" href="../css/bootstrap.css">
<style>
.box {
    width: 120px;
    height: 40px;
    line-height: 40px;
    font-size: 0.8rem;
}
</style>
</head>

<body>
<div class="container">
    <div class="row">
        <div class="col">
            <h4 class="py-3 text-center">设置外边距</h4>
        </div>
    </div>
    <div class="row justify-content-center mb-2">
        <div class="col-auto p-0 bg-light border">
            <span class="d-inline-block box ml-0 bg-success text-white rounded">.ml-0</span>
```

> 设置列高等于容器高度，可使容器文本内容在垂直方向上居中对齐。

> 设置左侧边距。

```
        <span class="d-inline-block box ml-1 bg-success text-white rounded">.ml-1</span>
        <span class="d-inline-block box ml-3 bg-success text-white rounded">.ml-3</span>
        <span class="d-inline-block box ml-5 bg-success text-white rounded">.ml-5</span>
      </div>
    </div>
    <div class="row justify-content-center mb-2">
      <div class="col-auto p-0 bg-light border">
        <span class="d-inline-block box mr-0 bg-success text-white rounded">.mr-0</span>
        <span class="d-inline-block box mr-1 bg-success text-white rounded">.mr-1</span>
        <span class="d-inline-block box mr-3 bg-success text-white rounded">.mr-3</span>
        <span class="d-inline-block box mr-5 bg-success text-white rounded">.mr-5</span>
      </div>
    </div>
    <div class="row justify-content-center mb-2">
      <div class="col-auto">
        <div class="bg-light border" style="width: 400px;">
          <span class="d-block box mx-auto bg-success text-white rounded">.mx-auto</span>
        </div>
      </div>
    </div>
    <div class="row justify-content-center">
      <div class="col-auto">
        <div class="bg-light border" style="width: 400px;">
          <span class="d-block box mx-n5 rounded" style="background: rgba(255, 0, 0, 0.35);">.
mx-n5</span>
        </div>
      </div>
    </div>
    <div class="row">
      <div class="col">
        <h4 class="py-3 text-center">设置内边距</h4>
      </div>
    </div>
    <div class="row justify-content-center mb-2">
      <div class="col-auto p-0 bg-light border">
        <span class="d-inline-block box pl-0 bg-success text-white rounded">.pl-0</span>
        <span class="d-inline-block box pl-1 bg-success text-white rounded">.pl-1</span>
        <span class="d-inline-block box pl-2 bg-success text-white rounded">.pl-2</span>
        <span class="d-inline-block box pl-3 bg-success text-white rounded">.pl-3</span>
        <span class="d-inline-block box pl-5 bg-success text-white rounded">.pl-5</span>
      </div>
    </div>
    <div class="row justify-content-center">
      <div class="col-auto p-0 bg-light border">
        <span class="d-inline-block box text-right pr-0 bg-success text-white rounded">.pr-0</span>
        <span class="d-inline-block box text-right pr-1 bg-success text-white rounded">.pr-1</span>
        <span class="d-inline-block box text-right pr-2 bg-success text-white rounded">.pr-2</span>
        <span class="d-inline-block box text-right pr-3 bg-success text-white rounded">.pr-3</span>
        <span class="d-inline-block box text-right pr-5 bg-success text-white rounded">.pr-5</span>
      </div>
    </div>
  </div>
</body>
</html>
```

> 设置左侧外边距。

> 设置右侧外边距。

> . d-block 使 spam 成为块级元素。

> 设置左右外边距为 auto，实现水平居中对齐。

> . d-block 使 span 成为块级元素。

> 设置负的外边距。

> .d-inline-block 使 span 成为行内块级元素，再用.pl-*设置左侧内边距。

> .d-inline-block 使 span 成为行内块级元素，再用.pl-*设置右侧内边距。

　　本例在 6 个网格中放置了一些具有确定大小的 div 元素，并对它们添加了不同的边距类。

　　对前 5 行的 div 元素设置外边距。对第 1 行中的 4 个 div 元素分别添加.ml-*类，以设置不同的左侧边距；对第 2 行中的 4 个 div 元素分别添加.mr-*类，以设置不同的右侧边距；对第 4 行中的唯一一个 div 元素添加.mx-auto 类，使其在水平方向居中对齐；对第 5 行中的唯一一个 div 元素添加了.mx-n5 类，对其设置了负的外边距。此外，为了便于识别，还对它设置了一定的透明度。对后 2 行的 div 元素设置内边距。对倒数第 2 行中的 5 个 div 元素添加 pl-*类，以设置左侧内边距；对最后一行中的 5 个 div 元素添加 pr-*类，以设置右侧内边距。该页面的显示效果如图 4.17 所示。

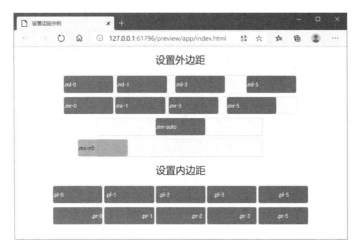

图 4.17　设置边距示例

4.5　设置浮动和定位

　　Bootstrap 4 提供了一些通用样式类，可以快速地处理元素的浮动、定位和溢出，并对嵌入页面的内容进行处理。

4.5.1　实现浮动方式

　　在 CSS 中，float 属性定义元素在哪个方向浮动。这个属性通常应用于图像，以使文本围绕在图像周围，实际上任何元素都可以浮动。浮动元素会生成一个块级框，无论它本身是何种元素。

　　Bootstrap 4 提供了响应式的浮动样式，可以在任何设备断点上切换浮动。这些浮动样式定义可以定义元素浮动到左侧或右侧，或者禁用浮动。这些浮动样式包括以下两种情况。

　　第一种情况是适用于所有断点。

- .float-left：在所有视口中浮动在左侧。
- .float-right：在所有视口中浮动到右侧。
- .float-none：在所有视口中都不浮动。

　　第二种情况是适用于特定断点。

- .float-{sm | md | lg | xl}-left：在特定大小的视口中浮动在左侧。
- .float-{sm | md | lg | xl}-right：在特定大小的视口中浮动到右侧。
- .float-{sm | md | lg | xl}-none：在特定大小的视口中都不浮动。

设置浮动之后，为了不影响页面布局，需要清除容器内的浮动内容并使元素换行呈现，为此在父元素中添加.clearfix 样式即可。

【例 4.18】设置浮动方式示例。源代码如下：

```
<!doctype html>
<html>
<head>
<meta charset="utf-8">
<meta name="viewport" content="width=device-width, initial-scale=1">
<title>设置浮动方式示例</title>
<link rel="stylesheet" href="../css/bootstrap.css">
</head>

<body>
<div class="container">
  <div class="row">
    <div class="col">
      <h4 class="py-3 text-center">设置浮动方式示例</h4>
      <div class="bg-light text-center clearfix mb-2">
        <div class="w-25 p-2 bg-success text-white rounded shadow mb-2">default</div>
        <div class="w-25 p-2 float-none bg-success text-white rounded shadow mb-2">.float-none</div>
        <div class="w-25 p-2 float-left bg-success text-white rounded shadow">.float-left</div>
        <div class="w-25 p-2 float-right bg-success text-white rounded shadow">.float-right</div>
      </div>
      <p>由于对浮动内容的父级元素应用了.clearfix 类，因此位于此段落中的文本可以换行显示。</p>
    </div>
  </div>
</div>
</body>
</html>
```

> .clearfix 清除浮动特性。

本例对页面中的 4 个 div 元素进行了浮动处理。

第 1 个 div 元素未添加浮动类，默认为不浮动；第 2 个 div 元素应用了.float-none 类，仍然是不浮动；第 3 个 div 元素应用了.float-left 类，在容器中向左浮动；最后 1 个 div 元素应用了.float-right 类，在容器中向右浮动。由于在容器中应用了.clearfix 类，清除了浮动特性，因此后续的文本内容正常换行呈现。

在 Edge 浏览器中打开该页面，预览显示效果，如图 4.18 所示。

图 4.18　设置浮动方式示例

4.5.2　设置定位方式

在 CSS 中，position 属性规定元素的定位方式，可能的属性值包括 absolute（绝对定位）、

fixed（固定定位）、relative（相对定位）、static（静态定位，此为默认值）、inherit（从父级元素继承）以及 sticky（黏性定位）。Bootstrap 4 提供了下列定位样式，可以用来快速设置元素的定位方式，但它们不包含响应式支持。

- .position-static：设置静态定位。
- .position-relative：设置相对定位。
- .position-absolute：设置绝对定位。
- .position-fixed：设置固定定位。
- .position-sticky：设置黏性定位。
- .fixed-top：设置固定在顶部。
- .fixed-bottom：设置固定在底部。
- .sticky-top：设置贴齐于顶部。不能在所有浏览器中获得支持。

【例 4.19】设置定位方式示例。源代码如下：

```
<!doctype html>
<html>
<head>
<meta charset="utf-8">
<meta name="viewport" content="width=device-width, initial-scale=1">
<title>设置定位方式示例</title>
<link rel="stylesheet" href="../css/bootstrap.css">
</head>

<body>
<div class="container">
    <div class="row">
        <div class="col">
            <h4 class="p-3 text-center">设置定位方式示例</h4>
            <div class="w-25 p-3 bg-primary text-white rounded shadow mb-2">
                default
            </div>
            <div class="w-25 p-3 bg-secondary text-white rounded shadow position-static">
                .position-static
            </div>
            <div class="w-25 p-3 bg-success text-white rounded shadow position-relative" style="left: 30px; top: 15px">
                .position-relative
            </div>
            <div class="w-25 p-3 bg-info text-white rounded shadow position-absolute" style="left: 180px; top: 226px">
                .position-absolute
            </div>
            <div class="w-100 p-3 bg-light border text-center fixed-bottom">
                .fixed-bottom
            </div>
        </div>
    </div>
</div>
</body>
</html>
```

默认空位方式（静态空位）。

静态空位。

相对空位。

绝对空位。

固定在底部。

本例中对 5 个 div 元素设置了定位方式，第 1 个 div 元素未设置定位属性（默认为静态定位），后面 4 个 div 元素分别添加了.position-static、.position-relative、.position-absolute和.fixed-bottom类，对于相对定位和绝对定位而言通过元素的 style 还设置了 left 和 top 属性，以指定元素的具体位置。最后一个 div 元素固定在视口底部，当调整视口高度时，该元素仍然保存在视口底部。该页面的显示效果如图 4.19 所示。

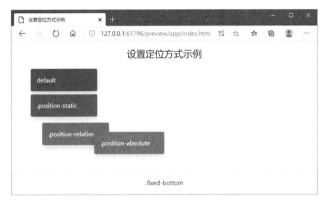

图 4.19　设置定位方式示例

4.5.3　设置溢出方式

在 CSS 中，overflow 属性规定当内容溢出元素框时发生的事情，可能的属性值包括 visible（内容不修剪且呈现在元素框之外，此为默认值）、hidden（内容被修剪且其余内容不可见）、scroll（内容被修剪但始终显示滚动条）、auto（若内容被修剪则显示滚动条）和 inherit（从父元素继承）。

Bootstrap 4 提供了两个通用样式来设置内容溢出元素的方式。默认情况下，这两个样式值提供了处理溢出方式的功能，并且它们没有响应。

● .overflow-auto：设置 overflow 属性为 auto。

● .overflow-hidden：设置 overflow 属性为 hidden。

【例 4.20】设置溢出方式示例。源代码如下：

```
<!doctype html>
<html>
<head>
<meta charset="utf-8">
<meta name="viewport" content="width=device-width, initial-scale=1">
<title>设置溢出方式示例</title>
<link rel="stylesheet" href="../css/bootstrap.css">
</head>

<body>
<div class="container">
  <div class="row">
    <div class="col">
      <h4 class="p-3 text-center">设置溢出方式示例</h4>
      <div class="clearfix">
        <div class="d-inline-block text-justify overflow-auto p-3 float-left bg-light border"
            style="width: 240px; height: 160px">
          山不在高，有仙则名。水不在深，有龙则灵。斯是陋室，惟吾德馨。苔痕上阶绿，草色
入帘青。谈笑有鸿儒，往来无白丁。可以调素琴，阅金经。无丝竹之乱耳，无案牍之劳形。南阳诸葛庐，
西蜀子云亭。孔子云：何陋之有？

        </div>
        <div class="d-inline-block text-justify overflow-hidden p-3 float-right bg-light border"
            style="width: 240px; height: 160px">
          山不在高，有仙则名。水不在深，有龙则灵。斯是陋室，惟吾德馨。苔痕上阶绿，草色
```

根据需要添加滚动条。

内容被修剪且其余内容不可见。

117

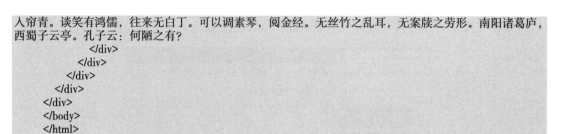

入帘青。谈笑有鸿儒，往来无白丁。可以调素琴，阅金经。无丝竹之乱耳，无案牍之劳形。南阳诸葛庐，西蜀子云亭。孔子云：何陋之有？

```
                </div>
              </div>
            </div>
          </div>
        </div>
      </body>
    </html>
```

本例中用两个相同尺寸的 div 元素来显示唐代刘禹锡的《陋室铭》。对其中的一个 div 元素添加了 .overflow-auto 类，结果它出现了垂直滚动条；对另一个 div 元素添加了.overflow-hidden 类，结果内容被修剪且其余文字不可见。该页面的显示效果如图 4.20 所示。

图 4.20　设置溢出方式示例

4.5.4　处理嵌入内容

为了丰富 HTML 文档，通常使用<iframe>、<embed>、<video>、<object>标签在文档中嵌入各种各样的内容，如音频、视频、图像及其他网页等，这些内容大多数都存储在外部文件中。Bootstrap 4 提供了一些相关的样式，可以对嵌入页面的内容进行处理，以便在任意设备上更好地展示这些嵌入内容。

下面列出用于处理嵌入内容的样式。

- .embed-responsive：实现等比例缩放。

- .embed-responsive-1by1：定义 1：1 的长宽比例。

- .embed-responsive-3by4：定义 3：4 的长宽比例。

- .embed-responsive-16by9：定义 16：9 的长宽比例。

- .embed-responsive-21by9：定义 21：9 的长宽比例。

- .embed-responsive-item：配合其他属性使用。

在全局变量文件_variables.scss 中，可以更改要使用的宽高比。下面是 $embed-responsive-aspect-ratios 列表的示例。

```
$embed-responsive-aspect-ratios: (
    (21 9),
    (16 9),
    (4 3),
    (1 1)
) !default;
```

【**例 4.21**】处理嵌入内容示例。源代码如下：

```
<!doctype html>
<html>
<head>
<meta charset="utf-8">
<meta name="viewport" content="width=device-width, initial-scale=1">
<title>处理嵌入内容示例</title>
<link rel="stylesheet" href="../css/bootstrap.css">
</head>

<body>
<div class="container">
  <div class="row">
    <div class="col">
      <h4 class="p-3 text-center">处理嵌入内容示例</h4>
      <div class="embed-responsive embed-responsive-4by3">
        <video class="embed-responsive-item" preload="auto" controls allowfullscreen>
          <source src="../media/movie.mp4" type="video/mp4">
        </video>
      </div>
    </div>
  </div>
</div>
</body>
</html>
```

本例在页面中嵌入一段 MP4 视频，播放该视频的画面如图 4.21 所示。

 ## 4.6 设置弹性盒布局

图 4.21 处理嵌入内容示例

Bootstrap 4 是使用弹性盒（flexbox）构建的，但并非每个元素的 display 属性都已更改为 flex，因为这将添加许多不必要的替代内容，并且会意外更改关键的浏览器行为。通过对某个元素应用.d-flex 或.d-inline-flex 类可以创建弹性盒容器，并将其直接子元素转换为弹性项目。启用弹性盒容器之后，可以通过其他 flex 类样式对弹性容器和项目进一步修改。

4.6.1 设置显示方式

使用响应式显示实用程序类可以切换 display 属性的常用值（仅是所有可能值的一个子集），将其与网格系统、内容或组件一起使用，可以在特定视口中显示或隐藏它们。

显示实用工具类分为两种情况：一种情况是适用于所有断点（从 xs 到 xl），其中不包含断点缩写符号，这是因为这些类是从 min-width 为 0 开始向上应用的，因此不受媒体查询的约束；另一种情况是适用于其余断点，其中包含断点缩写符号。

因此，显示实用工具类的命名格式如下。

● .d-{value}：用于小屏幕适配（手机适配）。

● .d-{breakpoint}-{value}：用于 sm、md、lg、xl 等多种设备适配。

其中 value 可以是下列情形之一：none、inline、inline-block、block、table、table-cell、table-row、flex、inline-flex。

媒体查询会影响具有给定断点或更大断点的屏幕宽度。例如，.d-lg-none 可以在 lg 和 xl 屏幕上将 display 属性设置为 none。

为了更快地进行移动开发，应使用响应式显示类来按设备显示和隐藏元素。要避免为同一网站创建完全不同的版本，就应针对每个屏幕尺寸相应地隐藏元素。如果希望隐藏某个元素，对该元素应用.d-none 类或.d-{sm|md|lg|xl}-none 类即可。

如果只需要在给定的屏幕尺寸范围内显示某个元素，则应将.d-*-none 类与.d-*-*类同时应用于该元素。

例如，使用.d-none, .d-md-block, .d-xl-none 将隐藏除中型和大型设备以外的所有屏幕中的元素，即仅在中型和大型设备屏幕上显示元素。

在不同屏幕上隐藏或显示元素所需要使用的显示类样式设置见表 4.1。

表 4.1　隐藏或显示元素所需要使用的显示类样式设置

隐藏或显示	类样式	隐藏或显示	类样式
在所有屏幕上隐藏	.d-none	在所有屏幕上显示	.d-block
仅在 xs 屏幕上隐藏	.d-none .d-sm-block	仅在 xs 屏幕上显示	.d-block .d-sm-none
仅在 sm 屏幕上隐藏	.d-sm-none .d-md-block	仅在 sm 屏幕上显示	.d-none .d-sm-block .d-md-none
仅在 md 屏幕上隐藏	.d-md-none .d-lg-block	仅在 md 屏幕上显示	.d-none .d-md-block .d-lg-none
仅在 lg 屏幕上隐藏	.d-lg-none .d-xl-block	仅在 lg 屏幕上显示	.d-none .d-lg-block .d-xl-none
仅在 xl 屏幕上隐藏	.d-xl-none	仅在 xl 屏幕上显示	.d-none .d-xl-block

【例 4.22】显示实用工具类应用示例。源代码如下：

```html
<!doctype html>
<html>
<head>
<meta charset="utf-8">
<meta name="viewport" content="width=device-width, initial-scale=1">
<title>显示实用工具类应用示例</title>
<link rel="stylesheet" href="../css/bootstrap.css">
</head>

<body>
<div class="container border border-info">
    <h4 class="py-2 text-center">显示实用工具类应用示例</h4>
    <div class="d-inline p-2 bg-primary text-white">
        d-inline
    </div>
    <div class="d-inline p-2 bg-dark text-white">
        d-inline
    </div>
    <span class="d-block p-2 mt-3 bg-primary text-white">d-block</span>
    <span class="d-block p-2 bg-dark text-white">d-block</span>
    <div class="d-lg-none p-2 bg-light border">
        大于 lg 屏幕尺寸时隐藏
    </div>
    <div class="d-none p-2 d-lg-block bg-light border ">
        小于 lg 屏幕时隐藏
    </div>
    <div class="d-none d-md-block d-xl-none p-2 bg-light border ">
        小于 md 屏幕尺寸或大于 lg 屏幕尺寸时隐藏
    </div>
</div>
</body>
</html>
```

.d-inline 使 div 成为行内元素，两个 div 位于同一行中。

.d-block 使 span 成为块级元素，两个 span 各占一行。

本例在.container 容器中包含了 5 个 div 元素和两个 span 元素。

最前面两个 div 元素均应用了.d-inline 类,因此它们作为内联元素,出现在同一行;两个 span 元素均应用了.d-block 类,因此它们作为块级元素,分别出现在两个不同的行;倒数第 3 个 div 元素应用了.d-lg-none 类,因此大于 lg 屏幕时会隐藏起来;倒数第 2 个 div 元素应用了.d-none 和.d-lg-block 类,因此小于 lg 屏幕时会隐藏起来;最后一个 div 元素同时应用了.d-none、.d-md-block 和.d-xl-none 类,因此小于 md 屏幕尺寸时或大于 lg 屏幕尺寸时会隐藏起来。

在 Edge 浏览器中打开该页面,进入响应式开发模式,在工具栏设置不同的视口宽度(如 600px、800px、1000px、1200px),同时观察元素的显示方式,如图 4.22～图 2.25 所示。

图 4.22　小于 md 屏幕尺寸时的布局

图 4.23　符合 md 屏幕尺寸时的布局

图 4.24　符合 lg 屏幕尺寸时的布局

图 4.25　大于 lg 屏幕尺寸时的布局

与响应式.d-*类样式类似，打印时也可以使用下列打印显示类来更改元素的 display 属性值：.d-print-none、.d-print-inline、.d-print-inline-block、.d-print-block、.d-print-table、.d-print-table-row、.d-print-table-cell、.d-print-flex、.d-print-inline-flex。

例如，下面的代码同时对屏幕显示与打印输出进行设置。

```
<div class="d-print-none">仅屏幕显示（不可打印）</div>
<div class="d-none d-print-block">仅支持打印显示（不可在屏幕上显示）</div>
<div class="d-none d-lg-block d-print-block">显示在中等屏幕（不支持大屏幕显示），支持打印输出
</div>
```

若要设置某个元素为可见，可对其应用.visible 类；若要将某个元素设置为不可见，可对其应用.invisible 类。例如：

```
<div class="visible">内容可见</div>
<div class="invisible">内容不可见</div>
```

4.6.2 创建弹性盒布局

Bootstrap 4 是使用弹性盒（flexbox）构建的，但并非每个元素的 display 属性都已更改为 flex，因为这将添加许多不必要的替代内容，并且会意外更改关键的浏览器行为。Bootstrap 4 的大多数组件都是在启用 flexbox 的情况下构建的。

1. 启用弹性盒

通过对某个元素应用.d-flex 和.d-inline-flex 类可以创建弹性盒容器，并将直接子元素转换为弹性项目。例如，下面的例子创建两个弹性盒容器。

```
<div class="d-flex p-2 bd-highlight">我是弹性盒容器</div>
<div class="d-inline-flex p-2 bd-highlight">我是内联弹性盒容器</div>
```

其中.d-flex 和.d-inline-flex 适用于所有断点。

若要创建适用于特定断点的弹性盒容器，则需要应用响应式类样式.d-{breakpoint}-flex 或.d-{breakpoint}-inline-flex，其中 breakpoint 表示断点，可以是 sm、md、lg 或 xl。

启用弹性盒容器之后，可以通过其他 flex 属性对弹性容器和项目进行进一步修改。

2. 设置项目排列方向

若要设置弹性项目在弹性容器中的排列方向，可以对弹性容器应用下列类样式。

- .flex-row：项目沿水平方向从左到右排列（浏览器默认）。
- .flex-row-reverse：项目沿水平方向从右向左排列。
- .flex-column：项目沿垂直方向自上而下排列。
- .flex-column-reverse：项目沿垂直方向自下而上排列。

上述类样式适用于所有断点。

若要设置适用于特定断点的排列方向，则应对弹性容器应用下列类样式。

- .flex-{breakpoint}-row：在特定断点处项目沿水平方向从左到右排列。
- .flex-{breakpoint}-row-reverse：在特定断点处项目沿水平方向从右向左排列。
- .flex-{breakpoint}-column：在特定断点处项目沿垂直方向自上而下排列。
- .flex-{breakpoint}-column-reverse：在特定断点处项目沿垂直方向自下而上排列。

【例 4.23】设置弹性项目排列方向示例。源代码如下：

```
<!doctype html>
<html>
```

```html
<head>
<meta charset="utf-8">
<meta name="viewport" content="width=device-width, initial-scale=1">
<title>设置弹性项目排列方向</title>
<link rel="stylesheet" href="../css/bootstrap.css">
</head>

<body>
<div class="container border border-info">
  <h4 class="p-2 text-center">设置弹性项目排列方向</h4>
  <div class="d-flex flex-row mb-3">
    <div class="p-2 bg-light border">弹性项目 1</div>
    <div class="p-2 bg-light border">弹性项目 2</div>
    <div class="p-2 bg-light border">弹性项目 3</div>
  </div>
  <div class="d-flex flex-row-reverse mb-3">
    <div class="p-2 bg-light border">弹性项目 1</div>
    <div class="p-2 bg-light border">弹性项目 2</div>
    <div class="p-2 bg-light border">弹性项目 3</div>
  </div>
  <div class="d-flex flex-column mb-3">
    <div class="p-2 bg-light border">弹性项目 1</div>
    <div class="p-2 bg-light border">弹性项目 2</div>
    <div class="p-2 bg-light border">弹性项目 3</div>
  </div>
  <div class="d-flex flex-column-reverse">
    <div class="p-2 bg-light border">弹性项目 1</div>
    <div class="p-2 bg-light border">弹性项目 2</div>
    <div class="p-2 bg-light border">弹性项目 3</div>
  </div>
</div>
</body>
</html>
```

在本例中创建了一个.container 容器，并使用.d-flex 在该容器中创建了 4 个弹性盒容器，对它们分别应用了.flex-row、.flex-row-reverse、.flex-column 和.flex-column-reverse 方向类，因此这些弹性盒容器中，的项目的排列方向依次为：沿水平方向从左到右、沿水平方向从右到左、沿垂直方向自上而下、沿垂直方向自下而上。该页面的显示效果如图 4.26 所示。

图 4.26　设置弹性项目排列方向示例

4.6.3 设置项目对齐方式

启用弹性盒之后,可以对项目的对齐方式进行设置,包括以下 3 种情况:设置项目在主轴上的对齐方式;设置项目在交叉轴的对齐方式;设置特定项目在交叉轴的对齐方式。

1. 设置项目在主轴上的对齐方式

通过对弹性容器应用 justify-content-* 类样式,可以设置弹性项目在主轴上的对齐方式,其中*可以是 start(浏览器默认值)、end、center、between、around。主轴默认为 x 轴;如果对容器应用了 .flex-column,则主轴为 y 轴。justify-content-* 类样式适用于所有断点,如果要设置适用于特定断点的对齐方式,则应使用 justify-content-{breakpoint}-* 类样式。

【例 4.24】设置项目在主轴上的对齐方式示例。源代码如下:

```html
<!doctype html>
<html>
<head>
<meta charset="utf-8">
<meta name="viewport" content="width=device-width, initial-scale=1">
<title>设置项目在主轴上的对齐方式示例</title>
<link rel="stylesheet" href="../css/bootstrap.css">
</head>

<body>
<div class="container border border-info">
    <h4 class="p-2 text-center">设置项目在主轴上的对齐方式示例</h4>
    <div class="d-flex justify-content-start bg-light border mb-2">
        <div class="w-25 p-2 bg-primary border text-white">start</div>
        <div class="w-25 p-2 bg-primary border text-white">start</div>
        <div class="w-25 p-2 bg-primary border text-white">start</div>
    </div>
    <div class="d-flex justify-content-center bg-light border mb-2">
        <div class="w-25 p-2 bg-secondary border text-white">center</div>
        <div class="w-25 p-2 bg-secondary border text-white">center</div>
        <div class="w-25 p-2 bg-secondary border text-white">center</div>
    </div>
    <div class="d-flex justify-content-end bg-light border mb-2">
        <div class="w-25 p-2 bg-success border text-white">end</div>
        <div class="w-25 p-2 bg-success border text-white">end</div>
        <div class="w-25 p-2 bg-success border text-white">end</div>
    </div>
    <div class="d-flex justify-content-between bg-light border mb-2">
        <div class="w-25 p-2 bg-danger border text-white">between</div>
        <div class="w-25 p-2 bg-danger border text-white">between</div>
        <div class="w-25 p-2 bg-danger border text-white">between</div>
    </div>
    <div class="d-flex justify-content-around bg-light">
        <div class="w-25 p-2 bg-info border text-white">around</div>
        <div class="w-25 p-2 bg-info border text-white">around</div>
        <div class="w-25 p-2 bg-info border text-white">around</div>
    </div>
</div>
</body>
</html>
```

对齐于主轴开始起点。

在主轴上居中对齐。

对齐于主轴终点。

项目平均分布在该行内,相邻项目间隔相等。

项目平均分布在该行内,两边留有一半的间隔空间。

本例中一共创建了 5 个弹性容器,并对这些容器中弹性项目在主轴上的对齐方式进行了不同的设置,效果如图 4.27 所示。

图 4.27　设置项目在主轴上的对齐方式示例

2. 对齐项目

在弹性容器上应用 align-items-*类可以设置弹性项目在交叉轴上的对齐方式，其中*可以是 start、end、center、baseline 或 stretch（浏览器默认值）。交叉轴默认 *y* 轴，如果对容器应用了 flex-column，则交叉轴为 *x* 轴。

align-items-*类样式适用于所有断点，如果要设置适用于特定断点的对齐方式，则应使用 align-items-{breakpoint}-*类样式。

【例 4.25】设置弹性项目在交叉轴上的对齐方式示例。源代码如下：

```
<!doctype html>
<html>
<head>
<meta charset="utf-8">
<meta name="viewport" content="width=device-width, initial-scale=1">
<title>设置项目在交叉轴上的对齐方式示例</title>
<link rel="stylesheet" href="../css/bootstrap.css">
<style>
.d-flex {
    height: 60px;
}
</style>
</head>

<body>
<div class="container border border-info">
    <h4 class="p-2 text-center">设置项目在交叉轴上的对齐方式示例</h4>
    <div class="d-flex justify-content-around align-items-start bg-light border mb-2">
        <div class="w-25 p-2 bg-primary border text-white">start</div>
        <div class="w-25 p-2 bg-primary border text-white">start</div>
        <div class="w-25 p-2 bg-primary border text-white">start</div>
    </div>
    <div class="d-flex justify-content-around align-items-center bg-light border mb-2">
        <div class="w-25 p-2 bg-secondary border text-white">center</div>
        <div class="w-25 p-2 bg-secondary border text-white">center</div>
        <div class="w-25 p-2 bg-secondary border text-white">center</div>
    </div>
    <div class="d-flex justify-content-around align-items-end bg-light border mb-2">
        <div class="w-25 p-2 bg-success border text-white">end</div>
        <div class="w-25 p-2 bg-success border text-white">end</div>
        <div class="w-25 p-2 bg-success border text-white">end</div>
    </div>
    <div class="d-flex justify-content-around align-items-baseline bg-light border mb-2">
        <div class="w-25 p-2 bg-danger border text-white">baseline</div>
        <div class="w-25 p-2 bg-danger border text-white">baseline</div>
```

> 项目位于容器开头。

> 项目位于容器中心。

> 项目位于容器结尾。

> 项目位于容器底线上。

```
        <div class="w-25 p-2 bg-danger border text-white">baseline</div>
    </div>
    <div class="d-flex justify-content-around align-items-stretch bg-light">
        <div class="w-25 p-2 bg-info border text-white">stretch</div>
        <div class="w-25 p-2 bg-info border text-white">stretch</div>
        <div class="w-25 p-2 bg-info border text-white">stretch</div>
    </div>
</div>
</body>
</html>
```

项目被拉伸的适应容器。

本例中一共创建了 5 个弹性容器，并对弹性项目的对齐方式进行设置，在主轴上的对齐方式均为 justify-content-around，在交叉轴上的对齐方式依次为 align-items-start、align-items-center、align-items-end、align-items-baseline、align-items-stretch。显示效果如图 4.28 所示。

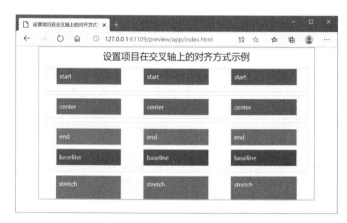

图 4.28　设置项目在交叉轴上的对齐方式示例

3. 对齐特定项目

在特定的弹性项目上应用 .align-self 类样式可以单独设置该项目在交叉轴上的对齐方式，其中*可以是 start、end、center、baseline 或 stretch（浏览器默认值）。交叉轴默认 y 轴，如果对容器应用了 flex-column，则交叉轴为 x 轴。align-self-*类样式适用于所有断点，如果要设置适用于特定断点的对齐方式，则应使用 align-self-{breakpoint}-*类样式。

【例 4.26】设置特定项目在交叉轴上的对齐方式示例。源代码如下：

```
<!doctype html>
<html>
<head>
<meta charset="utf-8">
<meta name="viewport" content="width=device-width, initial-scale=1">
<title>设置特定项目在交叉轴上的对齐方式示例</title>
<link rel="stylesheet" href="../css/bootstrap.css">
<style>
.d-flex {
    height: 60px;
}
</style>
</head>


<body>
<div class="container border border-info">
    <h4 class="p-2 text-center">设置特定项目在交叉轴上的对齐方式示例</h4>
```

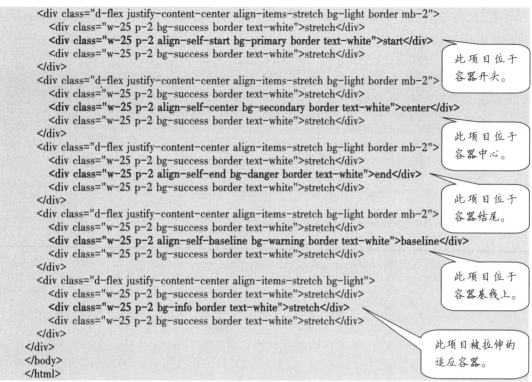

本例中创建了 5 个弹性容器，并在这些容器中都添加了.align-items-stretch 类，对每个容器中的第 2 个弹性项目在交叉轴上的对齐方式进行了不同的设置，效果如图 4.29 所示。

图 4.29　设置特定项目在交叉轴上的对齐方式示例

4.6.4　设置项目宽度

在一系列同级的弹性项目上使用.flex-fill 类，可以强制它们平均分配剩余的的水平空间。如果要对特定的断点进行设置，则应使用.flex-{breakpoint}-fill 类。

在弹性项目上应用.flex-grow-*类可以使其获取增长能力，以填充所有可能的可用空间。与此相反，如果在弹性项目上应用.flex-shrink-*类，则可以使其获取收缩能力，从而为其他项目留出更多空间。

若要对特定断点设置项目宽度，则应使用.flex-{breakpoint}-fill、.flex-{breakpoint}-grow-*和.flex-{breakpoint}-shrink-*类。

【例 4.27】设置项目宽度示例。源代码如下：

```
<!doctype html>
<html>
<head>
<meta charset="utf-8">
<meta name="viewport" content="width=device-width, initial-scale=1">
<title>设置项目宽度示例</title>
<link rel="stylesheet" href="../css/bootstrap.css">
</head>

<body>
<div class="container">
    <h4 class="p-2 text-center">设置项目宽度示例</h4>
    <div class="d-flex mb-2">
        <div class="p-2 flex-fill bg-primary border text-white">.flex-fill</div>
        <div class="p-2 flex-fill bg-primary border text-white">.flex-fill</div>
        <div class="p-2 flex-fill bg-primary border text-white">.flex-fill</div>
    </div>
    <div class="d-flex mb-2">
        <div class="p-2 flex-grow-1 bg-secondary border text-white">.flex-grow-1</div>
        <div class="p-2 bg-secondary border text-white">弹性项目</div>
        <div class="p-2 bg-secondary border text-white">弹性项目</div>
    </div>
    <div class="d-flex">
        <div class="p-2 w-100 bg-success border text-white">.w-100</div>
        <div class="p-2 flex-shrink-1 bg-success border text-white">.flex-shrink-1</div>
    </div>
</div>
</body>
</html>
```

本例创建了 3 个弹性容器。第 1 个容器中的 3 个项目均添加了.flex-fill 类，它们平分剩余的水平空间；第 2 个容器中为第 1 个项目添加.flex-grow-1 类，它将填充所有可能的空间；第 3 个容器中为第 2 个项目添加.flex-shrink-1 类，它将被压缩到最大限度。效果如图 4.30 所示。

图 4.30　设置项目宽度示例

4.6.5　设置自动边距

当将弹性对齐与自动边距混合在一起的时候，弹性盒也能够正常运行。

1. 设置水平自动边距

在水平方向设置自动边距可以通过对弹性项目添加.ml-auto 或.mr-auto 类来实现，前者的作用是将相邻项目推到左侧，后者的作用则是将相邻项目推到右侧。

【例 4.28】设置弹性项目的水平自动边距示例。源代码如下：

```
<!doctype html>
<html>
<head>
<meta charset="utf-8">
<meta name="viewport" content="width=device-width, initial-scale=1">
<title>设置水平自动边距示例</title>
<link rel="stylesheet" href="../css/bootstrap.css">
</head>

<body>
<div class="container">
  <div class="row">
    <div class="col">
      <h4 class="p-2 text-center">设置水平自动边距示例</h4>
      <div class="d-flex bg-light border mb-3">
        <div class="p-2 bg-success border text-white rounded shadow">弹性项目</div>
        <div class="p-2 bg-success border text-white rounded shadow">弹性项目</div>
        <div class="p-2 bg-success border text-white rounded shadow">弹性项目</div>
      </div>
      <div class="d-flex bg-light border mb-3">
        <div class="mr-auto p-2 bg-info border text-white rounded shadow">.mr-auto 弹性项目</div>
        <div class="p-2 bg-success border text-white rounded shadow">弹性项目</div>
        <div class="p-2 bg-success border text-white rounded shadow">弹性项目</div>
      </div>
      <div class="d-flex bg-light border mb-3">
        <div class="p-2 bg-success border text-white rounded shadow">弹性项目</div>
        <div class="p-2 bg-success border text-white rounded shadow">弹性项目</div>
        <div class="ml-auto p-2 bg-info border text-white rounded shadow">.ml-auto 弹性项目</div>
      </div>
    </div>
  </div>
</div>
</body>
</html>
```

本例中对两个弹性项目设置了自动边距。添加.mr-auto 类的项目将相邻的两个项目向右推；添加.ml-auto 类的项目将相邻的两个项目向右推。该页面的显示效果如图 4.31 所示。

图 4.31　设置弹性项目的水平自动边距示例

2. 设置垂直自动边距

在垂直方向设置自动边距可以通过对弹性项目添加.mt-auto 或.mb-auto 类来实现，前者的作用是将相邻项目推到顶部，后者的作用则是将相邻项目推到底部。这两个类要结合.align-items.*和.flex-column 类一起使用。

【例 4.29】设置弹性项目的垂直自动边距示例。源代码如下：

```
<!doctype html>
<html>
<head>
<meta charset="utf-8">
<meta name="viewport" content="width=device-width, initial-scale=1">
<title>设置垂直自动边距示例</title>
<link rel="stylesheet" href="../css/bootstrap.css">
</head>

<body>
<div class="container">
  <div class="row">
    <div class="col">
      <h4 class="p-2 text-center">设置垂直自动边距示例</h4>
      <div class="d-flex align-items-start flex-column bg-light border mb-3" style="height: 160px;">
        <div class="w-25 mb-auto p-2 bg-info border text-white rounded shadow">.mb-auto 弹性项目</div>
        <div class="w-25 p-2 bg-success border text-white rounded shadow">弹性项目</div>
        <div class="w-25 p-2 bg-success border text-white rounded shadow">弹性项目</div>
      </div>
      <div class="d-flex align-items-end flex-column bg-light border mb-3" style="height: 160px;">
        <div class="w-25 p-2 bg-success border text-white rounded shadow">弹性项目</div>
        <div class="w-25 p-2 bg-success border text-white rounded shadow">弹性项目</div>
        <div class="w-25 mt-auto p-2 bg-info border text-white rounded shadow">.mt-auto 弹性项目</div>
      </div>
    </div>
  </div>
</div>
</body>
</html>
```

本例中创建了两个弹性盒。在第 1 个弹性盒中，对第 1 个项目添加了.mb-auto 类，将相邻的两个项目推到了底部；在第 2 个弹性盒中，对第 3 个项目添加了.mt-auto 类，将相邻的两个项目推到了顶部。该页面的显示效果如图 4.32 所示。

图 4.32　设置弹性相关的垂直自动边距示例

4.6.6　设置换行方式

Bootstrap 4 提供了下列类样式，可以用于更改弹性项目在弹性容器中的换行方式。

● .flex-nowrap：设置弹性项目不换行（浏览器默认）。

● .flex-wrap：设置弹性项目换行。

● .flex-wrap-reverse：设置弹性项目反向换行。

上述样式适用于所有断点。

若要设置特定断点处弹性项目的换行方式，则应使用下列类样式。

● .flex-{sm | md | lg | xl}-nowrap：设置弹性项目在特定断点处不换行。

● .flex-{sm | md | lg | xl}-wrap：设置弹性项目在特定断点处换行。

● .flex-{sm | md | lg | xl}-wrap-reverse：设置弹性项目在特定断点处反向换行。

【例 4.30】设置弹性项目的换行方式示例。源代码如下：

```
<!doctype html>
<html>
<head>
```

```
<meta charset="utf-8">
<meta name="viewport" content="width=device-width, initial-scale=1">
<title>设置项目的换行方式示例</title>
<link rel="stylesheet" href="../css/bootstrap.css">
</head>

<body>
<div class="container">
    <div class="row">
        <div class="col">
            <h4 class="p-2 text-center">设置项目的换行方式示例</h4>
            <div class="d-flex flex-nowrap bg-light border mb-2">
                <div class="p-2 bg-primary border text-white font-italic">.flex-nowrap</div>
                <div class="p-2 bg-primary border text-white">弹性项目</div>
                <div class="p-2 bg-primary border text-white">弹性项目</div>
                <div class="p-2 bg-primary border text-white">弹性项目</div>
                <div class="p-2 bg-primary border text-white">弹性项目</div>
                <div class="p-2 bg-primary border text-white">弹性项目</div>
                <div class="p-2 bg-primary border text-white">弹性项目</div>
                <div class="p-2 bg-primary border text-white">弹性项目</div>
                <div class="p-2 bg-primary border text-white">弹性项目</div>
                <div class="p-2 bg-primary border text-white">弹性项目</div>
                <div class="p-2 bg-primary border text-white">弹性项目</div>
                <div class="p-2 bg-primary border text-white">弹性项目</div>
            </div>
            <div class="d-flex flex-wrap bg-light border mb-2">
                <div class="p-2 bg-secondary border text-white font-italic">.flex-wrap</div>
                <div class="p-2 bg-secondary border text-white">弹性项目</div>
                <div class="p-2 bg-secondary border text-white">弹性项目</div>
                <div class="p-2 bg-secondary border text-white">弹性项目</div>
                <div class="p-2 bg-secondary border text-white">弹性项目</div>
                <div class="p-2 bg-secondary border text-white">弹性项目</div>
                <div class="p-2 bg-secondary border text-white">弹性项目</div>
                <div class="p-2 bg-secondary border text-white">弹性项目</div>
                <div class="p-2 bg-secondary border text-white">弹性项目</div>
                <div class="p-2 bg-secondary border text-white">弹性项目</div>
                <div class="p-2 bg-secondary border text-white">弹性项目</div>
                <div class="p-2 bg-secondary border text-white">弹性项目</div>
            </div>
            <div class="d-flex flex-wrap-reverse bg-light border">
                <div class="p-2 bg-success border text-white font-italic">.flex-wrap-reverse</div>
                <div class="p-2 bg-success border text-white">弹性项目</div>
                <div class="p-2 bg-success border text-white">弹性项目</div>
                <div class="p-2 bg-success border text-white">弹性项目</div>
                <div class="p-2 bg-success border text-white">弹性项目</div>
                <div class="p-2 bg-success border text-white">弹性项目</div>
                <div class="p-2 bg-success border text-white">弹性项目</div>
                <div class="p-2 bg-success border text-white">弹性项目</div>
                <div class="p-2 bg-success border text-white">弹性项目</div>
                <div class="p-2 bg-success border text-white">弹性项目</div>
                <div class="p-2 bg-success border text-white">弹性项目</div>
                <div class="p-2 bg-success border text-white">弹性项目</div>
            </div>
        </div>
    </div>
</div>
</body>
</html>
```

本例中创建了 3 个弹性盒，分别对它们添加了.flex-nowrap、.flex-wrap 和.flex-wrap-reverse 类，显示效果如图 4.33 所示。

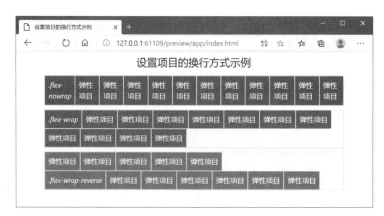

图 4.33　设置弹性项目的换行方式示例

4.6.7　设置项目顺序

使用 Bootstrap 4 提供的排序样式.order-*可以更改弹性项目的可视顺序，其中*可以是数字 0～12 及单词 first（-1）和 last（13），这些样式适用于所有断点。若要设置适用于特定断点的弹性项目排列顺序，则应使用.order-{sm | md | lg | xl}-*样式，其中*表示的内容同前。

【例 4.31】设置弹性项目排列顺序示例。源代码如下：

```
<!doctype html>
<html>
<head>
<meta charset="utf-8">
<meta name="viewport" content="width=device-width, initial-scale=1">
<title>设置排列顺序示例</title>
<link rel="stylesheet" href="../css/bootstrap.css">
</head>

<body>
<div class="container">
  <div class="row">
    <div class="col">
      <h4 class="p-2 text-center">设置排列顺序示例</h4>
      <div class="d-flex flex-nowrap bg-light border mb-2">
        <div class="p-2 bg-primary border text-white order-3">.order-3 弹性项目 1</div>
        <div class="p-2 bg-primary border text-white order-2">.order-2 弹性项目 2</div>
        <div class="p-2 bg-primary border text-white order-1">.order-1 弹性项目 3</div>
      </div>
      <div class="d-flex flex-nowrap bg-light border">
        <div class="p-2 bg-secondary border text-white order-last">.order-last 弹性项目 1</div>
        <div class="p-2 bg-secondary border text-white order-first">.order-first 弹性项目 2</div>
        <div class="p-2 bg-secondary border text-white order-9">.order-9 弹性项目 3</div>
      </div>
    </div>
  </div>
</div>
</body>
</html>
```

本例中创建了两个弹性盒，并对各个弹性项目添加了不同的排序类，显示效果如图 4.34 所示。

图 4.34　设置弹性项目排列顺序示例

4.6.8　对齐内容

使用 Bootstrap 4 提供的内容对齐样式.align-content-*可以设置弹性项目在横轴上的对齐方式，其中*可以是 start（浏览器默认值）、end、center、between、around 或 stretch。这些内容对齐类适用于所有断点。如果要设置适用于特定断点的内容对齐方式，则应当使用.align-content-{sm | md | lg | xl}-*，其中*表示的内容同前。

【例 4.32】设置内容对齐方式示例。源代码如下：

```
<!doctype html>
<html>
<head>
<meta charset="utf-8">
<meta name="viewport" content="width=device-width, initial-scale=1">
<title>对齐内容示例</title>
<link rel="stylesheet" href="../css/bootstrap.css">
<style>
.d-flex {height: 120px;}
</style>
</head>

<body>
<div class="container">
  <div class="row">
    <div class="col">
      <h4 class="p-2 text-center">对齐内容示例</h4>
      <div class="d-flex bg-light border align-content-start flex-wrap mb-2">
        <div class="p-2 bg-primary border text-white font-italic">.align-content-start</div>
        <div class="p-2 bg-primary border text-white">弹性项目</div>
        <div class="p-2 bg-primary border text-white">弹性项目</div>
        <div class="p-2 bg-primary border text-white">弹性项目</div>
        <div class="p-2 bg-primary border text-white">弹性项目</div>
        <div class="p-2 bg-primary border text-white">弹性项目</div>
        <div class="p-2 bg-primary border text-white">弹性项目</div>
        <div class="p-2 bg-primary border text-white">弹性项目</div>
        <div class="p-2 bg-primary border text-white">弹性项目</div>
        <div class="p-2 bg-primary border text-white">弹性项目</div>
        <div class="p-2 bg-primary border text-white">弹性项目</div>
        <div class="p-2 bg-primary border text-white">弹性项目</div>
      </div>
      <div class="d-flex bg-light border align-content-center flex-wrap mb-2">
        <div class="p-2 bg-secondary border text-white font-italic">.align-content-center</div>
        <div class="p-2 bg-secondary border text-white">弹性项目</div>
        <div class="p-2 bg-secondary border text-white">弹性项目</div>
        <div class="p-2 bg-secondary border text-white">弹性项目</div>
        <div class="p-2 bg-secondary border text-white">弹性项目</div>
        <div class="p-2 bg-secondary border text-white">弹性项目</div>
        <div class="p-2 bg-secondary border text-white">弹性项目</div>
        <div class="p-2 bg-secondary border text-white">弹性项目</div>
        <div class="p-2 bg-secondary border text-white">弹性项目</div>
        <div class="p-2 bg-secondary border text-white">弹性项目</div>
        <div class="p-2 bg-secondary border text-white">弹性项目</div>
        <div class="p-2 bg-secondary border text-white">弹性项目</div>
      </div>
      <div class="d-flex bg-light border align-content-end flex-wrap mb-2">
        <div class="p-2 bg-success border text-white font-italic">.align-content-end</div>
        <div class="p-2 bg-success border text-white">弹性项目</div>
        <div class="p-2 bg-success border text-white">弹性项目</div>
```

```
            <div class="p-2 bg-success border text-white">弹性项目</div>
            <div class="p-2 bg-success border text-white">弹性项目</div>
            <div class="p-2 bg-success border text-white">弹性项目</div>
            <div class="p-2 bg-success border text-white">弹性项目</div>
            <div class="p-2 bg-success border text-white">弹性项目</div>
            <div class="p-2 bg-success border text-white">弹性项目</div>
            <div class="p-2 bg-success border text-white">弹性项目</div>
            <div class="p-2 bg-success border text-white">弹性项目</div>
            <div class="p-2 bg-success border text-white">弹性项目</div>
        </div>
        <div class="d-flex bg-light align-content-between flex-wrap mb-2">
            <div class="p-2 bg-danger border text-white font-italic">.align-content-between</div>
            <div class="p-2 bg-danger border text-white">弹性项目</div>
            <div class="p-2 bg-danger border text-white">弹性项目</div>
            <div class="p-2 bg-danger border text-white">弹性项目</div>
            <div class="p-2 bg-danger border text-white">弹性项目</div>
            <div class="p-2 bg-danger border text-white">弹性项目</div>
            <div class="p-2 bg-danger border text-white">弹性项目</div>
            <div class="p-2 bg-danger border text-white">弹性项目</div>
            <div class="p-2 bg-danger border text-white">弹性项目</div>
            <div class="p-2 bg-danger border text-white">弹性项目</div>
            <div class="p-2 bg-danger border text-white">弹性项目</div>
        </div>
        <div class="d-flex bg-light border align-content-around flex-wrap mb-2">
            <div class="p-2 bg-warning border text-white font-italic">.align-content-around</div>
            <div class="p-2 bg-warning border text-white">弹性项目</div>
            <div class="p-2 bg-warning border text-white">弹性项目</div>
            <div class="p-2 bg-warning border text-white">弹性项目</div>
            <div class="p-2 bg-warning border text-white">弹性项目</div>
            <div class="p-2 bg-warning border text-white">弹性项目</div>
            <div class="p-2 bg-warning border text-white">弹性项目</div>
            <div class="p-2 bg-warning border text-white">弹性项目</div>
            <div class="p-2 bg-warning border text-white">弹性项目</div>
            <div class="p-2 bg-warning border text-white">弹性项目</div>
            <div class="p-2 bg-warning border text-white">弹性项目</div>
        </div>
        <div class="d-flex bg-light border align-content-stretch flex-wrap">
            <div class="p-2 bg-info border text-white font-italic">.align-content-stretch</div>
            <div class="p-2 bg-info border text-white">弹性项目</div>
            <div class="p-2 bg-info border text-white">弹性项目</div>
            <div class="p-2 bg-info border text-white">弹性项目</div>
            <div class="p-2 bg-info border text-white">弹性项目</div>
            <div class="p-2 bg-info border text-white">弹性项目</div>
            <div class="p-2 bg-info border text-white">弹性项目</div>
            <div class="p-2 bg-info border text-white">弹性项目</div>
            <div class="p-2 bg-info border text-white">弹性项目</div>
            <div class="p-2 bg-info border text-white">弹性项目</div>
            <div class="p-2 bg-info border text-white">弹性项目</div>
        </div>
    </div>
  </div>
</div>
</body>
</html>
```

　　本例中创建了 6 个弹性盒，并分别对它们添加了.flex-wrap 类和不同的内容对齐类。该页面的显示效果如图 4.35 所示。

图 4.35 设置内容对齐方式示例

4.7 使用其他样式

前面学习了常用的 Bootstrap 4 通用样式的用法。下面介绍另外一些样式的用法，包括设置垂直对齐方式、创建延伸链接以及定义关闭图标。

4.7.1 设置垂直对齐方式

在 CSS 中，可以使用 vertical-align 属性设置元素的垂直对齐方式，该属性定义内联元素的基线相对于该元素所在行的基线的垂直对齐。使用 Bootstrap 4 提供的下列垂直对齐样式可以轻松更改 vertical-align 属性值，从而设置内联元素、内联块级元素、内联表格及表格单元格元素的垂直对齐方式。

- .align-baseline：将元素放置在父元素的基线上。
- .align-top：将元素的顶端与行中最高元素的顶端对齐。
- .align-middle：将元素放置在父元素的中部。
- .align-bottom：将元素的顶端与行中最低的元素的顶端对齐。
- .align-text-bottom：将元素的底端与父元素字体的底端对齐。
- .align-text-top：将元素的顶端与父元素字体的顶端对齐。

【例 4.33】设置垂直对齐方式示例。源代码如下：

```
<!doctype html>
```

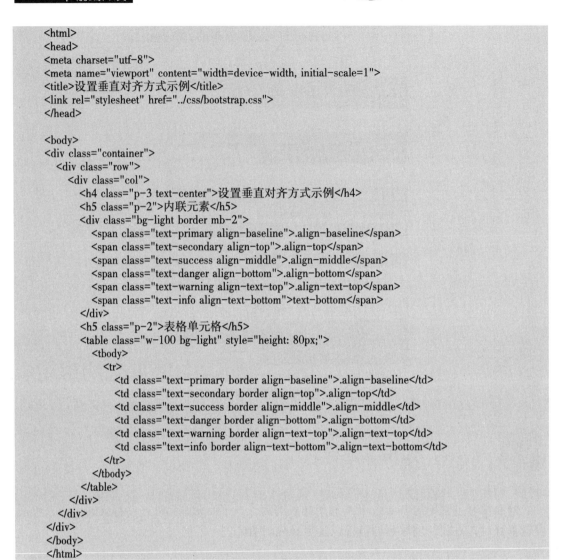

```
<html>
<head>
<meta charset="utf-8">
<meta name="viewport" content="width=device-width, initial-scale=1">
<title>设置垂直对齐方式示例</title>
<link rel="stylesheet" href="../css/bootstrap.css">
</head>

<body>
<div class="container">
  <div class="row">
    <div class="col">
      <h4 class="p-3 text-center">设置垂直对齐方式示例</h4>
      <h5 class="p-2">内联元素</h5>
      <div class="bg-light border mb-2">
        <span class="text-primary align-baseline">.align-baseline</span>
        <span class="text-secondary align-top">.align-top</span>
        <span class="text-success align-middle">.align-middle</span>
        <span class="text-danger align-bottom">.align-bottom</span>
        <span class="text-warning align-text-top">.align-text-top</span>
        <span class="text-info align-text-bottom">text-bottom</span>
      </div>
      <h5 class="p-2">表格单元格</h5>
      <table class="w-100 bg-light" style="height: 80px;">
        <tbody>
          <tr>
            <td class="text-primary border align-baseline">.align-baseline</td>
            <td class="text-secondary border align-top">.align-top</td>
            <td class="text-success border align-middle">.align-middle</td>
            <td class="text-danger border align-bottom">.align-bottom</td>
            <td class="text-warning border align-text-top">.align-text-top</td>
            <td class="text-info border align-text-bottom">.align-text-bottom</td>
          </tr>
        </tbody>
      </table>
    </div>
  </div>
</div>
</body>
</html>
```

本例中对内联元素 span 和表格中各个单元格 td 分别添加了不同的垂直对齐样式，该页面的效果如图 4.36 所示。

图 4.36　设置垂直对齐方式示例

4.7.2 创建延伸链接

通过 CSS "延伸" 嵌套的链接，使任何 HTML 元素或 Bootstrap 组件均可单击。将.stretched-link 样式添加到链接，以使其包含的块可以通过::after 伪元素单击。在大多数情况下，这表示如果一个相对定位的元素包含带有.stretched-link 样式的链接，则它是可以单击的。

例如，在 Bootstrap 中卡片默认具有相对定位，因此在这种情况下，可以安全地将.stretched-link 样式添加到卡片包含的链接上，而无须进行其他任何 HTML 更改。

不建议延伸链接使用多个链接和单击目标。不过，如果需要的话，某些定位方式和 z-index 样式可能会有所帮助。

【例 4.34】延伸链接应用示例。源代码如下：

```
<!doctype html>
<html>
<head>
<meta charset="utf-8">
<meta name="viewport" content="width=device-width, initial-scale=1">
<title>延伸链接应用示例</title>
<link rel="stylesheet" href="../css/bootstrap.css">
</head>

<body>
<div class="container">
  <div class="row">
    <div class="col">
      <h4 class="p-3 text-center">延伸链接应用示例</h4>
      <div class="media position-relative">
        <img src="../images/南浔.jpg" class="mr-3 rounded shadow" alt="南浔">
        <div class="media-body">
          <h5 class="mt-0">南浔古镇</h5>
          <p class="text-justify">南浔古镇位于湖州市南浔区，地处江浙两省交界处。南浔古镇景区
占地面积 34.27 平方公里，古镇保护范围东界至宜园遗址东侧起，西界至永安街起，南界自嘉业堂藏书楼
及小莲庄起，北界至百间楼，保护面积约 168 公顷，其中重点保护区面积 88 公顷。</p>
          <a href="#" class="stretched-link">查看详情</a>
        </div>
      </div>
    </div>
  </div>
</div>
</body>
</html>
```

本例中使用.media 和.media-body 两个样式创建了一个媒体对象。为了使整个媒体对象是可单击的，在 div.media 元素上添加了.position-relative 样式，使其具有相对定位特性，并且对 div.media-body 元素内的链接添加了.stretched-link 样式。这样，媒体对象就成了一个可单击对象，不仅是链接文本可以单击，就连图片、标题和段落都可以单击，当然单击时的跳转目标地址还是由 a 元素的 href 属性来指定。该页面的显示效果如图 4.37 所示。

图 4.37　延伸链接应用示例

4.7.3　定义关闭图标

使用 Bootstrap 4 提供的.close 样式可以定义关闭图标。关闭图标通常用于关闭模态框和警告提示组件的内容。

【例 4.35】定义关闭图标示例。

```
<!doctype html>
<html>
<head>
<meta charset="utf-8">
<meta name="viewport" content="width=device-width, initial-scale=1">
<title>定义关闭图标</title>
<link rel="stylesheet" href="../css/bootstrap.css">
</head>

<body>
<div class="container">
  <div class="row justify-content-center">
    <div class="col">
      <h4 class="p-3 text-center">定义关闭图标</h4>
      <div class="mx-auto w-75 h-50 bg-light border rounded shadow">
        <button type="button" class="close" aria-label="Close">
          <span aria-hidden="true">&times;</span>
        </button>
      </div>
    </div>
  </div>
</div>
</body>
</html>
```

本例中通过在按钮中添加.close 样式定义了一个关闭图标，还使用 aria-label 属性给按钮添加了标签描述，这是用不可视方式给元素添加标签。这样，当按钮获得焦点时，屏幕阅读器就会读出该标签中的文本。×定义了一个×号，但辅助软件并不知道这个×号是什么意思，所以需要使用 aria-label 标签为辅助设备提供相应标识，告诉它这个按钮的作用是 "Close"。为了避免辅助设备可能产生混淆的输出内容，还为关闭图标设置了 aria-hidden="true"属性。该页面的显示效果如图 4.38 所示。

图 4.38　定义关闭图标示例

 习题 4

一、选择题

1. 设置斜体文本，则应添加（　　）类。

A. .font-weight-bold　　　B. .font-weight-normal　　　C. .font-weight-light　　D. .font-italic

2. 通过添加（　　）类只在元素右侧添加边框。

A. .border-top　　　　　B. .border-right　　　　　C. .border-bottom　　　D. .border-left

3. 为元素设置标准阴影效果，则应添加（　　）类。

A. .shadow　　　　　　B. .shadow-lg　　　　　　C. .shadow-sm　　　　D. .shadow-none

4. 在响应式边距和填充类中，字母（　　）表示左侧和右侧。

A. t　　　　　　　　　B. b　　　　　　　　　　C. x　　　　　　　　D. y

5. 在响应式边距和填充类中，数字（　　）表示尺寸为 1rem。

A. 0　　　　　　　　　B. 1　　　　　　　　　　C. 2　　　　　　　　D. 3

6. 要使元素固定在顶部，应添加（　　）类。

A. .position-relative　　B. .position-absolute　　　C. .position-fixed　　D. .fixed-top

7. 要使元素在所有屏幕上隐藏，应添加（　　）类。

A. .d-none　　　　　　　　　　　　　　　　B. .d-none .d-sm-block

C. .d-sm-none .d-md-block　　　　　　　　　D. .d-md-none .d-lg-block

8. 要使弹性项目在弹性容器中沿垂直方向自下而上排列，应添加（　　）类。

A. .flex-row　　　　　B. .flex-row-reverse　　　C. .flex-column　　　D. .flex-column-reverse

二、判断题

1. （　　）.text-left 与.text-justify 在效果上完全相同。

2. （　　）对于较长的文本内容，可以添加.text-truncate 类，同时结合 display: inline-block 或 display: block 来使用，可以截断文本并显示省略号。

3. （　　）使用.text-decoration 类可以删除任何文本修饰。

4. （　　）设置浮动之后，如果需要清除容器内的浮动内容并使元素换行呈现，则应在父元素中添加.clear 样式。

5. （　　）通过对某个元素应用.d-flex 和.d-inline-flex 类可以创建弹性盒容器，并将直接子元素转换为弹性项目。

三、操作题

1. 在网页中添加 4 个段落，要求分别设置为左对齐、居中对齐、右对齐和两端对齐。

2. 在网页中添加 3 个英文段落，要求分别设置为全部小写、全部大写和首字母大写。

3. 在网页中添加 5 个段落，要求分别设置为粗体、正常粗细、较细文本、斜体文本和等宽文本。

4. 在网页中创建一个表格，要求将各个单元格中的文本分别设置为不同的颜色。

5. 在网页中创建一个表格，要求将各个单元格设置为不同的背景颜色。

6. 在网页中添加一组 span 元素并设置为行内块级元素，然后对它们添加不同颜色的边框。

7. 在网页中添加一组 span 元素并设置为行内块级元素，然后为它们设置不同的边框半径。

8. 在网页中添加一组 div 元素并为它们设置不同的宽度和高度。

9. 在网页中创建 4 个弹性盒，每个弹性盒包含 3 个项目，要求这些弹性盒中的项目的排列方向依次为：沿水平方向从左到右、沿水平方向从右到左、沿垂直方向自上而下、沿垂直方向自下而上。

10. 在网页中创建 3 个弹性盒，每个弹性盒包含 3 个项目，要求这些弹性项目在主轴上的对齐方式依次为：左对齐、居中对齐、右对齐。

第 **5** 章

| 使用 **Bootstrap** 组件（上）|

Bootstrap 4 提供了丰富的可重用的组件，包括按钮、按钮组、下拉菜单、导航、警告框、徽章、媒体对象、超大屏幕、进度条、导航栏、表单、列表组、面包屑、分页、进度指示器和卡片等组件。本章将重点介绍按钮、按钮组、下拉菜单和导航组件的使用方法。

本章学习目标

- 掌握按钮组件的用法
- 掌握按钮组组件的用法
- 掌握下拉菜单组件的用法
- 掌握导航组件的用法

5.1 使用按钮

按钮是页面中最常用的组件之一，在表单和对话框中都离不开按钮。Bootstrap 4 专门提供了一组自定义按钮样式，可以用来创建按钮组件（Button），并支持多种尺寸和状态。

5.1.1 创建基本按钮

在 HTML 中，按钮可以使用<button>或<input>标签来创建。Bootstrap 4 提供的.btn 样式可以用来定义按钮，将该样式应用于<button>、<input>和<a>标签就可以在页面上创建按钮。

当在<a>标签上添加.btn 样式时，所定义的按钮用于触发页内功能（如折叠内容），而不是链接到新页面或当前页面中的某个部分。

添加.btn 样式后，所生成的按钮组件呈现为行内块级元素，它没有边框，也没有背景颜色，但用鼠标指针移到按钮上时光标会变成手状，当单击按钮时还会出现圆角边框，如图 5.1 所示。

【例 5.1】创建基本按钮示例。源代码如下：

```
<!doctype html>
<html>
<head>
<meta charset="utf-8">
<meta name="viewport" content="width=device-width, initial-scale=1">
<title>创建按钮示例</title>
<link rel="stylesheet" href="../css/bootstrap.css">
</head>

<body>
<div class="container">
  <div class="row">
    <div class="col-auto mx-auto">
      <h4 class="p-3 text-center">创建按钮示例</h4>
      <p>
        <button type="button" class="btn">button</button>
        <input type="button" value="input" class="btn">
        <a href="#" class="btn">link</a>
      </p>
    </div>
  </div>
</div>
</body>
</html>
```

> 分别使用<button>、<input>和<a>标签创建按钮。

本例中将.btn 样式分别应用于<button>、<input>和<a>标签，在页面上创建了 3 个没有背景颜色的基本按钮。该页面的显示效果如图 5.1 所示。

图 5.1　创建按钮示例

5.1.2　设置按钮背景颜色

仅用.btn 样式定义的按钮是没有背景颜色的。要设置按钮的背景颜色，则可以在应用.btn 样式的基础上添加下列样式之一。

- .btn-primary：设置按钮背景为蓝色。
- .btn-secondary：设置按钮背景为灰色。
- .btn-success：设置按钮背景为绿色。
- .btn-danger：设置按钮背景为红色。
- .btn-warning：设置按钮背景为橙色。
- .btn-info：设置按钮背景为浅蓝色。
- .btn-light：设置按钮背景为浅灰色。
- .btn-dark：设置按钮背景为黑色。

【例 5.2】设置按钮背景颜色示例。源代码如下：

```
<!doctype html>
<html>
<head>
<meta charset="utf-8">
<meta name="viewport" content="width=device-width, initial-scale=1">
<title>设置按钮背景颜色示例</title>
<link rel="stylesheet" href="../css/bootstrap.css">
</head>

<body>
```

```
<div class="container">
  <div class="row">
    <div class="col">
      <h4 class="p-3 text-center">设置按钮背景颜色示例</h4>
      <p class="text-center mb-2">
        <button type="button" class="btn btn-primary">Primary</button>
        <button type="button" class="btn btn-secondary">Secondary</button>
        <button type="button" class="btn btn-success">Success</button>
        <button type="button" class="btn btn-danger">Danger</button>
      </p>
      <p class="text-center">
        <button type="button" class="btn btn-warning">Warning</button>
        <button type="button" class="btn btn-info">Info</button>
        <button type="button" class="btn btn-light">Light</button>
        <button type="button" class="btn btn-dark">Dark</button>
      </p>
    </div>
  </div>
</div>
</body>
</html>
```

本例中定义了 8 个按钮并对它们设置了不同的背景颜色，效果如图 5.2 所示。

5.1.3　设置按钮轮廓颜色

仅用.btn 样式定义的按钮是没有轮廓颜色的。要设置按钮的轮廓颜色并删除背景图像和颜色，则需要在应用.btn 样式的基础上添加下列样式之一。

图 5.2　设置按钮背景颜色示例

- .btn-outline-primary：蓝色。
- .btn-outline-secondary：灰色。
- .btn-outline-success：绿色。
- .btn-outline-danger：红色。
- .btn-outline-warning：橙色。
- .btn-outline-info：浅蓝色。
- .btn-outline-light：浅灰色。
- .btn-outline-dark：黑色。

设置了轮廓颜色的按钮也称为轮廓按钮，其特点是：没有背景颜色，文本颜色与轮廓颜色相同；鼠标指针悬停时背景变为轮廓颜色，文本则变为白色。不过，应用.btn-outline-light 样式的轮廓按钮是一个例外，由于轮廓和文本均呈现为浅灰色（#f8f9fa），因此按钮上的文本几乎是不可见的，鼠标指针悬停时背景变为浅灰色，文本则变为深灰色。

【例 5.3】设置按钮轮廓颜色示例。源代码如下：

```
<!doctype html>
<html>
<head>
<meta charset="utf-8">
<meta name="viewport" content="width=device-width, initial-scale=1">
<title>设置按钮轮廓颜色示例</title>
<link rel="stylesheet" href="../css/bootstrap.css">
</head>
```

```
<body>
<div class="container">
  <div class="row">
    <div class="col">
      <h4 class="p-3 text-center">设置按钮轮廓颜色示例</h4>
      <p class="text-center mb-2">
        <button type="button" class="btn btn-outline-primary">Primary</button>
        <button type="button" class="btn btn-outline-secondary">Secondary</button>
        <button type="button" class="btn btn-outline-success">Success</button>
        <button type="button" class="btn btn-outline-danger">Danger</button>
      </p>
      <p class="text-center">
        <button type="button" class="btn btn-outline-warning">Warning</button>
        <button type="button" class="btn btn-outline-info">Info</button>
        <button type="button" class="btn btn-outline-light">Light</button>
        <button type="button" class="btn btn-outline-dark">Dark</button>
      </p>
    </div>
  </div>
</div>
</body>
</html>
```

本例中定义了 8 个按钮并对它们设置了不同的
轮廓颜色，效果如图 5.3 所示。

5.1.4 设置按钮大小

用.btn 定义的按钮具有标准大小。除此之外，
Bootstrap 4 还为按钮定义了另外两个尺寸规格，可以
根据需要选择下列样式之一。

图 5.3 设置按钮轮廓颜色示例

- .btn-sm：小号按钮。
- .btn-lg：大号按钮。

默认情况下，用.btn、.btn-sm 和.btn-lg 定义的按钮均属于行内块级元素。若要创建与
父级元素宽度相等的块级按钮，则需要在应用.btn 的基础上再添加.btn-block 样式。

【例 5.4】设置按钮大小示例。源代码如下：

```
<!doctype html>
<html>
<head>
<meta charset="utf-8">
<meta name="viewport" content="width=device-width, initial-scale=1">
<title>设置按钮大小示例</title>
<link rel="stylesheet" href="../css/bootstrap.css">
</head>

<body>
<div class="container">
  <div class="row">
    <div class="col">
      <h4 class="p-3 text-center">设置按钮大小示例</h4>
      <p class="text-center">
        <button type="button" class="btn-sm btn-primary">小号按钮</button>
        <button type="button" class="btn-sm btn-outline-primary">小号按钮</button>
        <button type="button" class="btn btn-secondary">标准按钮</button>
```

```
            <button type="button" class="btn btn-outline-secondary">标准按钮</button>
            <button type="button" class="btn-lg btn-success">大号按钮</button>
            <button type="button" class="btn-lg btn-outline-success">大号按钮</button>
        </p>
        <button type="button" class="btn btn-block btn-primary">块级按钮</button>
        <button type="button" class="btn btn-block btn-outline-primary">块级按钮</button>
      </div>
    </div>
  </div>
</body>
</html>
```

> 块级按钮通常用于在移动设备（如手机）上浏览的页面。

本例中分别创建了小号按钮、标准按钮、大号按钮和块级按钮各两个，其中有一半按钮为轮廓按钮，该页面的显示效果如图 5.4 所示。

图 5.4　设置按钮大小示例

5.1.5　设置按钮状态

对按钮设置激活和禁用状态可以通过以下方式来实现。

- 设置激活状态：在<button>、<input>或<a>标签中添加.active 样式。处在激活状态的按钮背景颜色加深，边框变暗，带有内阴影。
- 设置禁用状态：对于<button>或<input>标签，添加 disabled 属性即可；对于<a>标签，由于它不支持 disabled 属性，需要添加.disabled 样式。处在禁用状态的按钮背景颜色变淡，鼠标指针悬停时颜色保持不变，此时按钮不再具有交互性，单击按钮后它不会有任何响应。

【例 5.5】设置按钮状态示例。源代码如下：

```
<!doctype html>
<html>
<head>
<meta charset="utf-8">
<meta name="viewport" content="width=device-width, initial-scale=1">
<title>设置按钮状态示例</title>
<link rel="stylesheet" href="../css/bootstrap.css">
</head>

<body>
<div class="container-fluid">
  <div class="row">
    <div class="col text-center">
      <h4 class="p-3">设置按钮状态示例</h4>
      <p class="mb-2">
        <button type="button" class="btn btn-primary">默认状态</button>
        <button type="button" class="btn btn-primary active">激活状态</button>
```

```
        <button type="button" class="btn btn-primary" disabled>禁用状态</button>
        <button type="button" class="btn btn-outline-primary">默认状态</button>
        <button type="button" class="btn btn-outline-primary active">激活状态</button>
        <button type="button" class="btn btn-outline-primary" disabled>禁用状态</button>
    </p>
    <p class="mb-2">
        <input type="button" value="默认状态" class="btn btn-secondary">
        <input type="button" value="激活状态" class="btn btn-secondary active">
        <input type="button" value="禁用状态" disabled class="btn btn-secondary">
        <input type="button" value="默认状态" class="btn btn-outline-secondary">
        <input type="button" value="激活状态" class="btn btn-outline-secondary active">
        <input type="button" value="禁用状态" disabled class="btn btn-outline-secondary">
    </p>
    <p>
        <a href="#" class="btn btn-success">默认状态</a>
        <a href="#" class="btn btn-success active">激活状态</a>
        <a href="#" class="btn btn-success disabled">禁用状态</a>
        <a href="#" class="btn btn-outline-success">默认状态</a>
        <a href="#" class="btn btn-outline-success active">激活状态</a>
        <a href="#" class="btn btn-outline-success disabled">禁用状态</a> </p>
    </div>
    </div>
</div>
</body>
</html>
```

本例中分别用<button>、<input>和<a>标签定义了 3 组按钮，并设置了这些按钮的默认、激活和禁用状态。该页面的显示效果如图 5.5 所示。

图 5.5　设置按钮状态示例

5.2　使用按钮组

如果要将一些功能相关的按钮组合起来使用，可以使用按钮组组件（Button group）来实现。将按钮组与下拉菜单组件结合起来，还可以实现按钮组工具栏。

5.2.1　创建基本按钮组

如需创建一个按钮组，使用.btn-group 容器将一系列.btn 按钮包裹起来即可。在按钮组中，各个按钮之间不存在任何间隙，内部的按钮均为矩形，两侧的按钮有两个角呈圆角效果。

【例 5.6】创建按钮组示例。源代码如下：

```
<!doctype html>
<html>
```

```
<head>
<meta charset="utf-8">
<meta name="viewport" content="width=device-width, initial-scale=1">
<title>创建按钮组示例</title>
<link rel="stylesheet" href="../css/bootstrap.css">
</head>

<body>
<div class="container-fluid">
  <div class="row">
    <div class="col-auto mx-auto">
      <h4 class="p-3 text-center">创建按钮组示例</h4>
      <div class="btn-group">                             按钮组容器
      <a href="#" class="btn btn-primary">网站首页</a>
      <a href="#" class="btn btn-primary">产品中心</a>
      <a href="#" class="btn btn-primary">新闻中心</a>
      <a href="#" class="btn btn-primary">服务中心</a>
      <a href="#" class="btn btn-primary">网上商城</a>
      <a href="#" class="btn btn-primary">联系我们</a>
    </div>
  </div>
  </div>
</div>
</body>
</html>
```

本例中用一个 div.btn-group 元素作为容器，在其中添加了 6 个 a.btn 按钮，从而构成了一个按钮组，从外观上看像就是一个导航栏。该页面的显示效果如图 5.6 所示。

图 5.6　创建按钮组示例

5.2.2　设置按钮组大小

默认情况下，使用.btn-group 样式定义按钮组时，组内的各个按钮具有标准大小。若要使用大号或小号的按钮，只需要在应用.btn-group 样式的基础上，将.btn-group-sm 或.btn-group-lg 样式添加到按钮组容器标签中即可，而不必对每个按钮的大小进行设置。

【例 5.7】设置按钮组大小示例。源代码如下：

```
<!doctype html>
<html>
<head>
<meta charset="utf-8">
<meta name="viewport" content="width=device-width, initial-scale=1">
<title>设置按钮组大小示例</title>
<link rel="stylesheet" href="../css/bootstrap.css">
</head>

<body>
<div class="container-fluid">
  <div class="row">
    <div class="col-auto mx-auto">
      <h4 class="p-3 text-center">设置按钮组大小示例</h4>          小号按钮组。
      <div class="btn-group btn-group-sm" role="group">
        <button type="button" class="btn btn-secondary">Left</button>
        <button type="button" class="btn btn-secondary">Center</button>
        <button type="button" class="btn btn-secondary">Right</button>
      </div>
```

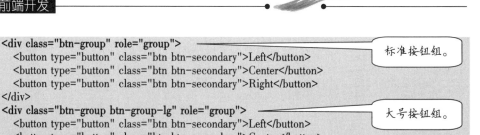

```
            <div class="btn-group" role="group">
                <button type="button" class="btn btn-secondary">Left</button>        标准按钮组。
                <button type="button" class="btn btn-secondary">Center</button>
                <button type="button" class="btn btn-secondary">Right</button>
            </div>
            <div class="btn-group btn-group-lg" role="group">                          大号按钮组。
                <button type="button" class="btn btn-secondary">Left</button>
                <button type="button" class="btn btn-secondary">Center</button>
                <button type="button" class="btn btn-secondary">Right</button>
            </div>
        </div>
    </div>
</div>
</body>
</html>
```

本例中定义了 3 个按钮组，每个按钮组包含 3 个按钮，其中的按钮分别为小号、默认大小和大号。该页面的显示效果如图 5.7 所示。

图 5.7　设置按钮组大小示例

5.2.3　创建按钮工具栏

按钮工具栏由多个按钮组组合而成。通过将多个按钮组（.btn-group）添加到应用 .btn-toolbar 样式的容器中，就可以构成一个更复杂的按钮工具栏组件。

【例 5.8】定义按钮工具栏示例。源代码如下：

```
<!doctype html>
<html>
<head>
<meta charset="utf-8">
<meta name="viewport" content="width=device-width, initial-scale=1">
<title>定义按钮工具栏示例</title>
<link rel="stylesheet" href="../css/bootstrap.css">
</head>

<body>
<div class="container-fluid">
    <div class="row">
        <div class="col-auto mx-auto">
            <h4 class="p-3 text-center">定义按钮工具栏示例</h4>           按钮工具栏容器。
            <div class="btn-toolbar" role="toolbar">
                <div class="btn-group mr-2" role="group">               按钮组容器。
                    <button type="button" class="btn btn-secondary">1</button>
                    <button type="button" class="btn btn-secondary">2</button>
                    <button type="button" class="btn btn-secondary">3</button>
                    <button type="button" class="btn btn-secondary">4</button>
                </div>
                <div class="btn-group mr-2" role="group">               按钮组容器。
                    <button type="button" class="btn btn-secondary">5</button>
                    <button type="button" class="btn btn-secondary">6</button>
                    <button type="button" class="btn btn-secondary">7</button>
                </div>
                <div class="btn-group" role="group">                    按钮组容器。
                    <button type="button" class="btn btn-secondary">8</button>
                    <button type="button" class="btn btn-secondary">9</button>
                </div>
            </div>
        </div>
    </div>
</div>
```

```
    </div>
    </body>
    </html>
```

本例中使用一个 div.btn-toolbar 元素作为容器，将 3 个按钮组包裹起来，从而得到一个按钮工具栏，效果如图 5.8 所示。

根据需要，也可以在工具栏中将输入组与按钮组结合使用，此时可能需要使用一些边距样式来适当地隔开空间。输入组（div.input-group）包括两个部分，即前置文本（div.input-group-prepend>div.input-group-text）和紧随其后的输入框（input.form-control）。

图 5.8　定义按钮工具栏示例

【例 5.9】按钮组与输入组在工具栏中结合使用示例。源代码如下：

```
<!doctype html>
<html>
<head>
<meta charset="utf-8">
<meta name="viewport" content="width=device-width, initial-scale=1">
<title>按钮组与输入组混合示例</title>
<link rel="stylesheet" href="../css/bootstrap.css">
</head>

<body>
<div class="container-fluid">
  <div class="row">
    <div class="col">
      <h4 class="p-3 text-center">按钮组与输入组混合示例</h4>
      <div class="btn-toolbar mb-3" role="toolbar">        ← 按钮工具栏容器。
        <div class="btn-group mr-2" role="group">          ← 按钮组容器。
          <button type="button" class="btn btn-secondary">1</button>
          <button type="button" class="btn btn-secondary">2</button>
          <button type="button" class="btn btn-secondary">3</button>
          <button type="button" class="btn btn-secondary">4</button>
        </div>
        <div class="input-group">                          ← 输入组容器。
          <div class="input-group-prepend">
            <div class="input-group-text" id="btnGroupAddon">用户名</div>   ← 前置文本。
          </div>
          <input type="text" class="form-control" placeholder="请输入...">  ← 文本输入框。
        </div>
      </div>
      <div class="btn-toolbar justify-content-between" role="toolbar">   ← 按钮工具栏容器
        <div class="btn-group" role="group">
          <button type="button" class="btn btn-secondary">1</button>
          <button type="button" class="btn btn-secondary">2</button>     ← 按钮组。
          <button type="button" class="btn btn-secondary">3</button>
          <button type="button" class="btn btn-secondary">4</button>
        </div>
        <div class="input-group">
          <div class="input-group-prepend">
            <div class="input-group-text" id="btnGroupAddon2">用户名</div>
          </div>                                                          ← 输入组。
          <input type="text" class="form-control" placeholder="请输入...">
        </div>
      </div>
    </div>
  </div>
</div>
</div>
```

```
</body>
</html>
```

本例分两种情况来演示如何在工具栏中混合使用按钮组和输入框。第 1 种情况是在按钮组中添加了.mr-2 样式，以指定按钮组与输入组之间的间距；第 2 种情况是在工具栏中添加了.justify-content-between 样式，指定按钮组与所在行起始位置对齐，输入组则与所在行结束位置对齐。该页面的显示效果如图 5.9 所示。

图 5.9　按钮组与输入组混合示例

5.2.4　使用嵌套按钮组

如果想要将下拉菜单与一系列按钮混合使用，则应将一个按钮组放在另一个按钮组中，由此形成了嵌套按钮组。

【例 5.10】嵌套按钮组示例。源代码如下：

```
<!doctype html>
<html>
<head>
<meta charset="utf-8">
<meta name="viewport" content="width=device-width, initial-scale=1">
<title>嵌套按钮组示例</title>
<link rel="stylesheet" href="../css/bootstrap.css">
</head>

<body>
<div class="container-fluid">
  <div class="row">
    <div class="col-auto mx-auto">
      <h4 class="p-3 text-center">嵌套按钮组示例</h4>
      <div class="btn-group">
        <a href="#" class="btn btn-primary">网站首页</a>
        <a href="#" class="btn btn-primary">产品中心</a>
        <a href="#" class="btn btn-primary">新闻中心</a>
        <a href="#" class="btn btn-primary">服务中心</a>
        <div class="btn-group">
          <button type="button" class="btn btn-primary dropdown-toggle" data-toggle="dropdown">
            下载中心
          </button>
          <div class="dropdown-menu">
            <a class="dropdown-item" href="#">工具软件</a>
            <a class="dropdown-item" href="#">驱动程序</a>
            <a class="dropdown-item" href="#">中文文档</a>
          </div>
        </div>
      </div>
    </div>
  </div>
</div>
<script src="../js/jquery-3.4.1.min.js"></script>
<script src="../js/popper.min.js"></script>
<script src="../js/bootstrap.min.js"></script>
</body>
</html>
```

此按钮组用于定义下拉菜单。

下拉菜单项容器。

下拉菜单的激活按钮。

下拉菜单项。

由于按钮组中包含下拉菜单，所以必须引入 JavaScript 文件。

本例中定义一个.btn-group 按钮组，其中包含 4 个.btn 按钮和一个.btn-group 按钮组，后者用于定义一个下拉菜单。从结构上讲，下拉菜单实际上也是一个.btn-group 按钮组，而且就是所谓嵌套按钮组，它由一个 button.btn 按钮和一个 div.dropdown-menu 容器组成，该容器包含若干个 a.dropdown-item 菜单项。由于本例中要使用下拉菜单，因此必须使用<script>标签导入所需要的 JavaScript 文件。效果如图 5.10 所示。

图 5.10 嵌套按钮组示例

5.2.5 垂直排列按钮组

使用.btn-group 定义按钮组时，组内的各个按钮是沿水平方向排列的。如果想使各个按钮沿垂直方向排列，则应在容器元素中添加.btn-group-vertical 样式。

【例 5.11】垂直排列按钮组示例。源代码如下：

```
<!doctype html>
<html>
<head>
<meta charset="utf-8">
<meta name="viewport" content="width=device-width, initial-scale=1">
<title>垂直排列按钮组示例</title>
<link rel="stylesheet" href="../css/bootstrap.css">
</head>

<body>
<div class="container">
  <div class="row">
    <div class="col">
      <h4 class="p-3 text-center">垂直排列按钮组示例</h4>
    </div>
  </div>
  <div class="row">
    <div class="col-auto mx-auto">
      <div class="btn-group-vertical">          垂直排列按钮组容器。
        <a href="#" class="btn btn-success">入门知识</a>
        <a href="#" class="btn btn-success">页面布局</a>
        <a href="#" class="btn btn-success">内容排版</a>
        <div class="btn-group">
          <button type="button" class="btn btn-success dropdown-toggle" data-toggle="dropdown">
          实用组件
          </button>
          <div class="dropdown-menu">
            <a class="dropdown-item" href="#">警告框</a>
            <a class="dropdown-item" href="#">徽章</a>
            <a class="dropdown-item" href="#">面包屑</a>
            <a class="dropdown-item" href="#">按钮</a>
          </div>
        </div>
        <div class="btn-group">
        <button type="button" class="btn btn-success dropdown-toggle" data-toggle="dropdown">
          通用样式
        </button>
        <div class="dropdown-menu">
          <a class="dropdown-item" href="#">边框</a>
          <a class="dropdown-item" href="#">清除浮动</a>
```

```
            <a class="dropdown-item" href="#">关闭图标</a>
            <a class="dropdown-item" href="#">颜色</a>
         </div>
      </div>
      </div>
    </div>
  </div>
</div>
<script src="../js/jquery-3.4.1.min.js"></script>
<script src="../js/popper.min.js"></script>
<script src="../js/bootstrap.min.js"></script>
</body>
</html>
```

本例中使用.btn-group-vertical 样式创建了一个垂直排列按钮组，其中包括 3 个 a.btn 按钮和两个下拉菜单，后者实际上就是前面所讲的嵌套按钮组。由于下拉菜单包含的菜单项本来就是沿垂直方向排列的，因此仍然在其容器元素中添加.btn-group 样式就可以了。该页面的显示效果如图 5.11 所示。

图 5.11　垂直排列按钮组示例

5.3　使用下拉菜单

下拉菜单（Dropdown）是网页中的常用组件之一。在讨论按钮组时已经涉及了下拉菜单，不过没有对它进行深入探讨。下面专门介绍如何使用 Bootstrap 4 中的下拉菜单组件。

5.3.1　创建单一按钮下拉菜单

下拉菜单也称为下拉列表，实际上是可切换的上下文叠加层，用于显示链接列表和更多内容。该组件是通过随附的 Bootstrap 下拉菜单插件进行交互的，是通过单击而不是悬停来切换的，这是一个特意的设计决定。下拉菜单基于第三方库 popper.js 构建，该库提供了动态定位和视口检测。因此，在页面中一定要确保导入 popper.js 或 popper.min.js 文件，并将其置于 bootstrap.js 或 bootstrap.min.js 之前。

下拉菜单的基本结构如下。

```
<div class="dropdown">
  <button class="btn dropdown-toggle" data-toggle="dropdown">
   下拉按钮
  </button>
  <div class="dropdown-menu">
    <a class="dropdown-item" href="#">菜单项</a>
    <a class="dropdown-item" href="#">菜单项</a>
    . . .
  </div>
</div>
```

下拉菜单组件外层是应用.dropdown 样式的容器，其 position 属性设置为 relative。如果不应用.dropdown 样式，也可以直接在容器中添加.position-relative 或.btn-group 样式。

下拉按钮位于容器中，未操作时仅该按钮是可见的，单击它时会显示下拉菜单内容，故称为单一按钮下拉菜单。要在该按钮中添加.btn 和.dropdown-toggle 样式，还要将其 data-toggle 属性设置为 dropdown，目的是为它添加激活下拉菜单的交互功能。除<button>标签外，也可以使用<a>标签来定义下拉按钮，并且允许相关样式（如.btn-primary 等）来修饰下拉菜单。

下拉菜单中包含的各个菜单项使用<a>标签来定义，需要对该标签添加.dropdown-item 样式；所有菜单项放在一个应用.dropdown-menu 样式的容器中，该容器位于下拉按钮之后。在 Bootstrap 3 中，菜单项只能使用<a>标签来定义。在 Bootstrap 4 中，定义菜单项时既可以使用<a>标签，也可以使用<button>标签，或者混合使用两种标签。如果想在下拉菜单中创建一个分隔条，则可以通过在<div>标签中添加.dropdown-divider 样式来实现。

【例 5.12】创建下拉菜单示例。源代码如下：

```
<!doctype html>
<html>
<head>
<meta charset="utf-8">
<meta name="viewport" content="width=device-width, initial-scale=1">
<title>创建单一按钮下拉菜单示例</title>
<link rel="stylesheet" href="../css/bootstrap.css">
</head>

<body>
<div class="container">
  <div class="row">
    <div class="col">
      <h4 class="p-3 text-center">创建单一按钮下拉菜单示例</h4>
      <div class="dropdown">                           下拉菜单容器。
        <button class="btn dropdown-toggle" data-toggle="dropdown">
          下拉按钮                                    下拉菜单激活按钮。
        </button>
        <div class="dropdown-menu">                   菜单项容器。
          <a class="dropdown-item" href="#">菜单项 1</a>
          <a class="dropdown-item" href="#">菜单项 2</a>  菜单项。
          <a class="dropdown-item" href="#">菜单项 3</a>
          <div class="dropdown-divider"></div>
          <a class="dropdown-item" href="#">菜单项 4</a>  分隔条。
        </div>
      </div>
    </div>
  </div>
</div>
<script src="../js/jquery-3.4.1.min.js"></script>
<script src="../js/popper.min.js"></script>
<script src="../js/bootstrap.min.js"></script>
</body>
</html>
```

本例中创建了一个基本的下拉菜单组件，其中的下拉按钮仅仅应用了.btn 样式，没有背景颜色，但其文本右侧会显示一个下拉箭头。下拉菜单中包含 4 个菜单项和一个分隔条，每个菜单项都是用<a>标签定义的。该页面的显示效果如图 5.12 所示。

图 5.12　创建单一按钮下拉菜单示例

【例 5.13】修饰下拉菜单示例。源代码如下：

```
<!doctype html>
<html>
<head>
```

```
<meta charset="utf-8">
<meta name="viewport" content="width=device-width, initial-scale=1">
<title>修饰下拉菜单示例</title>
<link rel="stylesheet" href="../css/bootstrap.css">
</head>

<body>
<div class="container-fluid">
  <div class="row">
    <div class="col-auto mx-auto">
      <h4 class="p-3 text-center">修饰下拉菜单示例</h4>
      <div class="btn-toolbar">
        <div class="dropdown mr-2">
          <button type="button" class="btn btn-primary dropdown-toggle" data-toggle="dropdown">
          Primary
          </button>
          <div class="dropdown-menu">
            <a class="dropdown-item" href="#">菜单项 1</a>
            <a class="dropdown-item" href="#">菜单项 2</a>
            <a class="dropdown-item" href="#">菜单项 3</a>
            <div class="dropdown-divider"></div>
            <a class="dropdown-item" href="#">菜单项 4</a>
          </div>
        </div>
        <div class="dropdown mr-2">
          <button type="button" class="btn btn-secondary dropdown-toggle" data-toggle="dropdown">
          Secondary
          </button>
          <div class="dropdown-menu">
            <a class="dropdown-item" href="#">菜单项 1</a>
            <a class="dropdown-item" href="#">菜单项 2</a>
            <a class="dropdown-item" href="#">菜单项 3</a>
            <div class="dropdown-divider"></div>
            <a class="dropdown-item" href="#">菜单项 4</a>
          </div>
        </div>
        <div class="dropdown mr-2">
          <button type="button" class="btn btn-success dropdown-toggle" data-toggle="dropdown">
          Success
          </button>
          <div class="dropdown-menu">
            <a class="dropdown-item" href="#">菜单项 1</a>
            <a class="dropdown-item" href="#">菜单项 2</a>
            <a class="dropdown-item" href="#">菜单项 3</a>
            <div class="dropdown-divider"></div>
            <a class="dropdown-item" href="#">菜单项 4</a>
          </div>
        </div>
        <div class="dropdown mr-2">
          <button type="button" class="btn btn-info dropdown-toggle" data-toggle="dropdown">
          Info
          </button>
          <div class="dropdown-menu">
            <a class="dropdown-item" href="#">菜单项 1</a>
            <a class="dropdown-item" href="#">菜单项 2</a>
            <a class="dropdown-item" href="#">菜单项 3</a>
            <div class="dropdown-divider"></div>
            <a class="dropdown-item" href="#">菜单项 4</a>
          </div>
        </div>
        <div class="dropdown mr-2">
          <button type="button" class="btn btn-warring dropdown-toggle" data-toggle="dropdown">
```

在一个按钮工具栏中添加 6 个下拉菜单。

```
            Warring
          </button>
          <div class="dropdown-menu">
            <a class="dropdown-item" href="#">菜单项 1</a>
            <a class="dropdown-item" href="#">菜单项 2</a>
            <a class="dropdown-item" href="#">菜单项 3</a>
            <div class="dropdown-divider"></div>
            <a class="dropdown-item" href="#">菜单项 4</a>
          </div>
        </div>
        <div class="dropdown">
          <button type="button" class="btn btn-danger dropdown-toggle" data-toggle="dropdown">
            Danger
          </button>
          <div class="dropdown-menu">
            <a class="dropdown-item" href="#">菜单项 1</a>
            <a class="dropdown-item" href="#">菜单项 2</a>
            <a class="dropdown-item" href="#">菜单项 3</a>
            <div class="dropdown-divider"></div>
            <a class="dropdown-item" href="#">菜单项 4</a>
          </div>
        </div>
      </div>
    </div>
  </div>
</div>
<script src="../js/jquery-3.4.1.min.js"></script>
<script src="../js/popper.min.js"></script>
<script src="../js/bootstrap.min.js"></script>
</body>
</html>
```

本例中创建了 6 个下拉菜单并对其下拉按钮分别设置了不同的背景颜色。所有下拉菜单均放在一个工具栏中，通过在.dropdown 容器中添加.mr-2 样式设置了下拉菜单之间的水平间距。在 Edge 浏览器中打开该页面，其显示效果如图 5.13 所示。

图 5.13　修饰下拉菜单示例

5.3.2　创建分割按钮下拉菜单

分割按钮下拉菜单的特点是其下拉按钮本身分为左右两个部分，左边用于显示按钮标题，右边用于显示下拉箭头▼，当单击该下拉箭头时会显示菜单内容，单击左边标题时则不会。

创建分割按钮下拉菜单的方法与创建单一按钮下拉菜单类似，但有两点区别：一是在外层容器中应用.btn-group 样式，二是用两个<button>标签来定义下拉按钮，其中前面的<button>标签用于定义一个普通的.btn 按钮，后面的<button>标签除了应用.btn 样式，还需要在此基础上再添加.dropdown-toggle 和.dropdown-toggle-split 样式，并将其 data-toggle 属性设置为 dropdown。

分割按钮下拉菜单的基本结构如下。

```
<div class="btn-group">
  <button type="button" class="btn">下拉按钮</button>
  <button type="button" class="btn dropdown-toggle dropdown-toggle-split" data-toggle="dropdown">
```

```
</button>
      <div class="dropdown-menu">
        <a class="dropdown-item" href="#">菜单项 1</a>
        <a class="dropdown-item" href="#">菜单项 2</a>
        ...
      </div>
    </div>
```

通过使用.dropdown-toggle-split 样式可以将下拉箭头 ▼ 两边水平间距减少 25%，并移除为常规按钮下拉菜单添加的 margin-left 属性，这些额外的更改将下拉箭头 ▼ 保持在分割按钮中心，并在主按钮旁边提供了适合的点击空间。

【例 5.14】创建分割按钮下拉菜单示例。源代码如下：

```
<!doctype html>
<html>
<head>
<meta charset="utf-8">
<meta name="viewport" content="width=device-width, initial-scale=1">
<title>创建分割按钮下拉菜单示例</title>
<link rel="stylesheet" href="../css/bootstrap.css">
</head>

<body>
<div class="container-fluid">
  <div class="row">
    <div class="col-auto mx-auto">
      <h4 class="p-3 text-center">创建分割按钮下拉菜单示例</h4>
      <div class="btn-toolbar">
        <div class="btn-group mr-2">
          <button type="button" class="btn btn-primary">Primary</button>
          <button class="btn btn-primary dropdown-toggle dropdown-toggle-split" data-toggle="dropdown">
          </button>
          <div class="dropdown-menu">
            <a class="dropdown-item" href="#">菜单项 1</a>
            <a class="dropdown-item" href="#">菜单项 2</a>
            <a class="dropdown-item" href="#">菜单项 3</a>
            <div class="dropdown-divider"></div>
            <a class="dropdown-item" href="#">菜单项 4</a>
          </div>
        </div>
        <div class="btn-group mr-2">
          <button type="button" class="btn btn-secondary">Secondary</button>
          <button class="btn btn-secondary dropdown-toggle dropdown-toggle-split" data-toggle="dropdown">
          </button>
          <div class="dropdown-menu">
            <a class="dropdown-item" href="#">菜单项 1</a>
            <a class="dropdown-item" href="#">菜单项 2</a>
            <a class="dropdown-item" href="#">菜单项 3</a>
            <div class="dropdown-divider"></div>
            <a class="dropdown-item" href="#">菜单项 4</a>
          </div>
        </div>
        <div class="btn-group mr-2">
          <button type="button" class="btn btn-success">Success</button>
          <button class="btn btn-success dropdown-toggle dropdown-toggle-split" data-toggle="dropdown">
          </button>
          <div class="dropdown-menu">
            <a class="dropdown-item" href="#">菜单项 1</a>
            <a class="dropdown-item" href="#">菜单项 2</a>
            <a class="dropdown-item" href="#">菜单项 3</a>
            <div class="dropdown-divider"></div>
            <a class="dropdown-item" href="#">菜单项 4</a>
          </div>
        </div>
```

```
            <div class="btn-group mr-2">
                <button type="button" class="btn btn-info">Info</button>
                <button class="btn btn-info dropdown-toggle dropdown-toggle-split" data-toggle="dropdown">
                </button>
                <div class="dropdown-menu">
                    <a class="dropdown-item" href="#">菜单项 1</a>
                    <a class="dropdown-item" href="#">菜单项 2</a>
                    <a class="dropdown-item" href="#">菜单项 3</a>
                    <div class="dropdown-divider"></div>
                    <a class="dropdown-item" href="#">菜单项 4</a>
                </div>
            </div>
            <div class="btn-group mr-2">
                <button type="button" class="btn btn-warning">Warning</button>
                <button class="btn btn-warning dropdown-toggle dropdown-toggle-split" data-toggle="dropdown">
                </button>
                <div class="dropdown-menu">
                    <a class="dropdown-item" href="#">菜单项 1</a>
                    <a class="dropdown-item" href="#">菜单项 2</a>
                    <a class="dropdown-item" href="#">菜单项 3</a>
                    <div class="dropdown-divider"></div>
                    <a class="dropdown-item" href="#">菜单项 4</a>
                </div>
            </div>
            <div class="btn-group mr-2">
                <button type="button" class="btn btn-danger">Danger</button>
                <button class="btn btn-danger dropdown-toggle dropdown-toggle-split" data-toggle="dropdown">
                </button>
                <div class="dropdown-menu">
                    <a class="dropdown-item" href="#">菜单项 1</a>
                    <a class="dropdown-item" href="#">菜单项 2</a>
                    <a class="dropdown-item" href="#">菜单项 3</a>
                    <div class="dropdown-divider"></div>
                    <a class="dropdown-item" href="#">菜单项 4</a>
                </div>
            </div>
        </div>
      </div>
    </div>
</div>
<script src="../js/jquery-3.4.1.min.js"></script>
<script src="../js/popper.min.js"></script>
<script src="../js/bootstrap.min.js"></script>
</body>
</html>
```

本例中创建了 6 个分割按钮下拉菜单并对其下拉按钮分别设置了不同的背景颜色。所有下拉菜单均放在一个工具栏中，并在下拉菜单之间设置了间距，效果如图 5.14 所示。

图 5.14　创建分割按钮下拉菜单示例

5.3.3　设置下拉按钮大小

在尚未操作的情况下，下拉按钮是下拉菜单中唯一可见的部分。使用.btn 样式定义的下拉按钮具有标准尺寸。根据需要，也可以使用.btn-sm 样式定义小号按钮，或者使用.btn-lg 样式定义大号按钮。

【例 5.15】设置下拉按钮大小示例。源代码如下：

```
<!doctype html>
<html>
<head>
<meta charset="utf-8">
<meta name="viewport" content="width=device-width, initial-scale=1">
<title>设置下拉按钮大小示例</title>
<link rel="stylesheet" href="../css/bootstrap.css">
</head>

<body>
<div class="container-fluid">
  <div class="row">
    <div class="col-auto mx-auto">
      <h4 class="p-3 text-center">设置下拉按钮大小示例</h4>
      <div class="btn-toolbar">
        <div class="dropdown mr-2">
          <button type="button" class="btn-sm btn-secondary dropdown-toggle" data-toggle="dropdown">
            小号下拉按钮
          </button>
          <div class="dropdown-menu">
            <a class="dropdown-item" href="#">菜单项 1</a>
            <a class="dropdown-item" href="#">菜单项 2</a>
            <a class="dropdown-item" href="#">菜单项 3</a>
            <div class="dropdown-divider"></div>
            <a class="dropdown-item" href="#">菜单项 4</a>
          </div>
        </div>
        <div class="dropdown mr-2">
          <button type="button" class="btn btn-secondary dropdown-toggle" data-toggle="dropdown">
            标准下拉按钮
          </button>
          <div class="dropdown-menu">
            <a class="dropdown-item" href="#">菜单项 1</a>
            <a class="dropdown-item" href="#">菜单项 2</a>
            <a class="dropdown-item" href="#">菜单项 3</a>
            <div class="dropdown-divider"></div>
            <a class="dropdown-item" href="#">菜单项 4</a>
          </div>
        </div>
        <div class="dropdown mr-2">
          <button type="button" class="btn-lg btn-secondary dropdown-toggle" data-toggle="dropdown">
            大号下拉按钮
          </button>
          <div class="dropdown-menu">
            <a class="dropdown-item" href="#">菜单项 1</a>
            <a class="dropdown-item" href="#">菜单项 2</a>
            <a class="dropdown-item" href="#">菜单项 3</a>
            <div class="dropdown-divider"></div>
            <a class="dropdown-item" href="#">菜单项 4</a>
          </div>
        </div>
      </div>
```

```
        </div>
      </div>
    </div>
  </div>
  <script src="../js/jquery-3.4.1.min.js"></script>
  <script src="../js/popper.min.js"></script>
  <script src="../js/bootstrap.min.js"></script>
</body>
</html>
```

本例中创建了 3 个下拉菜单,并为它们分别设置了小号、标准和大号的下拉按钮,这些下拉菜单都被放置到一个.btn-toolbar 容器中。显示效果如图 5.15 所示。

图 5.15　设置下拉按钮大小示例

5.3.4　设置菜单展开方向

默认情况下,当单击下拉按钮时是向下方展开菜单内容的。如果想要更改菜单的展开方向,只需要将容器中的.dropdown 样式更改为.dropup(向上)、.dropleft(向左)或.dropright(向右)即可。

需要说明的是,设置菜单展开方向后,如果在所指定的方向上页面空间不足以容纳菜单内容,则会向相反方向展开菜单。例如,如果右侧没有足够的空间,则设置为向右展开的菜单会向左方展开,等等。

【例 5.16】设置菜单展开方向示例。源代码如下:

```
<!doctype html>
<html>
<head>
<meta charset="utf-8">
<meta name="viewport" content="width=device-width, initial-scale=1">
<title>设置菜单展开方向示例</title>
<link rel="stylesheet" href="../css/bootstrap.css">
</head>

<body>
<div class="container-fluid">
  <div class="row">
    <div class="col-auto mx-auto">
      <h4 class="p-3 text-center">设置菜单展开方向示例</h4>
      <div class="btn-toolbar">
        <div class="dropdown mr-2">                          菜单向下展开。
          <button type="button" class="btn btn-primary dropdown-toggle" data-toggle="dropdown">
            向下展开
          </button>
          <div class="dropdown-menu">
            <a class="dropdown-item" href="#">菜单项 1</a>
            <a class="dropdown-item" href="#">菜单项 2</a>
            <a class="dropdown-item" href="#">菜单项 3</a>
            <div class="dropdown-divider"></div>
            <a class="dropdown-item" href="#">菜单项 4</a>
          </div>
        </div>
        <div class="dropup mr-2">                            菜单向上展开。
          <button type="button" class="btn btn-secondary dropdown-toggle" data-toggle="dropdown">
            向上展开
          </button>
```

```
              <div class="dropdown-menu">
                 <a class="dropdown-item" href="#">菜单项 1</a>
                 <a class="dropdown-item" href="#">菜单项 2</a>
                 <a class="dropdown-item" href="#">菜单项 3</a>
                 <div class="dropdown-divider"></div>
                 <a class="dropdown-item" href="#">菜单项 4</a>
              </div>
           </div>
           <div class="dropleft mr-2">
              <button type="button" class="btn btn-success dropdown-toggle" data-toggle="dropdown">
              向左展开
              </button>
              <div class="dropdown-menu">
                 <a class="dropdown-item" href="#">菜单项 1</a>
                 <a class="dropdown-item" href="#">菜单项 2</a>
                 <a class="dropdown-item" href="#">菜单项 3</a>
                 <div class="dropdown-divider"></div>
                 <a class="dropdown-item" href="#">菜单项 4</a>
              </div>
           </div>
           <div class="dropright">
              <button type="button" class="btn btn-info dropdown-toggle" data-toggle="dropdown">
              向右展开
              </button>
              <div class="dropdown-menu">
                 <a class="dropdown-item" href="#">菜单项 1</a>
                 <a class="dropdown-item" href="#">菜单项 2</a>
                 <a class="dropdown-item" href="#">菜单项 3</a>
                 <div class="dropdown-divider"></div>
                 <a class="dropdown-item" href="#">菜单项 4</a>
              </div>
           </div>
        </div>
      </div>
    </div>
</div>
<script src="../js/jquery-3.4.1.min.js"></script>
<script src="../js/popper.min.js"></script>
<script src="../js/bootstrap.min.js"></script>
</body>
</html>
```

> 菜单向左展开。

> 菜单向右展开。

本例中创建了 4 个下拉菜单，并为它们设置了不同的展开方向，效果如图 5.16 所示。

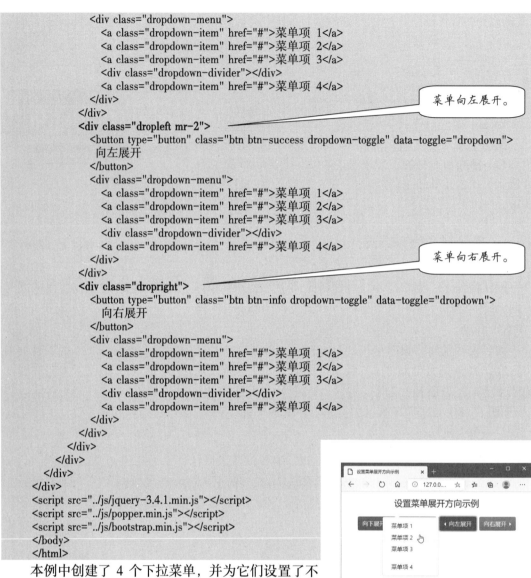

图 5.16 设置菜单展开方向示例

5.3.5 设置下拉菜单偏移

默认情况下，单击下拉按钮时会在紧挨着该按钮的位置展开菜单内容。如果想更改菜单的偏移量，在下拉按钮中设置 data-offset 属性即可。例如，设置 data-offset="100, 50"，其中 100 和 50 分别表示水平方向和垂直方向的偏移量。

【例 5.17】设置下拉菜单偏移示例。源代码如下：

```
<!doctype html>
<html>
<head>
<meta charset="utf-8">
<meta name="viewport" content="width=device-width, initial-scale=1">
<title>设置下拉菜单偏移示例</title>
<link rel="stylesheet" href="../css/bootstrap.css">
```

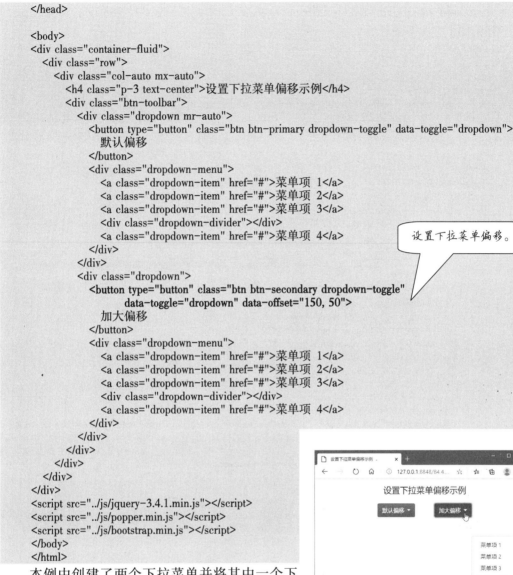

```
</head>

<body>
<div class="container-fluid">
  <div class="row">
    <div class="col-auto mx-auto">
      <h4 class="p-3 text-center">设置下拉菜单偏移示例</h4>
      <div class="btn-toolbar">
        <div class="dropdown mr-auto">
          <button type="button" class="btn btn-primary dropdown-toggle" data-toggle="dropdown">
            默认偏移
          </button>
          <div class="dropdown-menu">
            <a class="dropdown-item" href="#">菜单项 1</a>
            <a class="dropdown-item" href="#">菜单项 2</a>
            <a class="dropdown-item" href="#">菜单项 3</a>
            <div class="dropdown-divider"></div>
            <a class="dropdown-item" href="#">菜单项 4</a>
          </div>
        </div>
        <div class="dropdown">
          <button type="button" class="btn btn-secondary dropdown-toggle"
                  data-toggle="dropdown" data-offset="150, 50">
            加大偏移
          </button>
          <div class="dropdown-menu">
            <a class="dropdown-item" href="#">菜单项 1</a>
            <a class="dropdown-item" href="#">菜单项 2</a>
            <a class="dropdown-item" href="#">菜单项 3</a>
            <div class="dropdown-divider"></div>
            <a class="dropdown-item" href="#">菜单项 4</a>
          </div>
        </div>
      </div>
    </div>
  </div>
</div>
<script src="../js/jquery-3.4.1.min.js"></script>
<script src="../js/popper.min.js"></script>
<script src="../js/bootstrap.min.js"></script>
</body>
</html>
```

> 设置下拉菜单偏移。

本例中创建了两个下拉菜单并将其中一个下拉菜单的偏移量设置为 150 和 50，效果如图 5.17 所示。

图 5.17　设置下拉菜单偏移示例

5.3.6　设置菜单对齐方式

默认情况下，单击下拉按钮时下拉菜单向下展开，此时下拉菜单自动从顶部和左侧定位，与下拉按钮左侧对齐。如果想要设置下拉菜单与下拉按钮右侧对齐，在.dropdow-menu 容器中添加.dropdown-menu-right 类即可。

如果要使用响应式对齐，则首先要在下拉按钮中添加 data-display="static"属性，以禁用动态定位，并在.dropdow-menu 容器中添加下列响应式类样式之一。

● .dropdown-menu-{sm丨md丨lg丨xl}-left：在给定的断点下使下拉菜单向左对齐。

● .dropdown-menu-{sm|md|lg|xl}-right：在给定的断点下使下拉菜单向右对齐。

【例 5.18】设置菜单对齐方式示例。源代码如下：

```html
<!doctype html>
<html>
<head>
<meta charset="utf-8">
<meta name="viewport" content="width=device-width, initial-scale=1">
<title>设置菜单对齐方式示例</title>
<link rel="stylesheet" href="../css/bootstrap.css">
</head>

<body>
<div class="container-fluid">
  <div class="row">
    <div class="col-auto mx-auto">
      <h4 class="p-3 text-center">设置菜单对齐方式示例</h4>
      <div class="btn-toolbar">
        <div class="dropdown mr-auto">
          <button type="button" class="btn btn-primary dropdown-toggle" data-toggle="dropdown">
            左侧对齐
          </button>
          <div class="dropdown-menu">
            <a class="dropdown-item" href="#">菜单项 1</a>
            <a class="dropdown-item" href="#">菜单项 2</a>
            <a class="dropdown-item" href="#">菜单项 3</a>
            <div class="dropdown-divider"></div>
            <a class="dropdown-item" href="#">菜单项 4</a>
          </div>
        </div>
        <div class="dropdown">
          <button type="button" class="btn btn-secondary dropdown-toggle" data-toggle="dropdown">
            右侧对齐
          </button>
          <div class="dropdown-menu dropdown-menu-right">
            <a class="dropdown-item" href="#">菜单项 1</a>
            <a class="dropdown-item" href="#">菜单项 2</a>
            <a class="dropdown-item" href="#">菜单项 3</a>
            <div class="dropdown-divider"></div>
            <a class="dropdown-item" href="#">菜单项 4</a>
          </div>
        </div>
      </div>
    </div>
  </div>
</div>
<script src="../js/jquery-3.4.1.min.js"></script>
<script src="../js/popper.min.js"></script>
<script src="../js/bootstrap.min.js"></script>
</body>
</html>
```

> 设置下拉菜单与按钮右对齐。

本例中创建了两个下拉菜单，并对它们设置了不同的对齐方式，第 1 个菜单为左侧对齐，第 2 个菜单为右侧对齐，效果如图 5.18 所示。

5.3.7　设置菜单项状态

通过在菜单项中添加.active 样式，可以将该菜单

图 5.18　设置菜单对齐方式示例

项设置为激活状态；通过在菜单项中添加.disabled 样式，则将该菜单项设置为禁用状态。处于禁用状态的菜单项不具有交互功能，不能对单击操作做出响应。

【例 5.19】设置菜单项状态示例。源代码如下：

```
<!doctype html>
<html>
<head>
<meta charset="utf-8">
<meta name="viewport" content="width=device-width, initial-scale=1">
<title>设置菜单项状态示例</title>
<link rel="stylesheet" href="../css/bootstrap.css">
</head>

<body>
<div class="container-fluid">
  <div class="row">
    <div class="col-auto mx-auto">
      <h4 class="p-3 text-center">设置菜单项状态示例</h4>
      <div class="btn-toolbar">
        <div class="dropdown">
          <button type="button" class="btn btn-primary dropdown-toggle" data-toggle="dropdown">
            下拉按钮
          </button>
          <div class="dropdown-menu">
            <a class="dropdown-item" href="#">默认菜单项</a>
            <a class="dropdown-item active" href="#">激活菜单项</a>
            <a class="dropdown-item disabled" href="#">禁用菜单项</a>
            <div class="dropdown-divider"></div>
            <a class="dropdown-item" href="#">默认菜单项</a>
          </div>
        </div>
      </div>
    </div>
  </div>
</div>
<script src="../js/jquery-3.4.1.min.js"></script>
<script src="../js/popper.min.js"></script>
<script src="../js/bootstrap.min.js"></script>
</body>
</html>
```

本例中创建了一个下拉菜单，并将其中的两个菜单项分别设置为激活状态（高亮显示）和禁用状态（颜色变淡），其他菜单项保持默认状态，该页面的显示效果如图 5.19 所示。

图 5.19　设置菜单项状态示例

5.3.8　添加更多菜单内容

菜单项一般是通过<a>或<button>标签来定义的。除了菜单项之外，还可以在下拉菜单中添加其他内容，如标题、段落、分隔条、表单，文本框、复选框及提交按钮等。

【例 5.20】在下拉菜单中添加多种内容示例。源代码如下：

```
<!doctype html>
<html>
<head>
<meta charset="utf-8">
<meta content="width=device-width, initial-scale=1" name="viewport">
<title>在下拉菜单中添加多种内容示例</title>
<link href="../css/bootstrap.css" rel="stylesheet">
```

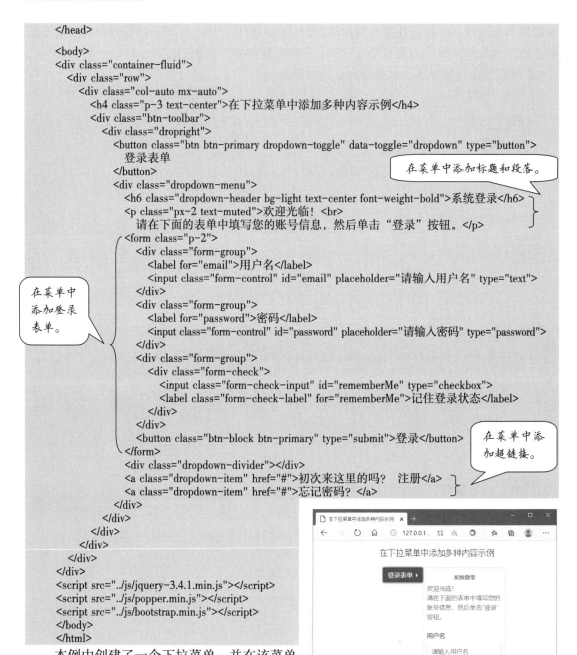

```
    </head>

    <body>
    <div class="container-fluid">
      <div class="row">
        <div class="col-auto mx-auto">
          <h4 class="p-3 text-center">在下拉菜单中添加多种内容示例</h4>
          <div class="btn-toolbar">
            <div class="dropright">
              <button class="btn btn-primary dropdown-toggle" data-toggle="dropdown" type="button">
                登录表单
              </button>
              <div class="dropdown-menu">
                <h6 class="dropdown-header bg-light text-center font-weight-bold">系统登录</h6>
                <p class="px-2 text-muted">欢迎光临！<br>
                  请在下面的表单中填写您的账号信息，然后单击"登录"按钮。</p>
                <form class="p-2">
                  <div class="form-group">
                    <label for="email">用户名</label>
                    <input class="form-control" id="email" placeholder="请输入用户名" type="text">
                  </div>
                  <div class="form-group">
                    <label for="password">密码</label>
                    <input class="form-control" id="password" placeholder="请输入密码" type="password">
                  </div>
                  <div class="form-group">
                    <div class="form-check">
                      <input class="form-check-input" id="rememberMe" type="checkbox">
                      <label class="form-check-label" for="rememberMe">记住登录状态</label>
                    </div>
                  </div>
                  <button class="btn-block btn-primary" type="submit">登录</button>
                </form>
                <div class="dropdown-divider"></div>
                <a class="dropdown-item" href="#">初次来这里的吗？ 注册</a>
                <a class="dropdown-item" href="#">忘记密码？</a>
              </div>
            </div>
          </div>
        </div>
      </div>
    </div>
    <script src="../js/jquery-3.4.1.min.js"></script>
    <script src="../js/popper.min.js"></script>
    <script src="../js/bootstrap.min.js"></script>
    </body>
    </html>
```

（批注：在菜单中添加标题和段落。）

（批注：在菜单中添加登录表单。）

（批注：在菜单中添加超链接。）

本例中创建了一个下拉菜单，并在该菜单中添加了标题、段落、分隔条、表单、标签、文本框、复选框、提交按钮及链接等内容，效果如图 5.20 所示。

图 5.20　在下拉菜单中添加多种内容示例

5.4　使用导航组件

导航组件（Nav）包含一些导航链接，是页面中的重要组件之一。Bootstrap 4 提供了选项卡导航组件和胶囊式导航组件两种风格，此外还提供了一些用来设置导航组件布局的样式。

5.4.1 创建基本导航组件

Bootstrap 中的导航组件可以共享一些通用样式，包括基础类、激活状态和禁用状态。使用修饰类可以在不同样式之间切换。基础导航组件是使用 flexbox 弹性盒布局构建的，并为创建所有类型的导航组件提供了坚实的基础，包括一些样式替代（用于处理列表）、链接填充（用于较大的点击区域）及基本的禁用样式等。

导航组件可以基于无序列表来定义，其 HTML 结构如下。

```
<ul class="nav">
  <li class="nav-item">
    <a class="nav-link" href="#">链接 1</a>
  </li>
  <li class="nav-item">
    <a class="nav-link" href="#">链接 2</a>
  </li>
  <li class="nav-item">
    <a class="nav-link" href="#">链接 3</a>
  </li>
  <li class="nav-item">
    ...
  </li>
</ul>
```

上述结构在无序列表中使用了.nav、.nav-item 和.nav-link 类样式。当然灵活地使用各种标签和<ol>或<nav>标签来创建导航组件也是可以的。由于.nav 样式设置 dispay 属性为 flex，因此导航链接的行为与导航项目相同，无须使用额外的标签。

使用<nav>标签定义导航组件时，可以直接在该标签中添加链接，其 HTML 结构如下。

```
<nav class="nav">
  <a class="nav-link" href="#">链接 1</a>
  <a class="nav-link" href="#">链接 2</a>
  <a class="nav-link" href="#">链接 3</a>
  ...
</nav>
```

创建导航组件时，可以使用.active 样式将导航项目设置为激活状态，或者使用.disabled 样式将导航项目设置为禁用状态。

【例 5.21】创建基本导航组件示例。源代码如下：

```
<!doctype html>
<html>
<head>
<meta charset="utf-8">
<meta name="viewport" content="width=device-width, initial-scale=1">
<title>创建基本导航组件示例</title>
<link rel="stylesheet" href="../css/bootstrap.css">
</head>

<body>
<div class="container">
  <div class="row">
    <div class="col">
      <h4 class="p-3 text-center">创建基本导航组件示例</h4>
```

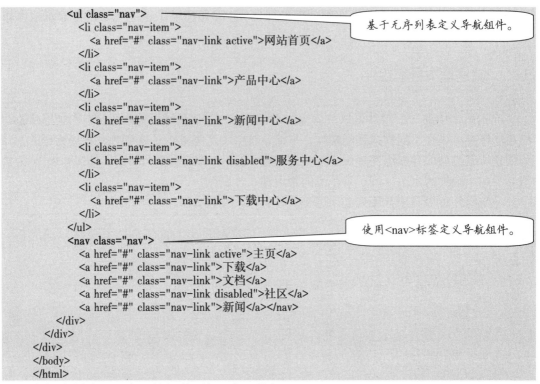

```
        <ul class="nav">
          <li class="nav-item">
            <a href="#" class="nav-link active">网站首页</a>
          </li>
          <li class="nav-item">
            <a href="#" class="nav-link">产品中心</a>
          </li>
          <li class="nav-item">
            <a href="#" class="nav-link">新闻中心</a>
          </li>
          <li class="nav-item">
            <a href="#" class="nav-link disabled">服务中心</a>
          </li>
          <li class="nav-item">
            <a href="#" class="nav-link">下载中心</a>
          </li>
        </ul>
        <nav class="nav">
          <a href="#" class="nav-link active">主页</a>
          <a href="#" class="nav-link">下载</a>
          <a href="#" class="nav-link">文档</a>
          <a href="#" class="nav-link disabled">社区</a>
          <a href="#" class="nav-link">新闻</a></nav>
      </div>
    </div>
  </div>
</body>
</html>
```

基于无序列表定义导航组件。

使用<nav>标签定义导航组件。

本例中创建了两个导航组件：第 1 个导航组件是使用无序列表创建的，在<ul>标签上添加了.nav 样式，在每个<li>标签上添加了.nav-item 样式，在每个<a>标签上添加了.nav-link 样式；第 2 个导航组件是使用<nav>标签创建的，在<nav>标签上添加了.nav 样式，在每个<a>标签上添加了.nav-link 样式。例中还设置了个别导航项目的状态，效果如图 5.21 所示。

图 5.21　创建基本导航组件示例

5.4.2　设置导航对齐方式

使用弹性盒布局样式可以更改导航组件的水平对齐方式，可用样式包括.justify-content-left（左对齐）、.justify-content-center（居中对齐）及.justify-content-right（右对齐）。

【例 5.22】设置导航组件水平对齐方式示例。源代码如下：

```
<!doctype html>
<html>
<head>
<meta charset="utf-8">
<meta name="viewport" content="width=device-width, initial-scale=1">
<title>设置导航组件水平对齐方式示例</title>
<link rel="stylesheet" href="../css/bootstrap.css">
</head>

<body>
<div class="container">
  <div class="row">
```

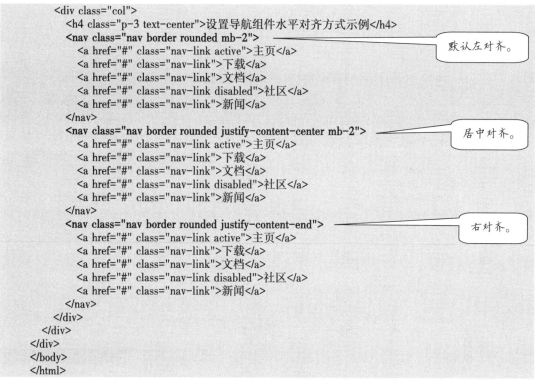

```
        <div class="col">
            <h4 class="p-3 text-center">设置导航组件水平对齐方式示例</h4>
            <nav class="nav border rounded mb-2">
                <a href="#" class="nav-link active">主页</a>
                <a href="#" class="nav-link">下载</a>
                <a href="#" class="nav-link">文档</a>
                <a href="#" class="nav-link disabled">社区</a>
                <a href="#" class="nav-link">新闻</a>
            </nav>
            <nav class="nav border rounded justify-content-center mb-2">
                <a href="#" class="nav-link active">主页</a>
                <a href="#" class="nav-link">下载</a>
                <a href="#" class="nav-link">文档</a>
                <a href="#" class="nav-link disabled">社区</a>
                <a href="#" class="nav-link">新闻</a>
            </nav>
            <nav class="nav border rounded justify-content-end">
                <a href="#" class="nav-link active">主页</a>
                <a href="#" class="nav-link">下载</a>
                <a href="#" class="nav-link">文档</a>
                <a href="#" class="nav-link disabled">社区</a>
                <a href="#" class="nav-link">新闻</a>
            </nav>
        </div>
    </div>
</div>
</body>
</html>
```

默认左对齐。

居中对齐。

右对齐。

本例中创建了 3 个导航组件并对其设置了不同的水平对齐方式，效果如图 5.22 所示。

图 5.22　设置导航组件水平对齐方式示例

5.4.3　创建垂直布局导航

默认情况下导航选项沿水平方向排列。通过在.nav 容器中添加.flex-column 样式即可实现导航的垂直布局。若要在特定断点下实现垂直布局，则应添加.flex-{breakpoint}-column样式。

【例 5.23】设置垂直布局导航示例。源代码如下：

```
<!doctype html>
<html>
<head>
<meta charset="utf-8">
<meta name="viewport" content="width=device-width, initial-scale=1">
<title>设置垂直布局导航示例</title>
<link rel="stylesheet" href="../css/bootstrap.css">
</head>
```

```
<body>
<div class="container-fluid">
  <div class="row">
    <div class="col">
      <h4 class="p-3 text-center">设置垂直布局导航示例</h4>
    </div>
  </div>
  <div class="row">
    <div class="col-auto">
      <ul class="nav flex-column border">
        <li class="nav-item">
          <a href="#" class="nav-link active">网站首页</a>
        </li>
        <li class="nav-item">
          <a href="#" class="nav-link">产品中心</a>
        </li>
        <li class="nav-item">
          <a href="#" class="nav-link">新闻中心</a>
        </li>
        <li class="nav-item">
          <a href="#" class="nav-link disabled">服务中心</a>
        </li>
        <li class="nav-item">
          <a href="#" class="nav-link">联系我们</a>
        </li>
      </ul>
    </div>
  </div>
</div>
</body>
</html>
```

> .flex-column 设置弹性项目沿垂直方向排列。

本例中创建了一个垂直布局的导航组件，显示效果如图 5.23 所示。

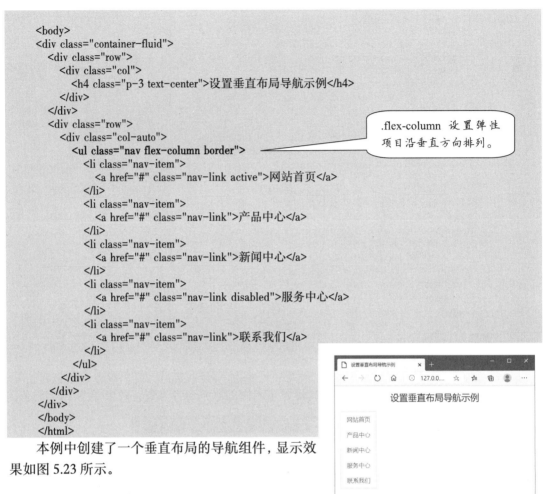

图 5.23　创建垂直布局导航示例

5.4.4　创建选项卡式导航

创建选项卡式导航组件时，首先要在.nav 导航容器中添加.nav-tabs 样式，然后还需要对处于激活状态的导航项目添加.active 样式。

【例 5.24】创建带下拉菜单的选项卡式导航示例。源代码如下：

```
<!doctype html>
<html>
<head>
<meta charset="utf-8">
<meta name="viewport" content="width=device-width, initial-scale=1">
<title>设置选项卡式导航示例</title>
<link rel="stylesheet" href="../css/bootstrap.css">
</head>

<body>
<div class="container">
  <div class="row">
    <div class="col">
      <h4 class="p-3 text-center">设置选项卡式导航示例</h4>
      <ul class="nav nav-tabs bg-light rounded shadow-sm">
        <li class="nav-item">
```

> 创建选项卡或导航组件时，要在导航容器中添加. nav nav-tabs 样式。

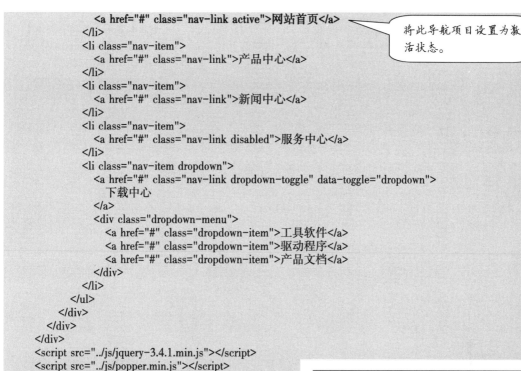

```
            <a href="#" class="nav-link active">网站首页</a>
        </li>
        <li class="nav-item">
            <a href="#" class="nav-link">产品中心</a>
        </li>
        <li class="nav-item">
            <a href="#" class="nav-link">新闻中心</a>
        </li>
        <li class="nav-item">
            <a href="#" class="nav-link disabled">服务中心</a>
        </li>
        <li class="nav-item dropdown">
            <a href="#" class="nav-link dropdown-toggle" data-toggle="dropdown">
            下载中心
            </a>
            <div class="dropdown-menu">
                <a href="#" class="dropdown-item">工具软件</a>
                <a href="#" class="dropdown-item">驱动程序</a>
                <a href="#" class="dropdown-item">产品文档</a>
            </div>
        </li>
    </ul>
    </div>
    </div>
</div>
<script src="../js/jquery-3.4.1.min.js"></script>
<script src="../js/popper.min.js"></script>
<script src="../js/bootstrap.min.js"></script>
</body>
</html>
```

将此导航项目设置为激活状态。

本例中创建了一个带下拉菜单的选项卡式导航组件，其中包含 5 个导航项目：第 1 个项目为当前激活选项，第 2 个和第 3 个项目为导航链接，第 4 个项目是禁用的导航链接，第 5 个项目则是一个下拉菜单。该页面的显示效果如图 5.24 所示。

图 5.24　设置选项卡式导航示例

5.4.5　创建胶囊式导航

创建胶囊式导航组件时，首先要在 .nav 导航容器中添加 .nav-pills 样式，然后还需要对处于激活状态的导航项目添加 .active 样式。

【例 5.25】创建带下拉菜单的胶囊式导航示例。源代码如下：

```
<!doctype html>
<html>
<head>
<meta charset="utf-8">
<meta name="viewport" content="width=device-width, initial-scale=1">
<title>设置胶囊式导航示例</title>
<link rel="stylesheet" href="../css/bootstrap.css">
</head>

<body>
<div class="container">
    <div class="row">
        <div class="col">
            <h4 class="p-3 text-center">设置胶囊式导航示例</h4>
```

```
    <ul class="nav nav-pills bg-light rounded shadow-sm">
        <li class="nav-item">
            <a href="#" class="nav-link active">网站首页</a>
        </li>
        <li class="nav-item">
            <a href="#" class="nav-link">产品中心</a>
        </li>
        <li class="nav-item">
            <a href="#" class="nav-link">新闻中心</a>
        </li>
        <li class="nav-item">
            <a href="#" class="nav-link disabled">服务中心</a>
        </li>
        <li class="nav-item dropdown">
            <a href="#" class="nav-link dropdown-toggle" data-toggle="dropdown">
                下载中心
            </a>
            <div class="dropdown-menu">
                <a href="#" class="dropdown-item">工具软件</a>
                <a href="#" class="dropdown-item">驱动程序</a>
                <a href="#" class="dropdown-item">产品文档</a>
            </div>
        </li>
    </ul>
        </div>
    </div>
</div>
<script src="../js/jquery-3.4.1.min.js"></script>
<script src="../js/popper.min.js"></script>
<script src="../js/bootstrap.min.js"></script>
</body>
</html>
```

> 创建胶囊式导航时，要在导航容器中添加.nav nav-pills 样式。

本例中创建了一个带下拉菜单的胶囊式导航组件，其中包含 5 个导航项目：第 1 个项目为当前激活项目，第 2 个和第 3 个项目为导航链接，第 4 个项目是禁用的导航链接，第 5 个项目则是一个下拉菜单。该页面的显示效果如图 5.25 所示。

图 5.25　设置胶囊式导航示例

5.4.6　设置填充和对齐

默认情况下，所有导航项目集中于.nav 容器的左侧，即采用左对齐方式。通过在.nav 容器中添加.nav-fill 或.nav-justified 样式，可以使导航项目占用整个水平空间，两者之间的区别在于：前者是按比例分配空间，后者则是平均分配空间。当使用<nav>元素定义导航组件时，必须在<a>标签中添加.nav-item 样式，否则.nav-fill 或.nav-justified 样式都不会生效。

【例 5.26】设置填充和对齐示例。源代码如下：

```
<!doctype html>
<html>
<head>
<meta charset="utf-8">
<meta name="viewport" content="width=device-width, initial-scale=1">
<title>设置填充和对齐示例</title>
<link rel="stylesheet" href="../css/bootstrap.css">
</head>
```

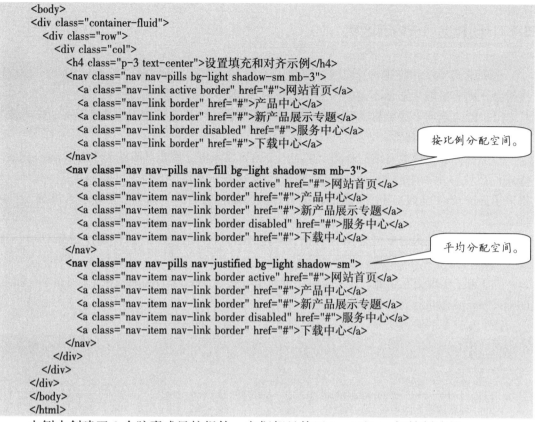

```
<body>
<div class="container-fluid">
  <div class="row">
    <div class="col">
      <h4 class="p-3 text-center">设置填充和对齐示例</h4>
      <nav class="nav nav-pills bg-light shadow-sm mb-3">
        <a class="nav-link active border" href="#">网站首页</a>
        <a class="nav-link border" href="#">产品中心</a>
        <a class="nav-link border" href="#">新产品展示专题</a>
        <a class="nav-link border disabled" href="#">服务中心</a>
        <a class="nav-link border" href="#">下载中心</a>
      </nav>
      <nav class="nav nav-pills nav-fill bg-light shadow-sm mb-3">
        <a class="nav-item nav-link border active" href="#">网站首页</a>
        <a class="nav-item nav-link border" href="#">产品中心</a>
        <a class="nav-item nav-link border" href="#">新产品展示专题</a>
        <a class="nav-item nav-link border disabled" href="#">服务中心</a>
        <a class="nav-item nav-link border" href="#">下载中心</a>
      </nav>
      <nav class="nav nav-pills nav-justified bg-light shadow-sm">
        <a class="nav-item nav-link border active" href="#">网站首页</a>
        <a class="nav-item nav-link border" href="#">产品中心</a>
        <a class="nav-item nav-link border" href="#">新产品展示专题</a>
        <a class="nav-item nav-link border disabled" href="#">服务中心</a>
        <a class="nav-item nav-link border" href="#">下载中心</a>
      </nav>
    </div>
  </div>
</div>
</body>
</html>
```

（批注：按比例分配空间。）

（批注：平均分配空间。）

本例中创建了 3 个胶囊式导航组件，它们都是使用<nav>和<a>标签创建的。

第 1 个导航组件作为对照组使用，在.nav 容器中未添加.nav-fill 或.nav-justified 样式，也未在<a>标签中添加.nav-item 样式，所有导航项目集中于该容器的左侧。

定义第 2 个导航组件时，在<nav>标签中添加了.nav-fill 样式，并且在<a>标签中添加了.nav-item 样式，所有导航项目占满整个水平空间，各个导航项目按比例分配空间。

定义第 3 个导航组件时，在<nav>标签中添加了.nav-justified 样式，并且在<a>标签中添加了.nav-item 样式，所有导航项目占满了整个水平空间，各个导航项目宽度相等。

为了看清各个导航项目的边界，在所有<a>标签中均添加了.border 样式。在 Edge 浏览器中打开该页面，其显示效果如图 5.26 所示。

图 5.26　设置填充和对齐示例

5.4.7 创建选项卡内容区域

选项卡式导航和胶囊式导航组件通常用于在不同内容之间切换，当单击不同的导航链接时会在内容区域中显示不同的内容。实现内容切换功能的要点如下。

（1）创建选项卡式导航和胶囊式导航组件时，在每个导航链接上设置 data-toggle="tab" 或 data-toggle="pill"属性。

（2）在导航组件原有结构基础上添加一个内容显示框，需要对该显示框应用.tab-content 样式；在该显示框中添加与导航链接相对应的多个子内容显示框，并对每个子内容显示框应用.tab-pane 样式，与处于激活状态的导航链接相对应的子内容框还要额外添加.active 样式。

（3）为每个子内容框设置 id 属性值，并在导航链接中通过 href 属性绑定 id 属性值，即设置 href="#id"。

（4）为了实现交互功能，必须确保在页面中导入 3 个 JavaScript 库文件，即 jquery-3.4.1. min.js、popper.min.js 及 bootstrap.min.js。

【例 5.27】创建选项卡内容区域示例。源代码如下：

```
<!doctype html>
<html>
<head>
<meta charset="utf-8">
<meta name="viewport" content="width=device-width, initial-scale=1">
<title>创建选项卡内容显示区域示例</title>
<link rel="stylesheet" href="../css/bootstrap.css">
</head>

<body>
<div class="container">
  <div class="row">
    <div class="col">
      <h4 class="p-3 text-center">创建选项卡内容显示区域示例</h4>
      <nav class="nav nav-pills bg-light shadow-sm mb-3">
        <a class="nav-link active" href="#home" data-toggle="pill">网站首页</a>
        <a class="nav-link" href="#product" data-toggle="pill">产品中心</a>
        <a class="nav-link" href="#service" data-toggle="pill">服务中心</a>
        <a class="nav-link" href="#download" data-toggle="pill">下载中心</a>
        <a class="nav-link" href="#contact" data-toggle="pill">联系我们</a>
      </nav>
      <div class="tab-content">
        <div class="tab-pane active" id="home">
          <p>这里是网站首页。</p>
        </div>
        <div class="tab-pane" id="product">
          <p>这里是产品中心。</p>
        </div>
        <div class="tab-pane" id="service">
          <p>这里是服务中心。</p>
        </div>
        <div class="tab-pane" id="download">
          <p>这里是下载中心。</p>
        </div>
        <div class="tab-pane" id="contact">
          <p>欢迎光临！请通过微信或电邮与我们联系。</p>
        </div>
```

```
        </div>
      </div>
    </div>
  </div>
  <script src="../js/jquery-3.4.1.min.js"></script>
  <script src="../js/popper.min.js"></script>
  <script src="../js/bootstrap.min.js"></script>
  </body>
  </html>
```

本例中首先创建了一个胶囊式导航组件，然后为其创建了相应的内容显示框。在 Edge
浏览器中打开该页面，当在导航组件中单击不同的导航链接时，所显示的内容随之切换，
其运行效果如图 5.27 和图 5.28 所示。

图 5.27　单击"产品中心"链接时显示的内容　　图 5.28　单击"服务中心"链接时显示的内容

【例 5.28】创建垂直布局的胶囊式导航选项卡示例。源代码如下：

```
<!doctype html>
<html>
<head>
<meta charset="utf-8">
<meta name="viewport" content="width=device-width, initial-scale=1">
<title>创建垂直导航选项卡示例</title>
<link rel="stylesheet" href="../css/bootstrap.css">
</head>

<body>
<div class="container">
  <div class="row">
    <div class="col">
      <h4 class="p-3 text-center">创建垂直导航选项卡内容区域示例</h4>
    </div>
  </div>
  <div class="row">
    <div class="col-4">
      <nav class="nav nav-pills flex-column bg-light shadow-sm mb-3">
        <a class="nav-link active" href="#home" data-toggle="pill">网站首页</a>
        <a class="nav-link" href="#product" data-toggle="pill">产品中心</a>
        <a class="nav-link" href="#service" data-toggle="pill">服务中心</a>
        <a class="nav-link" href="#download" data-toggle="pill">下载中心</a>
        <a class="nav-link" href="#contact" data-toggle="pill">联系我们</a>
      </nav>
    </div>
    <div class="col-8">
      <div class="tab-content">
        <div class="tab-pane active" id="home">
          <p>这里是网站首页。</p>
        </div>
        <div class="tab-pane" id="product">
```

```
            <p>这里是产品中心。</p>
        </div>
        <div class="tab-pane" id="service">
            <p>这里是服务中心。</p>
        </div>
        <div class="tab-pane" id="download">
            <p>这里是下载中心。</p>
        </div>
        <div class="tab-pane" id="contact">
            <p>欢迎光临！请通过微信或电邮与我们联系。</p>
        </div>
      </div>
    </div>
  </div>
</div>
<script src="../js/jquery-3.4.1.min.js"></script>
<script src="../js/popper.min.js"></script>
<script src="../js/bootstrap.min.js"></script>
</body>
</html>
```

本例中通过在.nav 容器中添加.flex-coloum 样式创建了一个垂直布局导航选项卡，然后创建了相应的内容显示框。将导航组件和内容显示框放在网格的同一行中，导航组件位于左侧的.col-4 列中，内容显示框位于右侧的.col-8 列中。运行效果如图 5.29 和图 5.30 所示。

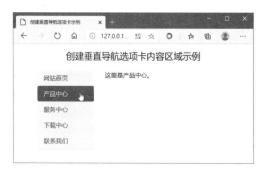

图 5.29　单击"产品中心"链接时显示的内容

图 5.30　单击"下载中心"链接时显示的内容

 习题 5

一、选择题

1.要设置具有绿色背景的按钮，则应添加（　　）类。

　　A. .btn-primary　　　　B. .btn-secondary　　　　C. .btn-success　　　　D. .btn-danger

2.创建下拉菜单时，对每个菜单项都要添加（　　）类。

　　A. .dropdown　　　　B. .dropdown-item　　　　C. .dropdown-menu　　D. .dropdown-divider

3.如果要在单击下拉按钮时向右方展开菜单，则应在菜单容器中添加（　　）类。

　　A. .dropdown　　　　B. .dropup　　　　　　　C. .dropleft　　　　　D. .dropright

4.要创建胶囊式导航组件，则应在导航容器中添加（　　）类。

　　A. .nav-pills　　　　B. .nav-tabs　　　　　　C. .nav-item　　　　　D. .nav-link

二、判断题

1.（　　）按钮只能使用<button>标签来创建。

2.（　　）添加.btn 样式所生成的按钮为块级元素。

3.（　　）要创建轮廓按钮，应在.btn 样式的基础上添加.btn-outline-*类。

4.（　　）要创建小号按钮，应在.btn 样式的基础上添加.btn-sm 类。

5.（　　）要设置按钮为激活状态，应添加.active 类；要设置按钮为禁用状态，应添加 disabled 属性。

6.（　　）要设置按钮组的大小，应在.btn-group 样式的基础上添加.btn-group-sm 或.btn-group-lg。

7.（　　）要创建垂直排列按钮组，应在.btn-group 样式的基础上添加.btn-group-vertical 样式。

8.（　　）要通过按钮激活下拉菜单，应对其添加 data-toggle="dropdown"样式。

9.（　　）通过设置 data-offset="50"可以设置下拉菜单偏移。

10.（　　）添加.active 类可将该菜单项设置为激活状态；添加.disabled 类可将该菜单项设置为禁用状态。

三、操作题

1. 在网页中添加 7 个按钮，要求分别设置为不同的背景颜色。

2. 在网页中添加 7 个按钮，要求分别设置为不同颜色的轮廓。

3. 在网页中添加 4 个按钮，要求分别设置为小号按钮、标准按钮、大号按钮和块级按钮。

4. 在网页中添加 3 个按钮，要求分别设置为默认状态、激活状态和禁用状态。

5. 在网页中创建一个按钮组，要求其中包含 5 个按钮。

6. 在网页中添加 3 个按钮组，各包含 3 个按钮，要求将按钮分别设置为小号、默认大小和大号按钮。

7. 在网页中添加一个按钮工具栏，要求其中包含 3 个按钮组。

8. 在网页中创建一个按钮组，要求其中的按钮沿垂直方向排列。

9. 在网页中创建一个下拉菜单，要求中包含 4 个菜单项和一个分隔条。

10. 在网页中创建 6 个下拉菜单，要求对其下拉按钮设置不同的背景颜色。

11. 在网页中创建 6 个分割按钮下拉菜单，要求对其下拉按钮设置不同的背景颜色。

12. 在网页中创建 4 个下拉菜单，要求分别设置不同的菜单展开方向。

13. 在网页中创建 3 个导航组件，要求分别设置为不同的对齐方式。

14. 在网页中创建一个垂直布局的导航组件。

15. 在网页中创建一个选项卡式导航组件和胶囊式导航组件，要求它们均包含下拉菜单。

16. 在网页中创建一个选项卡式导航组件，要求创建相应的内容区域，并能够通过单击导航链接实现在不同内容之间切换。

第 **6** 章

| 使用 Bootstrap 组件（中） |

Bootstrap 4 提供了丰富的可重用的组件，这些组件为 Web 前端界面设计带来了很大的便利。第 5 章中已经介绍了部分组件的结构和使用方法。在此基础上，本章将重点介绍警告框、徽章、媒体对象、超大屏幕、表单及输入组等组件的使用方法。

本章学习目标

- 掌握警告框组件的用法
- 掌握徽章组件的用法
- 掌握媒体对象的用法
- 掌握超大屏幕的用法
- 掌握表单和输入组的用法

6.1 使用警告框

警告框组件（Alert）通过提供少量可用的警报信息，为典型的用户操作提供上下反馈消息。如在用户登录成功或失败时，可以通过警告框组件显示相应的提示信息等。

6.1.1 创建警告框

警告框组件用于显示任何长度的文本和可选的关闭按钮。警告框组件一般通过在 div 元素标签上添加.alert 样式来创建。为了设置适当的文本颜色和背景颜色，可以在应用.alert 样式的基础上添加上下文类样式.alert-primary、.alert-secondary、.alert-success、.alert-danger、.alert-warning、.alert-info、.alert-light 或.alert-dark，此时警告框呈现为具有渐变背景的圆角矩形。

【例 6.1】创建警告框示例。源代码如下：

```
<!doctype html>
```

```
<html>
<head>
<meta charset="utf-8">
<meta name="viewport" content="width=device-width, initial-scale=1">
<title>创建警告框示例</title>
<link rel="stylesheet" href="../css/bootstrap.css">
</head>

<body>
<div class="container">
  <div class="row">
    <div class="col">
      <h4 class="p-3 text-center">创建警告框示例</h4>
      <div class="alert alert-primary" role="alert">
        <strong>重要的！</strong>此操作非常重要。
      </div>
      <div class="alert alert-secondary" role="alert">
        <strong>辅助的！</strong>显示一些辅助信息。
      </div>
      <div class="alert alert-success" role="alert">
        <strong>成功啦！</strong>恭喜您登录成功！
      </div>
      <div class="alert alert-danger" role="alert">
        <strong>危险的！</strong>数据删除后将无法恢复！
      </div>
      <div class="alert alert-warning" role="alert">
        <strong>警告！</strong>数据已被删除！
      </div>
      <div class="alert alert-info" role="alert">
        <strong>信息！</strong>您确实要退出系统吗？
      </div>
      <div class="alert alert-light" role="alert">
        <strong>浅灰色！</strong>显示浅灰色提示框。
      </div>
      <div class="alert alert-dark" role="alert">
        <strong>深灰色！</strong>显示深灰色提示框。
      </div>
    </div>
  </div>
</div>
</body>
</html>
```

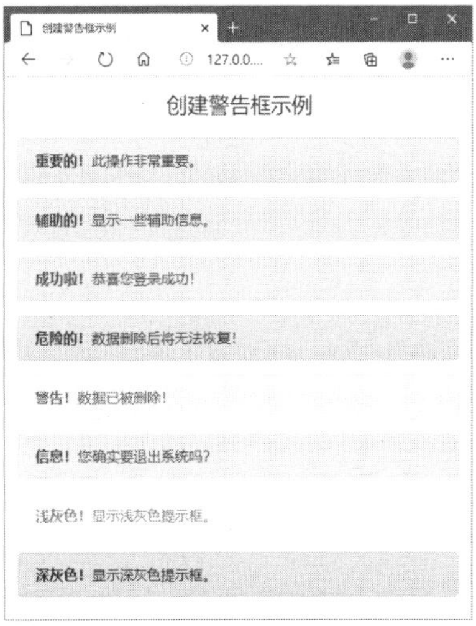

图 6.1　创建警告框示例

本例中创建了 8 个不同颜色的警告框，显示效果如图 6.1 所示。

6.1.2　添加更多内容

除了普通文本，还可以在警告框中添加其他 HTML 元素，如标题、段落、链接及分隔线等。在带有颜色的警告框中添加链接时，可以在<a>标签上添加.alert-link 样式，这样会自动为链接加上匹配的颜色。添加.alert-link 样式后，链接文本的字体将变成粗体。

【例 6.2】在警告框中添加多种内容示例。源代码如下：

```
<!doctype html>
<html>
<head>
<meta charset="utf-8">
<meta name="viewport" content="width=device-width, initial-scale=1">
<title>添加多种内容示例</title>
```

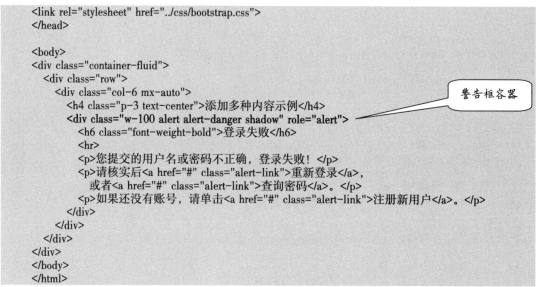

```
<link rel="stylesheet" href="../css/bootstrap.css">
</head>

<body>
<div class="container-fluid">
  <div class="row">
    <div class="col-6 mx-auto">
      <h4 class="p-3 text-center">添加多种内容示例</h4>
      <div class="w-100 alert alert-danger shadow" role="alert">
        <h6 class="font-weight-bold">登录失败</h6>
        <hr>
        <p>您提交的用户名或密码不正确，登录失败！</p>
        <p>请核实后<a href="#" class="alert-link">重新登录</a>，
          或者<a href="#" class="alert-link">查询密码</a>。</p>
        <p>如果还没有账号，请单击<a href="#" class="alert-link">注册新用户</a>。</p>
      </div>
    </div>
  </div>
</div>
</body>
</html>
```

本例中创建了一个警告框组件，在每个警告框中添加了标题、段落、分隔线以及链接等，并为每个链接应用了.alert-link 样式。显示效果如图 6.2 所示。

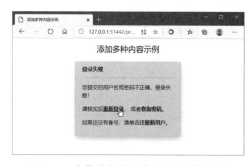

图 6.2　在警告框中添加多种内容示例

6.1.3　添加关闭功能

通过为警告框添加关闭功能，可以在页面中自由关闭警告框，其设计要点如下。

（1）在警告框容器中添加.alert-dismissible、.fade 和.show 样式。

（2）使用<button>标签在警告框中添加一个按钮，并在其中定义一个关闭图标。

（3）在<button>标签中添加.close 样式，并设置 data-dismiss="alert"属性。

（4）确保在页面中导入了 3 个 JavaScript 库文件。

【例 6.3】为警告框添加关闭功能示例。源代码如下：

```
<!doctype html>
<html>
<head>
<meta charset="utf-8">
<meta name="viewport" content="width=device-width, initial-scale=1">
<title>关闭警告框示例</title>
<link rel="stylesheet" href="../css/bootstrap.css">
</head>

<body>
```

```
<div class="container-fluid">
  <div class="row">
    <div class="col text-center">
      <h4 class="p-3">关闭警告框示例</h4>
      <p class="lead">若要关闭下面的警告框，请单击其右上角的关闭图标。</p>
    </div>
  </div>
  <div class="row">
    <div class="col-8 mx-auto">
      <div class="w-100 alert alert-danger shadow alert-dismissible" role="alert">
        <h6 class="font-weight-bold">登录失败</h6>
        <button type="button" class="close" data-dismiss="alert">
          <span>&times;</span>
        </button>
        <hr>
        <p>您提交的用户名或密码不正确，登录失败！</p>
        <p>请核实后<a href="#" class="alert-link">重新登录</a>，
          或者<a href="#" class="alert-link">查询密码</a>。</p>
        <p>如果还没有账号，请单击<a href="#" class="alert-link">注册新用户</a>。</p>
      </div>
    </div>
  </div>
</div>
<script src="../js/jquery-3.4.1.min.js"></script>
<script src="../js/popper.min.js"></script>
<script src="../js/bootstrap.min.js"></script>
</body>
</html>
```

> 要使警告框具有关闭功能，就必须引用这些 JavaScript 文件。

本例在页面中创建了一个具有关闭功能的警告框，运行效果如图 6.3 和图 6.4 所示。

图 6.3　关闭警告框前的效果

图 6.4　关闭警告框后的效果

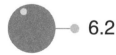

6.2　使用徽章

徽章组件（Badge）主要用于突出新的或未读的内容，通常可以作为链接或按钮的一部分，以提供统计数字样式。

6.2.1　创建徽章组件

徽章组件可以通过在<span>标签中添加.badge 样式来实现，该组件通过使用相对字体大小（75%）和 em 单位来进行缩放，以匹配直接父元素的大小。徽章作为行内块级元素呈现，并具有 0.25rem 的边框半径，其中的文本以粗体形式显示。

【例 6.4】创建徽章组件示例。源代码如下：

```
<!doctype html>
<html>
<head>
<meta charset="utf-8">
<meta name="viewport" content="width=device-width, initial-scale=1">
<title>创建徽章示例</title>
<link rel="stylesheet" href="../css/bootstrap.css">
</head>

<body>
<div class="container">
  <div class="row text-center">
    <div class="col">
      <h4 class="p-3">创建徽章示例</h4>
      <h1>标题示例<span class="badge badge-primary">新</span></h1>
      <h2>标题示例<span class="badge badge-primary">新</span></h2>
      <h3>标题示例<span class="badge badge-primary">新</span></h3>
      <h4>标题示例<span class="badge badge-primary">新</span></h4>
      <h5>标题示例<span class="badge badge-primary">新</span></h5>
      <h6>标题示例<span class="badge badge-primary">新</span></h6>
    </div>
  </div>
</div>
</body>
</html>
```

本例在页面中添加了一组 HTML 标题，并在每个标题嵌入了一个徽章，徽章会自动适配所在标题的大小，该页面的显示效果如图 6.5 所示。

【例 6.5】在按钮和链接中添加徽章示例。源代码如下：

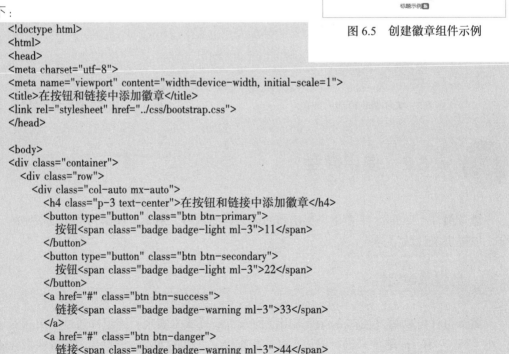

图 6.5　创建徽章组件示例

```
<!doctype html>
<html>
<head>
<meta charset="utf-8">
<meta name="viewport" content="width=device-width, initial-scale=1">
<title>在按钮和链接中添加徽章</title>
<link rel="stylesheet" href="../css/bootstrap.css">
</head>

<body>
<div class="container">
  <div class="row">
    <div class="col-auto mx-auto">
      <h4 class="p-3 text-center">在按钮和链接中添加徽章</h4>
      <button type="button" class="btn btn-primary">
        按钮<span class="badge badge-light ml-3">11</span>
      </button>
      <button type="button" class="btn btn-secondary">
        按钮<span class="badge badge-light ml-3">22</span>
      </button>
      <a href="#" class="btn btn-success">
        链接<span class="badge badge-warning ml-3">33</span>
      </a>
      <a href="#" class="btn btn-danger">
        链接<span class="badge badge-warning ml-3">44</span>
      </a>
```

```
    </div>
   </div>
  </div>
 </body>
</html>
```

本例在页面中添加两个按钮和两个链接，并在这些按钮和链接中分别添加了一个徽章，其显示效果如图 6.6 所示。

图 6.6　在按钮和链接中添加徽章示例

6.2.2　设置徽章颜色

在<span>标签上添加.badge 样式，且并未设置徽章的背景颜色和文本颜色。若要设置徽章的颜色，则应在<span>标签上添加下列颜色样式之一：.badge-primary、.badge-secondary、.badge-success、.badge-danger、.badge-warning、.badge-info、.badge-light 或.badge-dark。

【例 6.6】设置徽章颜色示例。源代码如下：

```
<!doctype html>
<html>
<head>
<meta charset="utf-8">
<meta name="viewport" content="width=device-width, initial-scale=1">
<title>设置徽章颜色示例</title>
<link rel="stylesheet" href="../css/bootstrap.css">
</head>

<body>
<div class="container">
  <div class="row text-center">
    <div class="col">
      <h4 class="p-3">设置徽章颜色示例</h4>
      <span class="badge badge-primary">Primary</span>
      <span class="badge badge-secondary">Secondary</span>
      <span class="badge badge-success">Success</span>
      <span class="badge badge-danger">Danger</span>
      <span class="badge badge-warning">Warning</span>
      <span class="badge badge-info">Info</span>
      <span class="badge badge-light">Light</span>
      <span class="badge badge-dark">Dark</span>
    </div>
   </div>
  </div>
 </body>
</html>
```

本例中创建了 8 个徽章并为它们分别设置了不同的颜色，该页面的显示效果如图 6.7 所示。

图 6.7　设置徽章颜色示例

6.2.3　创建椭圆形徽章

默认情况下，用.badge 定义的徽章均呈现为圆角矩形。如果在.badge 基础上再添加.badge-pill 样式，则可以创建椭圆形徽章。

【例 6.7】创建椭圆形徽章示例。源代码如下：

```
<!doctype html>
<html>
```

```
<head>
<meta charset="utf-8">
<meta name="viewport" content="width=device-width, initial-scale=1">
<title>设置椭圆形徽章示例</title>
<link rel="stylesheet" href="../css/bootstrap.css">
</head>

<body>
<div class="container">
  <div class="row text-center">
    <div class="col">
      <h4 class="p-3">设置椭圆形徽章示例</h4>
      <span class="badge badge-pill badge-primary">Primary</span>
      <span class="badge badge-pill badge-secondary">Secondary</span>
      <span class="badge badge-pill badge-success">Success</span>
      <span class="badge badge-pill badge-danger">Danger</span>
      <span class="badge badge-pill badge-warning">Warning</span>
      <span class="badge badge-pill badge-info">Info</span>
      <span class="badge badge-pill badge-light">Light</span>
      <span class="badge badge-pill badge-dark">Dark</span>
    </div>
  </div>
</div>
</body>
</html>
```

本例中创建了 8 个椭圆形徽章并为它们设置了不同的颜色，该页面的显示效果如图 6.8 所示。

图 6.8　创建椭圆形徽章示例

6.2.4　创建链接徽章

除了<span>标签之外，也可以在<a>标签上添加 badge-*类样式，由此创建链接徽章并实现悬停、焦点等状态。

【例 6.8】创建链接徽章示例。源代码如下：

```
<!doctype html>
<html>
<head>
<meta charset="utf-8">
<meta name="viewport" content="width=device-width, initial-scale=1">
<title>创建链接徽章示例</title>
<link rel="stylesheet" href="../css/bootstrap.css">
</head>

<body>
<div class="container">
  <div class="row text-center">
    <div class="col">
      <h4 class="p-3">创建链接徽章示例</h4>
      <a href="#" class="badge badge-primary">Primary</a>
      <a href="#" class="badge badge-secondary">Secondary</a>
      <a href="#" class="badge badge-success">Success</a>
      <a href="#" class="badge badge-danger">Danger</a>
      <a href="#" class="badge badge-warning">Warning</a>
      <a href="#" class="badge badge-info">Info</a>
      <a href="#" class="badge badge-light">Light</a>
      <a href="#" class="badge badge-dark">Dark</a>
    </div>
  </div>
```

```
  </div>
</body>
</html>
```

本例中创建了 8 个不同颜色的链接徽章，当用鼠标
指针悬停上去时徽章的背景颜色变暗，用鼠标单击时还
会出现圆角边框，其显示效果如图 6.9 所示。

图 6.9　创建链接徽章示例

 ## 6.3　使用媒体对象

媒体对象（Media object）是一些抽象元素，可以用于构建高度重复的组件，如论坛帖
子、博客评论及推文等。

6.3.1　创建媒体对象

创建媒体对象只需要应用.media 和.media-body 两个样式，就可以实现页面设计目标，
形成布局和间距，并控制可选的填充和边距。

【例 6.9】创建媒体对象示例。源代码如下：

```
<!doctype html>
<html>
<head>
<meta charset="utf-8">
<meta name="viewport" content="width=device-width, initial-scale=1">
<title>创建媒体对象示例</title>
<link rel="stylesheet" href="../css/bootstrap.css">
</head>


<body>
<div class="container">
  <div class="row">
    <div class="col">
      <h4 class="p-3 text-center">创建媒体对象示例</h4>
      <div class="media">
        <img src="../images/三亚风光 01.jpg" alt="三亚风光" width="230" class="mr-3">
        <div class="media-body">
          <h5 class="mt-0">美丽的三亚风光</h5>
          <p class="text-justify">三亚位于海南岛的最南端，是中国最南部的热带滨海旅游城市。三
亚市区坐落在一种幽美的以山、海、河为特点的自然环境之中，城市的建设注重城市与自然景观环境、生
态环境的协调关系，具有独特的环境特色。</p>
        </div>
      </div>
    </div>
  </div>
</div>
</body>
</html>
```

本例中创建了一个媒体对象，该对象的最外层是一个应用.media 样式的 div 元素，它作
为整个媒体对象的容器使用，其中包含一个 img 元素和一个应用.media-body 样式的 div 元
素，前者用于显示一幅三亚风景图片，后者用于显示一段描述该风景的文字，由一个 h5 标
题和一个 p 段落组成。该页面的显示效果如图 6.10 所示。

图 6.10　创建媒体对象示例

6.3.2　创建嵌套媒体对象

在媒体对象的.media-body 中还可以嵌套.media，由此形成嵌套的媒体对象。媒体对象可以无限嵌套，不过通常建议应尽量减少嵌套层次，以免影响页面布局的美观性。

【例 6.10】创建嵌套媒体对象示例。源代码如下：

```
<!doctype html>
<html>
<head>
<meta charset="utf-8">
<meta name="viewport" content="width=device-width, initial-scale=1">
<title>创建嵌套媒体对象示例</title>
<link rel="stylesheet" href="../css/bootstrap.css">
</head>

<body>
<div class="container">
  <div class="row">
    <div class="col">
      <h4 class="p-3 text-center">创建嵌套媒体对象示例</h4>
      <div class="media">
        <img src="../images/三亚风光 01.jpg" alt="三亚风光" width="230" class="mr-3">
        <div class="media-body">
          <h5 class="mt-0">美丽的三亚风光</h5>
          <p class="text-justify">三亚位于海南岛的最南端，是中国最南部的热带滨海旅游城市。三
亚市区坐落在一种幽美的以山、海、河为特点的自然环境之中，城市的建设注重城市与自然景观环境、生
态环境的协调关系，具有独特的环境特色。  </p>
          <div class="media mt-3">
            <a class="mr-3" href="#">
              <img src="../images/三亚风光 02.jpg" class="mr-3" width="230" alt="三亚风光">
            </a>
            <div class="media-body">
              <h5 class="mt-0">东方夏威夷</h5>
              <p class="text-justify">三亚市东邻陵水县，西接乐东县，北毗保亭县，南临南海。陆
地总面积 1919.58 平方千米，海域总面积 6000 平方千米，其中规划市区面积约 37 平方千米，聚居了汉、
黎、苗、回等 20 多个民族。三亚市别称鹿城，又被称为"东方夏威夷"，位居中国四大一线旅游城市"三
威杭厦"之首，拥有全岛最美丽的海滨风光。</p>
            </div>
          </div>
        </div>
      </div>
    </div>
  </div>
</div>
</body>
</html>
```

本例中在媒体对象中又嵌套了另一个媒体对象，显示效果如图 6.11 所示。

图 6.11　创建嵌套媒体对象示例

6.3.3　设置媒体对齐方式

应用.media 样式的元素本质上是一个弹性容器，其中包含的媒体和.media-body 内容则是该容器中的弹性项目。默认情况下，这些弹性项目位于容器纵轴的起始位置，即采用顶部对齐方式。若要设置媒体在纵轴上的对齐方式，在媒体元素中添加.align-self-*样式即可，其中*表示 start、center 和 end。

【例 6.11】设置媒体对齐方式示例。源代码如下：

```
<!doctype html>
<html>
<head>
<meta charset="utf-8">
<meta name="viewport" content="width=device-width, initial-scale=1">
<title>设置媒体对齐方式示例</title>
<link rel="stylesheet" href="../css/bootstrap.css">
</head>

<body>
<div class="container">
  <div class="row">
    <div class="col">
      <h4 class="p-3 text-center">设置媒体对齐方式示例</h4>
      <div class="media">
        <img src="../images/dqcx.jpg" height="100" class="align-self-start rounded mr-3" alt="断桥残雪">
        <div class="media-body">
          <h5 class="mt-0">断桥残雪</h5>
          <p class="text-justify">断桥残雪是西湖上著名的景观，以冬雪时远观桥面若隐若现于湖面而称著。属于西湖十景之一。断桥残雪是欣赏西湖雪景之佳地，中国著名的民间传说《白蛇传》为断桥景物增添了浪漫的色彩。每当瑞雪初霁，站在宝石山上向南眺望，西湖银装素裹，白堤横亘雪柳霜桃。断桥的石桥拱面无遮无拦，在阳光下冰雪消融，露出了斑驳的桥栏，而桥的两端还在皑皑白雪的覆盖下。</p>
        </div>
      </div>
      <div class="media">
        <img src="../images/phqy.jpg" height="100" class="align-self-center rounded mr-3" alt="平湖秋月">
        <div class="media-body">
          <h5 class="mt-0">平湖秋月</h5>
          <p class="text-justify">平湖秋月，西湖十景之一。南宋时，被列为西湖十景之三，元代又称之为"西湖夜月"并列入钱塘十景。"平湖秋月"景观是指：每当清秋气爽，西湖湖面平静如镜，皓洁的秋月当空，月光与湖水交相辉映，颇有"一色湖光万顷秋"之感，故题名"平湖秋月"。南宋时平湖秋月并无固定景址，而以泛舟湖上游览秋夜月景为胜。康熙三十八年，圣祖巡幸西湖，御书"平湖秋月"匾额，从此景点固定。</p>
        </div>
      </div>
    </div>
```

```
        <div class="media">
            <img src="../images/llwy.jpg" height="100" class="align-self-end rounded mr-3" alt="柳浪闻莺">
            <div class="media-body">
                <h5 class="mt-0">柳浪闻莺</h5>
                <p class="text-justify">柳浪闻莺是西湖十景之五,是位于西湖东南岸清波门处的大型公
园,分友谊、闻莺、聚景、南园四个景区。柳丛衬托着紫楠、雪松、广玉兰、梅花等异木名花。南宋时,
这里是京城最大的御花园,称聚景园。当时园内有会芳殿和三堂、九亭,以及柳浪桥和学士桥。清代恢复
柳浪闻莺旧景,有"柳洲"之名,其间黄莺飞舞,竞相啼鸣,故有"柳浪闻莺"之称。</p>
            </div>
        </div>
    </div>
</div>
</body>
</html>
```

图 6.12　设置媒体对齐方式示例

本例中创建了 3 个媒体对象,并将其中包含的图片分别设置为顶部对齐、居中对齐和底部对齐,显示效果如图 6.12 所示。

6.3.4　设置内容排列顺序

默认情况下,媒体对象中的图片在左,.media-body 内容在右。通过修改 HTML 本身或添加一些自定义 flexbox CSS 来设置 order 属性,可以更改媒体对象中内容的排列顺序。

【例 6.12】设置内容排列顺序示例。源代码如下:

```
<!doctype html>
<html>
<head>
<meta charset="utf-8">
<meta name="viewport" content="width=device-width, initial-scale=1">
<title>设置内容排列顺序示例</title>
<link rel="stylesheet" href="../css/bootstrap.css">
</head>


<body>
<div class="container">
    <div class="row">
        <div class="col">
            <h4 class="p-3 text-center">设置内容排列顺序示例</h4>
            <div class="media">
                <div class="media-body">
                    <h5 class="mt-0">美丽的三亚风光</h5>
                    <p class="text-justify">三亚位于海南岛的最南端,是中国最南部的热带滨海旅游城市。三
亚市区坐落在一种幽美的以山、海、河为特点的自然环境之中,城市的建设注重城市与自然景观环境、生
态环境的协调关系,具有独特的环境特色。</p>
                </div>
                <img src="../images/三亚风光 01.jpg" alt="三亚风光" width="230" class="ml-3">
            </div>
        </div>
    </div>
</div>
</body>
</html>
```

本例中将媒体对象中的 img 元素移到.media-body 内容之后,形成了一种文字在左、图片在右的布局效果,如图 6.13 所示。

图 6.13　设置内容排列顺序

6.3.5　创建媒体对象列表

如果要在页面上呈现一组媒体对象，可以考虑使用列表来组织，即在<ul>或<o>标签上应用.list-unstyled 样式，并在每个<li>标签上添加.media 样式，并根据需要对边距进行调整。

【例 6.13】创建媒体对象列表示例。源代码如下：

```
<!doctype html>
<html>
<head>
<meta charset="utf-8">
<meta name="viewport" content="width=device-width, initial-scale=1">
<title>创建媒体对象列表示例</title>
<link rel="stylesheet" href="../css/bootstrap.css">
</head>

<body>
<div class="container">
  <div class="row">
    <div class="col">
      <h4 class="p-3 text-center">创建媒体对象列表示例</h4>
      <ul class="list-unstyled">
        <li class="media">
          <img src="../images/dqcx.jpg" height="80" class="rounded mr-3" alt="断桥残雪">
          <div class="media-body">
            <h5 class="mt-0">断桥残雪</h5>
            <p class="text-justify">断桥残雪是西湖上著名的景色，以冬雪时远观桥面若隐若现于湖
面而称著，属于西湖十景之一。</p>
          </div>
        </li>
        <li class="media">
          <img src="../images/phqy.jpg" height="80" class="rounded mr-3" alt="平湖秋月">
          <div class="media-body">
            <h5 class="mt-0">平湖秋月</h5>
            <p class="text-justify">平湖秋月是西湖十景之一，每当清秋气爽，西湖湖面平静如镜，
皓洁的秋月当空，月光与湖水交相辉映。</p>
          </div>
        </li>
        <li class="media">
          <img src="../images/llwy.jpg" height="80" class="rounded mr-3" alt="柳浪闻莺">
          <div class="media-body">
            <h5 class="mt-0">柳浪闻莺</h5>
            <p class="text-justify">柳浪闻莺是西湖十景之五，是位于西湖东南岸清波门处的大型公
园，分友谊、闻莺、聚景、南园四个景区。</p>
          </div>
        </li>
      </ul>
```

```
        </div>
      </div>
    </div>
  </body>
</html>
```

本例中使用<ul>和<li>标签创建了一个无序列表，每个列表项均为媒体对象。在 Edge 浏览器中打开该页面，其显示效果如图 6.14 所示。

图 6.14　创建媒体对象列表示例

6.4　使用超大屏幕

超大屏幕（Jumbotron）是一个灵活的轻量级组件，可以选择性地扩展整个视口，以展示网站上的重要信息。

6.4.1　创建超大屏幕

超大屏幕可以使用.jumbotron 样式来创建，它在页面上呈现为一个具有圆角效果的浅灰色矩形区域，在该区域中可以添加需要展示的各种信息。

【例 6.14】创建超大屏幕示例。源代码如下：

```
<!doctype html>
<html>
<head>
<meta charset="utf-8">
<meta name="viewport" content="width=device-width, initial-scale=1">
<title>创建超大屏幕示例</title>
<link rel="stylesheet" href="../css/bootstrap.css">
</head>

<body>
<div class="container">
  <div class="row">
    <div class="col">
      <h4 class="p-3 text-center">创建超大屏幕示例</h4>
      <div class="jumbotron">
        <h1 class="display-3">黄河游览区</h1>
        <p class="lead">黄河是一条雄浑壮阔的自然之河，一条润泽万物生灵的生命之河，一条亘古不息奔腾渲泄的文化之河。黄河游览区位于郑州西北 30 千米处，南依巍巍岳山，北临滔滔黄河。</p>
        <hr class="my-4">
```

```
        <p>走近黄河，感触黄河，拥抱黄河——郑州黄河游览区为您提供了理想场所！</p>
        <p class="lead">
            <a class="btn btn-primary btn-lg" href="#" role="button">了解更多</a>
        </p>
      </div>
    </div>
  </div>
</div>
</body>
</html>
```

本例中创建了一个超大屏幕组件，其中包含大标题、段落、分隔线和导航按钮等，显示效果如图 6.15 所示。

图 6.15　创建超大屏幕示例

6.4.2　设置超大屏幕风格

如果想要让超大屏幕占满当前显示浏览器全屏且不带有圆角，只要在.jumbotron 容器中再添加.jumbotron-fluid 样式，并在该容器中添加一个.container 或.container-fluid 内容空间即可。请看下面的例子。

【例 6.15】创建占满全屏的超大屏幕示例。源代码如下：

```
<!doctype html>
<html>
<head>
<meta charset="utf-8">
<meta name="viewport" content="width=device-width, initial-scale=1">
<title>创建占满全屏的超大屏幕示例</title>
<link rel="stylesheet" href="../css/bootstrap.css">
</head>

<body>
<h4 class="p-3 text-center">创建占满全屏的超大屏幕示例</h4>
<div class="jumbotron jumbotron-fluid">
  <div class="container-fluid">
    <h1 class="display-3">黄河游览区</h1>
    <p class="lead">黄河是一条雄浑壮阔的自然之河，一条润泽万物生灵的生命之河，一条亘古不
息奔腾渲泄的文化之河。黄河游览区位于郑州西北 30 千米处，南依巍巍岳山，北临滔滔黄河。</p>
    <hr class="my-4">
    <p>走近黄河，感触黄河，拥抱黄河——郑州黄河游览区为您提供了理想场所！</p>
    <p class="lead">
      <a class="btn btn-primary btn-lg" href="#" role="button">了解更多</a>
```

```
        </p>
      </div>
    </div>
  </body>
</html>
```

本例直接在<body>标签中创建了一个占满全屏的超大屏幕，并在其内部添加了一个应用.container-fluid 样式的内容空间，其显示效果如图 6.16 所示。

图 6.16   创建占满全屏的超大屏幕示例

6.5   使用表单

Bootstrap 4 的表单控件应用了 CSS 样式重置，使用这些样式进行自定义显示，以便跨越浏览器和设备获得一致的呈现。使用 Bootstrap 4 提供的表单控件样式、布局选项及各种自定义组件，可以对表单控件进行优化处理。

6.5.1   定义表单控件

表单由表单容器（form）和一些表单控件（如 input、textarea、select）组成，这些表单控件应放在表单容器内。

1. 设置表单控件样式

在输入框中使用适当的 type 属性（例如：email 用于输入电子邮件地址，number 用于录入数字等），可以使用新的输入控制，包括诸如验证电子邮件地址和选择数字等。

每个表单控件都放在.form-group 容器中，这会将底部外边距设置为 1rem。

对于文本形式的表单控件，如 input、select 和 textarea，应使用.form-control 类来设置样式，其中包括常规外观、焦点状态及规格大小等。对于 input 文件选择控件，则应使用.form-control-file 样式来设置。

【例 6.16】定义表单控件示例。源代码如下：

```
<!doctype html>
<html>
<head>
<meta charset="utf-8">
```

```html
<meta name="viewport" content="width=device-width, initial-scale=1">
<title>定义表单控件示例</title>
<link rel="stylesheet" href="../css/bootstrap.css">
</head>

<body>
<div class="container">
  <div class="row">
    <div class="col">
      <h4 class="p-3 text-center">定义表单控件示例</h4>
      <form>
        <div class="form-group">
          <label for="inputEmail">电子邮箱</label>
          <input type="email" id="inputEmail" class="form-control" placeholder="输入电子邮箱">
        </div>
        <div class="form-group">
          <label for="inputPassword">密码</label>
          <input type="password" id="inputPassword" class="form-control" placeholder="输入密码">
        </div>
        <div class="form-group">
          <label for="selectEducation">学历</label>
          <select id="selectEducation" class="form-control">
            <option value="-1">选择学历</option>
            <option value="高中">高中</option>
            <option value="大学">大学</option>
            <option value="研究生">研究生</option>
          </select>
        </div>
        <div class="form-group">
          <label for="inputPhoto">照片</label>
          <input type="file" id="inputPhoto" class="form-control-file">
        </div>
        <div class="form-group">
          <input type="submit" value="提交" class="form-control">
        </div>
      </form>
    </div>
  </div>
</div>
</body>
</html>
```

本例中创建了一个表单，其中包括电子邮件地址输入框、密码输入框、下拉选择框及提交按钮等表单控件，显示效果如图 6.17 所示。

图 6.17　定义表单控件示例

2. 设置表单控件大小

除了标准尺寸的表单控件，也可以通过添加.form-control-lg 样式来设置大号的表单控件，或者通过添加.form-control-sm 样式来设置小号的表单控件。

【例 6.17】设置表单控件大小示例。源代码如下：

```html
<!doctype html>
<html>
<head>
<meta charset="utf-8">
<meta name="viewport" content="width=device-width, initial-scale=1">
<title>设置表单控件大小示例</title>
<link rel="stylesheet" href="../css/bootstrap.css">
</head>

<body>
<div class="container">
  <div class="row">
    <div class="col">
      <h4 class="p-3 text-center">设置表单控件大小示例</h4>
      <form>
        <div class="form-group">
          <input type="text" class="form-control form-control-sm" placeholder="小号输入框">
        </div>
        <div class="form-group">
          <input type="text" class="form-control" placeholder="标准输入框">
        </div>
        <div class="form-group">
          <input type="text" class="form-control form-control-lg" placeholder="大号输入框">
        </div>
      </form>
    </div>
  </div>
</div>
</body>
</html>
```

本例在表单中定义了 3 个文本输入框并为其设置了不同的尺寸，显示效果如图 6.18 所示。

3. 设置只读控件和只读文本

在 input 控件上添加布尔属性 readonly，可以防止修改输入的值。这种只读输入框看起来颜色比较浅（就像禁用的输入框一样），但保留了标准光标效果。

图 6.18　设置表单控件大小示例

如果要将<input readonly>元素设置为纯文本样式，可以应用.form-control-plaintext 样式，这会删除默认的表单字段样式，并保留正确的边距和填充。

【例 6.18】设置只读控件和只读文本示例。源代码如下：

```html
<!doctype html>
<html>
<head>
<meta charset="utf-8">
<meta name="viewport" content="width=device-width, initial-scale=1">
<title>设置只读控件和只读文本示例</title>
<link rel="stylesheet" href="../css/bootstrap.css">
</head>

<body>
```

```
<div class="container">
  <div class="row">
    <div class="col">
      <h4 class="p-3 text-center">设置只读控件和只读文本示例</h4>
      <form>
        <div class="form-group">
          <input type="text" class="form-control" placeholder="可读写文本框">
        </div>
        <div class="form-group">
          <input type="text" class="form-control" placeholder="只读文本框" readonly>
        </div>
        <div class="form-group">
          <input type="text" class="form-control form-control-plaintext" value="这里是文本框里的只
读文本">
        </div>
      </form>
    </div>
  </div>
</div>
</body>
</html>
```

本例中一共创建了 3 个文本框，其中第 1 个是可以正常输入的标准文本框，第 2 个是只读文本框，第 3 个是设置为纯文本样式的文本框，效果如图 6.19 所示。

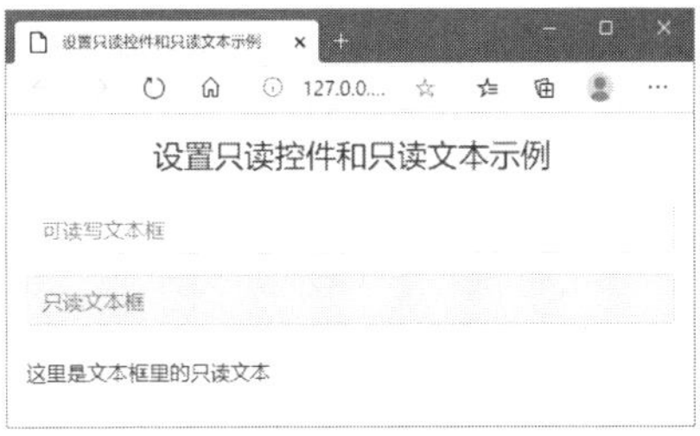

图 6.19　设置只读控件和只读文本示例

4. 设置数值输入和范围输入

在 HTML5 中，对 input 元素新增了 number 和 range 类型，可以用于输入一个任意数值或位于指定范围内的数值。若要输入一个数值，可将其 type 属性设置为 number。若要输入位于指定范围内的数值，可将其 type 属性设置为 range，并在 input 标签中添加.form-control-range 样式。

【例 6.19】设置数值输入和范围输入示例。源代码如下：

```
<!doctype html>
<html>
<head>
<meta charset="utf-8">
<meta name="viewport" content="width=device-width, initial-scale=1">
<title>设置数值输入和范围输入示例</title>
<link rel="stylesheet" href="../css/bootstrap.css">
</head>

<body>
<div class="container">
  <div class="row">
    <div class="col">
      <h4 class="p-3 text-center">设置数值输入和范围输入示例</h4>
      <form>
        <div class="form-group">
          <label for="inputNum">数值输入</label>
          <input type="number" id="inputNum" class="form-control" value="50" min="1" max="100"
step="1">                                                                          数值输入。
        </div>
        <div class="form-group">
          <label for="inputRange">范围输入</label>
          <input type="range" id="inputRange" class="form-control-range" value="100" min="50"
max="200" step="5">                                                                 范围输入。
        </div>
      </form>
```

```
        </div>
      </div>
    </div>
  </body>
</html>
```

本例表单中添加了两个 input 元素，并将其 type 属性分别设置为 number 和 range，对后者还添加了.form-control-range 样式。在 Edge 浏览器中打开该页面，显示效果如图 6.20 所示。

图 6.20　设置数值输入和范围输入示例

6.5.2　使用复选框和单选按钮

使用.form-check 改进默认的复选框和单选按钮，可以改善其 HTML 元素的布局和行为。复选框用于选择列表中的一个或多个选项，而单选框则用于从多个选项中选择一个选项。

若要禁用复选框和单选按钮，可以在<input>标签中添加 disabled 属性，此时将对其应用较浅的颜色，以帮助指示输入的状态。

复选框和单选按钮都支持基于 HTML 的表单验证，复选框用<input type="checkbox">来定义，单选按钮则用<input type="radio">来定义，此外还需要用<label>为它们提供可访问的标签。<input>和<label>是同级元素，应通过<input>的 id 属性与<label>的 for 属性使两者关联起来。

1. 垂直堆叠方式

复选框和单选按钮应包含在 .form-check 容器中，并在每个<input>标签中添加.form-input-check 类。默认情况下，同级的复选框和单选框将以垂直堆叠方式排列，并保持适当间隔。

【例 6.20】以垂直堆叠方式排列复选框和单选按钮示例。源代码如下：

```
<!doctype html>
<html>
<head>
  <meta charset="utf-8">
  <meta name="viewport" content="width=device-width, initial-scale=1">
  <title>复选框和单选按钮垂直堆叠</title>
  <link rel="stylesheet" href="../css/bootstrap.css">
</head>

<body>
<div class="container">
  <div class="row">
    <div class="col">
      <h4 class="p-3 text-center">复选框与单选按钮垂直堆叠</h4>
      <form>
        <table class="table">
          <tr>
            <td>
              <p>爱好：</p>
              <div class="form-check">
                <input type="checkbox" class="form-check-input" name="checkboxHobby" id="music">
                <label for="music">音乐</label>
              </div>
              <div class="form-check">
                <input type="checkbox" class="form-check-input" name="checkboxHobby" id="movie">
                <label for="movie">电影</label>
```

```
        </div>
        <div class="form-check">
          <input type="checkbox" class="form-check-input" name="checkboxHobby" id="sport">
          <label for="sport">运动</label>
        </div>
        <div class="form-check">
          <input type="checkbox" class="form-check-input" name="checkboxHobby" id="game" disabled>
          <label for="game">游戏</label>
        </div>
      </td>
      <td>
        <p>专业：</p>
        <div class="form-check">
          <input type="radio" class="form-check-input" name="radioMajor" id="computer">
          <label for="computer">计算机</label>
        </div>
        <div class="form-check">
          <input type="radio" class="form-check-input" name="radioMajor" id="e-commerce">
          <label for="e-commerce">电子商务</label>
        </div>
        <div class="form-check">
          <input type="radio" class="form-check-input" name="radioMajor" id="digitalMediaTechnology">
          <label for="digitalMediaTechnology">数字媒体技术</label>
        </div>
        <div class="form-check">
          <input type="radio" class="form-check-input" name="radioMajor" id="gameDesign" disabled>
          <label for="gameDesign">游戏设计</label>
        </div>
      </td>
    </tr>
  </table>
  </form>
  </div>
  </div>
</div>
</body>
</html>
```

本例创建了一组复选框和一组单选按钮并分别放置在表格单元格中，并将其中的一个复选框和一个单选按钮设置为禁用状态，复选框和单选按钮均采用垂直堆叠方式排列，显示效果如图 6.21 所示。

图 6.21　复选框与单选按钮垂直堆叠示例

2. 水平排列方式

通过在.form-check 容器中添加.form-check-inline 样式，可以将复选框或单选框分组水平排列。

【例 6.21】以水平方式排列复选框和单选按钮示例。源代码如下：

```
<!doctype html>
<html>
<head>
<meta charset="utf-8">
<meta name="viewport" content="width=device-width, initial-scale=1">
<title>复选框和单选按钮水平排列</title>
<link rel="stylesheet" href="../css/bootstrap.css">
</head>

<body>
<div class="container">
  <div class="row">
```

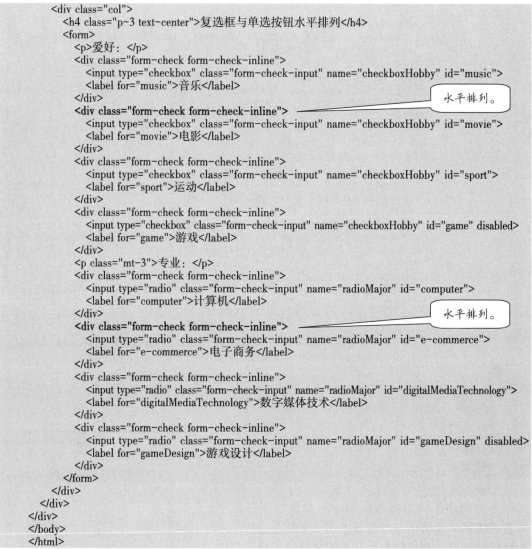

```
    <div class="col">
      <h4 class="p-3 text-center">复选框与单选按钮水平排列</h4>
      <form>
        <p>爱好：</p>
        <div class="form-check form-check-inline">
          <input type="checkbox" class="form-check-input" name="checkboxHobby" id="music">
          <label for="music">音乐</label>
        </div>
        <div class="form-check form-check-inline">                     水平排列。
          <input type="checkbox" class="form-check-input" name="checkboxHobby" id="movie">
          <label for="movie">电影</label>
        </div>
        <div class="form-check form-check-inline">
          <input type="checkbox" class="form-check-input" name="checkboxHobby" id="sport">
          <label for="sport">运动</label>
        </div>
        <div class="form-check form-check-inline">
          <input type="checkbox" class="form-check-input" name="checkboxHobby" id="game" disabled>
          <label for="game">游戏</label>
        </div>
        <p class="mt-3">专业：</p>
        <div class="form-check form-check-inline">
          <input type="radio" class="form-check-input" name="radioMajor" id="computer">
          <label for="computer">计算机</label>
        </div>
        <div class="form-check form-check-inline">                     水平排列。
          <input type="radio" class="form-check-input" name="radioMajor" id="e-commerce">
          <label for="e-commerce">电子商务</label>
        </div>
        <div class="form-check form-check-inline">
          <input type="radio" class="form-check-input" name="radioMajor" id="digitalMediaTechnology">
          <label for="digitalMediaTechnology">数字媒体技术</label>
        </div>
        <div class="form-check form-check-inline">
          <input type="radio" class="form-check-input" name="radioMajor" id="gameDesign" disabled>
          <label for="gameDesign">游戏设计</label>
        </div>
      </form>
    </div>
  </div>
</div>
</body>
</html>
```

　　本例中创建了一组复选框和一组单选按钮，并将其中的一个复选框和一个单选按钮设置为禁用状态（颜色变淡），由于在每个.form-check 容器中都添加了 form-check-inline 样式，因此复选框和单选按钮都是沿着水平方向排成了一行。在 Edge 浏览器中打开该页面，其显示效果如图 6.22 所示。

图 6.22　复选框与单选按钮水平排列示例

3. 无标签形式

通过在.form-check 容器中添加.position-static 样式，可以实现无标签形式，但仍然要为辅助浏览（友好访问）提供相应的标签，如使用 aria-label 定义：

```
<div class="form-check">
    <input class="form-check-input position-static" type="checkbox" id="blankCheckbox" value="option1" aria-label="...">
</div>
<div class="form-check">
    <input class="form-check-input position-static" type="radio" name="blankRadio" id="blankRadio1" value="option1" aria-label="...">
</div>
```

6.5.3　设置表单组

由于 Bootstrap 4 几乎在全部 input 控件上都设置了 display: block 和 width: 100%，因此默认情况下表单都是沿垂直方向堆叠排列的，不过也可以使用其他类来改变表单的布局方式。

.form-group 类是向表单添加某些结构的最简单方法，它与<fieldset>、<div>或其他标签一起使用，鼓励对标签、控件、可选的帮助文本及表单验证消息进行适当的分组。默认情况下，它仅设置了 margin-bottom 属性，也可以根据需要在.form-inline 中使用其他样式。

【例 6.22】创建表单组示例。源代码如下：

```
<!doctype html>
<html>
<head>
<meta charset="utf-8">
<meta name="viewport" content="width=device-width, initial-scale=1">
<title>创建表单组示例</title>
<link rel="stylesheet" href="../css/bootstrap.css">
</head>

<body>
<div class="container">
  <div class="row">
    <div class="col">
      <h4 class="p-3 text-center">创建表单组示例</h4>
      <form>
        <div class="form-group">                        表单组。
          <label for="inputUsername">用户名</label>
          <input type="text" id="inputUsername" class="form-control" placeholder="输入用户名">
        </div>
        <div class="form-group">                        表单组。
          <label for="inputPassword">密码</label>
          <input type="password" id="inputPassword" class="form-control" placeholder="输入密码">
        </div>
        <div class="form-group">                        表单组。
          <input type="submit" class="btn btn-primary form-control" value="登录">
        </div>
      </form>
    </div>
  </div>
</div>
</body>
</html>
```

本例中创建了一个登录表单，其中包含 3 个表单组，显示效果如图 6.23 所示。

图 6.23　创建表单组示例

6.5.4　创建网格表单

使用 Bootstrap 4 提供的网格类可以构建更复杂的表单，可以创建多列、可变宽度和其他对齐选项的表单布局。

1. 创建紧凑布局表单

也可以将.row 替换为.form-row，这是标准网格行的一种变体，它覆盖了默认的列装订线，从而可以实现更紧凑的布局。

【例 6.23】创建紧凑布局表单示例。源代码如下：

```
<!doctype html>
<html>
<head>
<meta charset="utf-8">
<meta name="viewport" content="width=device-width, initial-scale=1">
<title>创建网格布局的表单示例</title>
<link rel="stylesheet" href="../css/bootstrap.css">
</head>

<body>
<div class="container">
    <h4 class="p-3 text-center">创建网格布局的表单示例</h4>
    <form>
        <div class="form-row">
            <div class="form-group col-md-6">
                <label for="inputEmail4">用户名</label>
                <input type="text" class="form-control" id="inputEmail4">
            </div>
            <div class="form-group col-md-6">
                <label for="inputPassword4">密码</label>
                <input type="password" class="form-control" id="inputPassword4">
            </div>
        </div>
        <div class="form-row">
            <div class="form-group col-md-4">
                <label for="selectProvince">省（直辖市）</label>
                <select id="selectProvince" class="form-control">
                    <option selected>请选择...</option>
                    <option>...</option>
                </select>
            </div>
```

此行包含 2 列。

此行包含 3 列。

```
        <div class="form-group col-md-4">
          <label for="selectCity">市</label>
          <select id="selectCity" class="form-control">
            <option selected>请选择...</option>
            <option>...</option>
          </select>
        </div>
        <div class="form-group col-md-4">
          <label for="selectDistrict">区</label>
          <select id="selectDistrict" class="form-control">
            <option selected>请选择...</option>
            <option>...</option>
          </select>
        </div>
      </div>
      <div class="form-group">
        <label for="inputAddress">家庭地址</label>
        <input type="text" class="form-control" id="inputAddress" placeholder="家庭住址">
      </div>
      <div class="form-group">
        <div class="form-check">
          <input class="form-check-input" type="checkbox" id="gridCheck">
          <label class="form-check-label" for="gridCheck">
            记住登录状态
          </label>
        </div>
      </div>
      <button type="submit" class="btn btn-primary">登录</button>
    </form>
  </div>
</body>
</html>
```

本例中创建了一个网格布局的表单。该网格中包含两个.form-row 行，其中第 1 行包含 2 个.col-md-6 列，每一列包含一个文本输入框；第 2 行包含 3 个.col-md-4 列，每一列包含一个下拉选择框，此外还有两个表单组和一个提交按钮，它们各占一行，效果如图 6.24 所示。

图 6.24　创建网格布局的表单示例

2. 创建水平表单

通过将.row 类添加到.form-group 表单组，并使用.col-*-*类来指定标签和控件的宽度，可以使用网格创建水平表单。确保也将.col-form-label 添加到<label>标签中，以使它们与相关的表单控件垂直居中。有时候，可能需要使用边距或填充类来创建所需的完美对齐方式。
例如，如果删除了单选按钮上的 padding-top，则可以更好地对齐文本基线。

【例 6.24】创建水平表单示例。源代码如下：

```
<!doctype html>
<html>
<head>
<meta charset="utf-8">
<meta name="viewport" content="width=device-width, initial-scale=1">
<title>创建水平表单示例</title>
<link rel="stylesheet" href="../css/bootstrap.css">
</head>

<body>
<div class="container">
    <h4 class="p-3 text-center">创建水平表单示例</h4>
    <form>
        <div class="form-group row">
            <label for="inputUsername" class="col-sm-3 col-form-label">用户名</label>
            <div class="col-sm-9">
                <input type="text" class="form-control" id="inputUsername" placeholder="输入用户名">
            </div>
        </div>
        <div class="form-group row">
            <label for="inputPassword" class="col-sm-3 col-form-label">密码</label>
            <div class="col-sm-9">
                <input type="password" class="form-control" id="inputPassword" placeholder="输入密码">
            </div>
        </div>
        <fieldset class="form-group">
            <div class="row">
                <legend class="col-form-label col-sm-3 pt-0">单选按钮</legend>
                <div class="col-sm-9">
                    <div class="form-check form-check-inline">
                        <input class="form-check-input" type="radio" name="gridRadios" id="gridRadios1" value="opt1" checked>
                        <label class="form-check-label" for="gridRadios1">选项 1</label>
                    </div>
                    <div class="form-check form-check-inline">
                        <input class="form-check-input" type="radio" name="gridRadios" id="gridRadios2" value="opt2">
                        <label class="form-check-label" for="gridRadios2">选项 2</label>
                    </div>
                    <div class="form-check form-check-inline disabled">
                        <input class="form-check-input" type="radio" name="gridRadios" id="gridRadios3" value="opt3" disabled>
                        <label class="form-check-label" for="gridRadios3">选项 3</label>
                    </div>
                </div>
            </div>
        </fieldset>
        <div class="form-group row">
            <div class="col-sm-3 pt-0">复选框</div>
            <div class="col-sm-9">
                <div class="form-check">
                    <input class="form-check-input" type="checkbox" id="gridCheck1">
                    <label class="form-check-label" for="gridCheck1">示例复选框</label>
                </div>
            </div>
        </div>
        <div class="form-group row justify-content-end">
```

标签占 3 列，控件占 9 列。

```
        <div class="col-sm-9">
            <button type="submit" class="btn btn-primary">提交</button>
        </div>
    </div>
</form>
</div>
</body>
</html>
```

本例中创建了一个水平表单，其中包含 5 个.form-group.row 行，前面 4 行分成.col-sm-3
和.col-sm-92 列，分别包含标签和表单控件，第 5 行仅包含.col-sm-9 列，提交按钮放在该
列中，显示效果如图 6.25 所示。

图 6.25　创建水平表单示例

对于水平表单，在<label>上使用.col-form-label-sm 和.col-form-label-lg，同时在控件上
使用.form-control-lg 和.form-control-sm 可以定义控件大小。

【例 6.25】设置水平表单控件大小示例。源代码如下：

```
<!doctype html>
<html>
<head>
<meta charset="utf-8">
<meta name="viewport" content="width=device-width, initial-scale=1">
<title>设置水平表单控件大小示例</title>
<link rel="stylesheet" href="../css/bootstrap.css">
</head>

<body>
<div class="container">
    <h4 class="p-3 text-center">设置水平表单控件大小示例</h4>            小号标签。
    <form>
        <div class="form-group row">
            <label for="label1" class="col-sm-2 col-form-label col-form-label-sm">用户名</label>
            <div class="col-sm-10">
                <input type="text" class="form-control form-control-sm" id="label1" placeholder="col-form-label-sm">
            </div>
        </div>                                                           小号文本框。
        <div class="form-group row">
            <label for="label2" class="col-sm-2 col-form-label">用户名</label>
            <div class="col-sm-10">
                <input type="text" class="form-control" id="label2" placeholder="col-form-label">
            </div>
        </div>                                                           大号标签。
        <div class="form-group row">
            <label for="label3" class="col-sm-2 col-form-label col-form-label-lg">用户名</label>
```

```
        <div class="col-sm-10">
            <input type="text" class="form-control form-control-lg" id="label3" placeholder="col-form-label-lg">
        </div>
    </div>
</form>
</div>
</body>
</html>
```

大号文本框。

本例中创建了一个表单，其中包含着不同大小的表单控件，效果如图 6.26 所示。

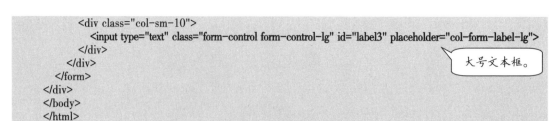

图 6.26　设置水平表单控件大小示例

3. 设置网格列宽

网格系统允许在.row 或.form-row 中放置任意数量的.col，它们将平均分配可用宽度。也可以对一部分列使用.col-8 这样的特定列类，使其占用更多或更少的空间，而其余的.col 将平均分配剩余空间。如果将.col 更改为.col-auto，则可以使列仅占用所需空间，即根据列内容本身来调整其大小，也可以将.col-auto 与特定大小的列类混合使用。

【例 6.26】设置列宽度示例。源代码如下：

```
<!doctype html>
<html>
<head>
<meta charset="utf-8">
<meta name="viewport" content="width=device-width, initial-scale=1">
<title>设置列宽度示例</title>
<link rel="stylesheet" href="../css/bootstrap.css">
</head>

<body>
<div class="container">
    <h4 class="p-3 text-center">设置列宽度示例</h4>
    <form>
        <div class="form-row mb-3">
            <div class="col-2">
                <input type="text" class="form-control" placeholder="姓名">
            </div>
            <div class="col">
                <input type="text" class="form-control" placeholder="性别">
            </div>
            <div class="col">
                <input type="text" class="form-control" placeholder="出生日期">
            </div>
            <div class="col-5">
                <input type="text" class="form-control" placeholder="家庭住址">
            </div>
        </div>
        <div class="form-row align-items-center justify-content-center">
```

```
        <div class="col-2">
          <label class="sr-only" for="inlineFormInput">Name</label>
          <input type="text" class="form-control mb-2" id="inlineFormInput" placeholder="张三">
        </div>
        <div class="col-auto">
          <label class="sr-only" for="inlineFormInputGroup">Username</label>
          <div class="input-group mb-2">
            <div class="input-group-prepend">
              <div class="input-group-text">@</div>
            </div>
            <input type="text" class="form-control" id="inlineFormInputGroup" placeholder="用户名">
          </div>
        </div>
        <div class="col-auto">
          <div class="form-check mb-2">
            <input class="form-check-input" type="checkbox" id="autoSizingCheck">
            <label class="form-check-label" for="autoSizingCheck">记住我</label>
          </div>
        </div>
        <div class="col-auto">
          <button type="submit" class="btn btn-primary mb-2">提交</button>
        </div>
      </div>
    </form>
  </div>
</body>
</html>
```

本例在表单中添加了 2 行，第 1 行中包含.col-2、.col、.col 和.col-5 列，首列和末列指定了宽度，其余 2 列平均分配剩余空间；第 2 行中首列为.col-2，指定了宽度，其余各列均为.col-auto，根据内容自动调整列宽。该页面的显示效果如图 6.27 所示。

图 6.27　设置列宽度示例

6.5.5　创建内联表单

使用.form-inline 样式可以创建内联表单，它在一个水平行上显示一系列标签、表单控件和按钮，其中的表单控件与默认状态略有不同。

【例 6.27】创建内联表单示例。源代码如下：

```
<!doctype html>
<html>
<head>
<meta charset="utf-8">
<meta name="viewport" content="width=device-width, initial-scale=1">
<title>创建内联表单示例</title>
<link rel="stylesheet" href="../css/bootstrap.css">
</head>
```

```
<body>
<div class="container-fluid">
  <div class="row justify-content-center">
    <div class="col-auto">
      <h4 class="p-3 text-center">创建内联表单示例</h4>
      <form class="form-inline">
        <input type="text" class="form-control mb-2 mr-sm-2" id="inputUsername" placeholder="用户名">

        <input type="text" class="form-control mb-2 mr-sm-2" id="inputPassword" placeholder="密码">
        <div class="form-check mb-2 mr-sm-2">
          <input class="form-check-input" type="checkbox" id="inlineFormCheck">
          <label class="form-check-label" for="inlineFormCheck">记住我</label>
        </div>
        <button type="submit" class="btn btn-primary mb-2">登录</button>
      </form>
    </div>
  </div>
</div>
</body>
</html>
```

内联表单。

本例中创建了一个内联表单，其中包含两个文本框、一个复选框和一个提交按钮，显示效果如图 6.28 所示。

图 6.28　创建内联表单示例

6.5.6　使用帮助文本

表单中的帮助文本分为块级和内联两种形式，可以使用.form-text（以前称为.help-block）创建表单中的块级帮助文本，也可以使用任何内联 HTML 元素和相关类（如.text-muted）灵活地实现内联帮助文本。

input 下方的帮助文本可以使用.form-text 来设置样式，这会将 display 属性设置为 block，并添加一些顶部空白以便与上面的 input 隔开。

【例 6.28】添加帮助文本示例。源代码如下：

```
<!doctype html>
<html>
<head>
<meta charset="utf-8">
<meta name="viewport" content="width=device-width, initial-scale=1">
<title>添加帮助文本示例</title>
<link rel="stylesheet" href="../css/bootstrap.css">
</head>

<body>
<div class="container">
  <h4 class="p-3 text-center">添加帮助文本示例</h4>
  <form class="form">
    <div class="form-group row">
```

```
            <div class="col-sm-3">
                <label for="inputEmail" class="col-form-label">电子邮件</label></div>
            <div class="col-sm-9">
                <input type="email" id="inputEmail" class="form-control">
                <small class="form-text text-muted">必须输入有效的电子邮件地址</small></div>
        </div>
        <div class="form-group row">
            <div class="col-sm-3">
                <label for="inputPassword" class="col-form-label">密码</label></div>
            <div class="col-sm-9">
                <input type="password" id="inputPassword" class="form-control">
                <small class="form-text text-muted">密码长度必须为 8~20 个字符</small></div>
        </div>
        <div class="form-group row">
            <div class="col-sm-9 ml-auto">
                <button type="submit" class="btn btn-primary">注册</button>
            </div>
        </div>
    </form>
</div>
</body>
</html>
```

帮助文本。

帮助文本。

本例中创建了一个注册表单并为两个输入框添加了帮助文本，效果如图 6.29 所示。

图 6.29　添加帮助文本示例

6.5.7　禁用表单

要禁用表单，可以在表单控件上添加布尔值属性 disabled，这样可以防止用户交互，并使控件看起来颜色变淡。默认情况下，浏览器会将<fieldset disabled>中所有的表单控件（<input>、<select>、<button>等）视为禁用，以防止与它们发生交互。

【例 6.29】禁用表单示例。源代码如下：

```
<!doctype html>
<html>
<head>
<meta charset="utf-8">
<meta name="viewport" content="width=device-width, initial-scale=1">
<title>禁用表单示例</title>
<link rel="stylesheet" href="../css/bootstrap.css">
</head>

<body>
<div class="container">
    <div class="row">
        <div class="col">
            <h4 class="p-3 text-center">禁用表单示例</h4>
```

```
<form>
    <fieldset disabled>                                 禁用表单（<fieldset>内所有表单控件均被禁用）。
        <div class="form-group">
            <label for="disabledTextInput">禁用文本框</label>
            <input type="text" id="disabledTextInput" class="form-control" placeholder="禁止输入">
        </div>
        <div class="form-group">
            <label for="disabledSelect">禁用选择菜单</label>
            <select id="disabledSelect" class="form-control">
                <option>禁止选择</option>
            </select>
        </div>
        <div class="form-group">
            <div class="form-check">
                <input class="form-check-input" type="checkbox" id="disabledFieldsetCheck" disabled>
                <label class="form-check-label" for="disabledFieldsetCheck">无法勾选</label>
            </div>
        </div>
        <button type="submit" class="btn btn-primary">提交</button>
    </fieldset>
</form>
    </div>
    </div>
    </div>
</body>
</html>
```

本例中通过在<fieldset>中添加布尔属性 disabled，将表单中包含的所有控件设置为禁用状态，显示效果如图 6.30 所示。

图 6.30　禁用表单示例

6.6　使用输入组

通过在文本输入、自定义选择和自定义文件输入的两侧添加文本、按钮或按钮组可以构成输入框（Input group），用以扩展表单控件。

6.6.1　创建基本输入组

要创建输入组，可以在<input>标签的任何一侧放置一个附加组件或按钮，或者在该标签的两侧各放置一个组件或按钮，并将这些内容放在 div.input-group 容器中。如果要使用 <label>标签，则必须放在输入组之外。输入多行文本时，则用<textarea>来代替<input>。

在<input>标签之前添加文本时，应使用 div.input-group-prepend 容器进行包装，在 <input>标签之后添加文本时，则应使用 div.input-group-append 容器进行包装，不论在哪种情况下，文本本身均用 span.input-group-text 来定义。

默认情况下输入组具有.flex-wrap 样式，以适应输入组中的自定义表单字段验证。如果要禁用此功能，可以对输入组添加.flex-nowrap 样式。

【例 6.30】创建基本输入组示例。源代码如下：

```html
<!doctype html>
<html>
<head>
<meta charset="utf-8">
<meta name="viewport" content="width=device-width, initial-scale=1">
<title>创建基本输入组示例</title>
<link rel="stylesheet" href="../css/bootstrap.css">
</head>

<body>
<div class="container">
  <div class="row">
    <div class="col">
      <h4 class="p-3 text-center">创建基本输入组示例</h4>
      <div class="input-group mb-3">                              前置文本。
        <div class="input-group-prepend">
          <span class="input-group-text" id="basic-addon1">@</span>
        </div>
        <input type="text" class="form-control" placeholder="用户名">
      </div>
      <div class="input-group mb-3">                              后置文本。
        <input type="text" class="form-control" placeholder="收件人">
        <div class="input-group-append">
          <span class="input-group-text" id="basic-addon2">@example.com</span>
        </div>                                                    前置文本。
      </div>
      <label for="basic-url">网址</label>
      <div class="input-group mb-3">
        <div class="input-group-prepend">
          <span class="input-group-text" id="basic-addon3">https://example.com/users/</span>
        </div>
        <input type="text" class="form-control" id="basic-url">
      </div>
      <div class="input-group mb-3">
        <div class="input-group-prepend">                         同时包含前置文本和后置文本。
          <span class="input-group-text">￥</span>
        </div>
        <input type="text" class="form-control">
        <div class="input-group-append">
          <span class="input-group-text">.00</span>
        </div>                                                    同时包含前置文本和后置文本。
      </div>
      <div class="input-group">                                   包含前置文本的文本域。
        <div class="input-group-prepend">
          <span class="input-group-text">多行文本区域</span>
        </div>
        <textarea class="form-control"></textarea>
      </div>
    </div>
```

```
    </div>
    </div>
  </body>
</html>
```

本例中创建了 5 个输入组，第 1 个输入组中文本位于文本框之前，第 2 个输入组中文本位于文本框之后，第 3 个输入组中文本位于文本框之前且带有标签，第 4 个输入组中文本框两侧都添加了文本，第 5 个输入组中文本位于在文本区域之前，显示效果如图 6.31 所示。

图 6.31　创建基本输入组示例

6.6.2　设置输入组尺寸

要设置输入组的大小，可以在.input-group 中添加.input-group-lg 或.input-group-sm 样式，以使其自动调整大小，而不需要在每个元素上重复使用样式来调整大小。

【例 6.31】设置输入组大小示例。源代码如下：

```
<!doctype html>
<html>
<head>
<meta charset="utf-8">
<meta name="viewport" content="width=device-width, initial-scale=1">
<title>设置输入组大小示例</title>
<link rel="stylesheet" href="../css/bootstrap.css">
</head>

<body>
<div class="container">
  <div class="row">
    <div class="col">
      <h4 class="p-3 text-center">设置输入组大小示例</h4>
      <div class="input-group input-group-sm mb-3">        小号输入组。
        <div class="input-group-prepend">
          <span class="input-group-text" id="inputGroup-sizing-sm">小号</span>
        </div>
        <input type="text" class="form-control">
      </div>
      <div class="input-group mb-3">
        <div class="input-group-prepend">
          <span class="input-group-text" id="inputGroup-sizing-default">默认</span>
        </div>
        <input type="text" class="form-control">
      </div>
```

```
    <div class="input-group input-group-lg">
        <div class="input-group-prepend">
            <span class="input-group-text" id="inputGroup-sizing-lg">大号</span>
        </div>
        <input type="text" class="form-control">
    </div>
  </div>
 </div>
</div>
</body>
</html>
```

大号输入组。

本例中创建了具有不同大小的 3 个输入组，显示效果如图 6.32 所示。

图 6.32　设置输入组大小示例

6.6.3　组合复选框或单选按钮

创建输入组时，可以将任何复选框或单选按钮放置在 .input-group-text 容器中，用以代替文本，从而将文本框与复选框或单选按钮组合使用。

【例 6.32】在输入组中组合复选框或单选按钮示例。源代码如下：

```
<!doctype html>
<html>
<head>
<meta charset="utf-8">
<meta name="viewport" content="width=device-width, initial-scale=1">
<title>组合复选框和单选按钮示例</title>
<link rel="stylesheet" href="../css/bootstrap.css">
</head>

<body>
<div class="container">
  <div class="row">
    <div class="col">
      <h4 class="p-3 text-center">组合复选框和单选按钮示例</h4>
      <div class="input-group mb-3">
        <div class="input-group-prepend">
          <div class="input-group-text">
            <input type="checkbox">
          </div>
        </div>
        <input type="text" class="form-control">
        <div class="input-group-append">
          <span class="input-group-text">组合复选框</span>
        </div>
      </div>
      <div class="input-group">
```

将文本框与复选框组合使用。

209

```
            <div class="input-group-prepend">
              <div class="input-group-text">
                <input type="radio">
              </div>
            </div>
            <input type="text" class="form-control">
            <div class="input-group-append">
              <span class="input-group-text">组合单选按钮</span>
            </div>
          </div>
        </div>
      </div>
    </div>
  </body>
</html>
```

> 将单选按钮与文本框组合使用。

本例中创建了两个输入组，分别与复选框和单选按钮组合使用，效果如图 6.33 所示。

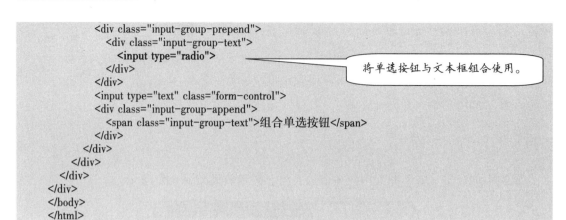

图 6.33　组合复选框和单选按钮示例

6.6.4　多项输入组合

在输入组中可以使用多个<input>标签，从而将多个文本框组合起来，但验证样式仅适用于具有单个<input>的输入组。

【例 6.33】多项输入组合示例。源代码如下：

```
<!doctype html>
<html>
<head>
<meta charset="utf-8">
<meta name="viewport" content="width=device-width, initial-scale=1">
<title>多项输入组合示例</title>
<link rel="stylesheet" href="../css/bootstrap.css">
</head>

<body>
<div class="container">
  <div class="row">
    <div class="col">
      <h4 class="p-3 text-center">多项输入组合示例</h4>
      <div class="input-group">
        <div class="input-group-prepend">
          <span class="input-group-text">省（直辖市）、市、区（县）</span>
        </div>
        <input type="text" class="form-control">
        <input type="text" class="form-control">
        <input type="text" class="form-control">
      </div>
    </div>
  </div>
</div>
```

> 将 3 个文本框组合使用。

```
</body>
</html>
```

本例中创建了一个输入组，其中包含 3 个文本框，显示效果如图 6.34 所示。

图 6.34　多项输入组合示例

6.6.5　多类型控件组合

输入组支持多种类型的控件组合使用，如文本、单选按钮、复选框、按钮、下拉菜单及文件选择等控件可混合使用。在同一个输入组可以使用多个插件。

【例 6.34】多类型控件组合示例。源代码如下：

```
<!doctype html>
<html>
<head>
<meta charset="utf-8">
<meta name="viewport" content="width=device-width, initial-scale=1">
<title>多类型控件组合示例</title>
<link rel="stylesheet" href="../css/bootstrap.css">
</head>

<body>
<div class="container">
  <div class="row">
    <div class="col">
      <h4 class="p-3 text-center">多类型控件组合示例</h4>
      <div class="input-group mb-3">
        <div class="input-group-prepend">
          <span class="input-group-text">￥</span>
          <span class="input-group-text">0.00</span>
        </div>
        <input type="text" class="form-control" placeholder="输入价格">
      </div>
      <div class="input-group mb-3">
        <div class="input-group-prepend" id="button-addon3">
          <button class="btn btn-primary" type="button">按钮</button>
          <button class="btn btn-secondary" type="button">按钮</button>
        </div>
        <input type="text" class="form-control" placeholder="输入内容">
      </div>
      <div class="input-group mb-3">
        <div class="input-group-prepend">
          <button class="btn btn-outline-secondary dropdown-toggle" type="button" data-toggle="dropdown">
            下拉按钮
          </button>
          <div class="dropdown-menu">
            <a class="dropdown-item" href="#">链接 1</a>
            <a class="dropdown-item" href="#">链接 2</a>
            <a class="dropdown-item" href="#">链接 3</a>
            <div role="separator" class="dropdown-divider"></div>
            <a class="dropdown-item" href="#">链接 4</a>
          </div>
```

```
      </div>
      <input type="text" class="form-control" placeholder="输入内容">
    </div>
    <div class="input-group mb-3">
      <div class="input-group-prepend">
        <label class="input-group-text" for="inputGroupSelect">选项</label>
      </div>
      <select class="custom-select" id="inputGroupSelect">
        <option selected>请选择...</option>
        <option value="1">选项 1</option>
        <option value="2">选项 2</option>
        <option value="3">选项 3</option>
      </select>
    </div>
    <div class="input-group">
      <div class="input-group-prepend">
        <span class="input-group-text" id="inputGroupFileAddon">上传</span>
      </div>
      <div class="custom-file">
        <input type="file" class="custom-file-input" id="inputGroupFile">
        <label class="custom-file-label" for="inputGroupFile" data-browse="浏览">选择文件</label>
      </div>
    </div>
  </div>
 </div>
</div>
<script src="../js/jquery-3.4.1.min.js"></script>
<script src="../js/popper.min.js"></script>
<script src="../js/bootstrap.min.js"></script>
</body>
</html>
```

本例中创建了 5 个输入组，分别将文本、按钮、下拉按钮与文本框等控件组合，或者将文本与下拉菜单、文本与文件选择控件组合，显示效果如图 6.35 所示。

图 6.35　多类型控件组合示例

 习题 6

一、选择题

1. 要设置具有红色背景的警告框，则应添加（　　　）类。

    A. .alert-primary　　　　　B. .alert-secondary　　　　　C. .alert-success　　　　　D. .alert-danger

2. 要通过文本框输入电子邮件地址，应将 type 属性设置为（　　　）。

　　A. text 　　　　　　　　B. email 　　　　　　　　C. password 　　　　　D. range

3. 要使媒体对象中的图片在纵轴上居中对齐，则应在<img>标签中添加（　　　）类。

　　A. .align-self-start 　　B. .align-self-middle 　　C. .align-self-center 　　D. .align-self-end

二、判断题

1.（　　）要在警告框右上角添加关闭按钮，在按钮中添加.close 类即可。

2.（　　）徽章组件可以通过在<span>标签中添加.badge 样式来实现。

3.（　　）在.badge 基础上再添加.badge-pill 样式可以创建椭圆形徽章。

4.（　　）创建媒体对象只需要应用.media 样式即可。

5.（　　）要设置媒体在纵轴上的对齐方式，在媒体元素中添加.align-self-*样式即可。

6.（　　）超大屏幕可以使用.jumbotron 样式来创建。

7.（　　）定义表单按钮时应在所有<input>标签中添加.form-control 类。

8.（　　）要设置小号表单控件，对表单控件应用.form-control-sm 样式即可。

9.（　　）若要输入位于指定范围内的数值，可将其 type 属性设置为 range，并在 input 标签中添加.form-control-range 样式。

三、操作题

1. 在网页中添加 8 个警告框，要求分别设置为不同的文本颜色和背景颜色。

2. 在网页中创建一个警告框，要求在该警告框中添加标题、段落、分隔线和链接等。

3. 在网页中创建一个警告框，要求为其添加关闭功能。

4. 在网页中添加 h1 ~ h6 标题，要求在这些标题中分别添加一个徽章。

5. 在网页中添加一些按钮，要求在这些按钮中分别添加一个徽章（用于显示数字）。

6. 在网页中添加 8 个徽章，要求为这些徽章分别设置不同的颜色。

7. 在网页中创建一个媒体对象，要求左侧显示一幅图片，右侧包含图片的说明文字。

8. 在网页中创建 3 个媒体对象，要求将其中的图片分别设置为顶部对齐、居中对齐和底部对齐。

9. 在网页中创建一个媒体对象，要求右侧显示一幅图片，左侧包含图片的说明文字。

10. 在网页中创建一个媒体对象列表，要求其中至少包含 3 个媒体对象。

11. 在网页中创建一个超大屏幕组件，要求其中包含大标题、段落、分隔线和导航链接。

12. 在网页中创建一个表单，要求其中包括电子邮件地址输入框、密码输入框、下拉选择框及提交按钮等表单控件。

13. 在网页中创建一个表单，要求其中包含用于选择数值和拖动范围滑块的控件。

14. 在网页中创建一个表单，要求以垂直堆叠方式排列复选框和单选按钮。

15. 在网页中创建一个登录表单，要求其中包含用户名输入框、密码输入框和提交按钮，并以表单组形式来实现（标签位于文本框上方）。

16. 在网页中创建一个登录表单，要求其中包含用户名输入框、密码输入框和提交按钮，并以水平排列方式来实现（标签位于文本框左侧）。

17. 在网页中创建一个内联表单，要求用户名输入框、密码输入框、复选框和提交按钮排列在同一行。

18. 在网页中创建 3 个输入组，要求分别是：文本在左侧、文本框在右侧；文本框在左侧、文本在右侧；文本框居中，文本分列两侧。

19. 在网页中创建一个输入组，要求文本在左侧、文本框居中、按钮在右侧。

第 **7** 章

｜ 使用 Bootstrap 组件（下）｜

　　Bootstrap 4 提供了丰富的可重用的组件，这些组件是 Bootstrap 前端框架的重要组成部分。由于 Bootstrap 组件数量比较多，所以分成 3 章来讨论它们的结构和用法。前面两章已经对大部分组件的用法进行了讨论，本章将重点介绍最后一部分组件的使用方法。

本章学习目标

● 掌握进度条和导航栏的用法
● 掌握列表组和面包屑的用法
● 掌握分页、加载指示器和卡片的用法

7.1　使用进度条

　　进度条（Progress）是指计算机在处理任务时以图片形式显示处理任务的速度、完成度或剩余任务量的大小及可能需要的处理时间，一般呈现为长方形条状。使用 Bootstrap 4 可以创建自定义进度条，并支持条纹状进度条、堆叠进度条、动画背景及文本标签。

7.1.1　创建进度条

　　进度条组件由两层 HTML 元素组成，其基本结构如下。

```
<div class="progress">
  <div class="progress-bar"></div>
</div>
```

　　其中外层 div 元素应用了.progress 样式，可以用作进度条的包装层，以指示进度条的最大值；内层 div 元素应用了.progress-bar 样式，用来指示到目前为止的进度，使用内嵌样式或宽度样式.w-*可以设置其宽度。

　　【例 7.1】创建进度条示例。源代码如下：

```
<!doctype html>
```

```
<html>
<head>
<meta charset="utf-8">
<meta name="viewport" content="width=device-width, initial-scale=1">
<title>创建进度条示例</title>
<link rel="stylesheet" href="../css/bootstrap.css">
</head>

<body>
<div class="container">
  <div class="row">
    <div class="col">
      <h4 class="p-3 text-center">创建进度条示例</h4>
      <div class="progress mb-2">
        <div class="progress-bar w-25" role="progressbar"></div>
      </div>
      <div class="progress mb-2">
        <div class="progress-bar" role="progressbar" style="width: 40%"></div>
      </div>
      <div class="progress mb-2">
        <div class="progress-bar w-50" role="progressbar"></div>
      </div>
      <div class="progress mb-2">
        <div class="progress-bar w-75" role="progressbar"></div>
      </div>
      <div class="progress mb-2">
        <div class="progress-bar" style="width: 90%;"></div>
      </div>
      <div class="progress mb-2">
        <div class="progress-bar w-100" role="progressbar"></div>
      </div>
    </div>
  </div>
</div>
</body>
</html>
```

本例中创建了 6 个进度条组件，其中 4 个当前进度是用.w-*样式来设置宽度的，另外两个是使用内嵌样式 style 来设置宽度的，显示效果如图 7.1 所示。

图 7.1　创建进度条示例

7.1.2　设置进度条样式

创建进度条时，可以在其中添加当前进度指示标签，也可以设置其高度和背景颜色。

1.添加当前进度指示标签

要在进度条中添加当前进度指示标题，只需在.progress-bar 元素中添加表示进度的文本内容（通常为百分比）即可。

【例 7.2】在进度条中添加当前进度指示标签示例。源代码如下：

```
<!doctype html>
<html>
<head>
<meta charset="utf-8">
<meta name="viewport" content="width=device-width, initial-scale=1">
<title>添加当前进度指示标签示例</title>
<link rel="stylesheet" href="../css/bootstrap.css">
</head>
```

```
<body>
<div class="container">
  <div class="row">
    <div class="col">
      <h4 class="p-3 text-center">添加当前进度指示标签示例</h4>
      <div class="progress mb-2">
        <div class="progress-bar w-25" role="progressbar">25%</div>
      </div>
      <div class="progress mb-2">
        <div class="progress-bar w-50" role="progressbar">50%</div>
      </div>
      <div class="progress mb-2">
        <div class="progress-bar w-75" role="progressbar">75%</div>
      </div>
      <div class="progress mb-2">
        <div class="progress-bar w-100" role="progressbar">100%</div>
      </div>
    </div>
  </div>
</div>
</body>
</html>
```

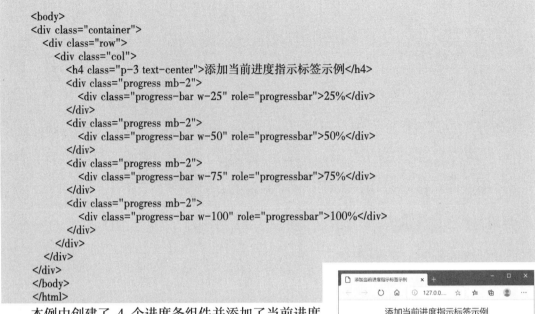

本例中创建了 4 个进度条组件并添加了当前进度指示标签，其显示效果如图 7.2 所示。

图 7.2　添加当前进度指示标签示例

2. 设置进度条的高度

要设置进度条的高度，只需在.progress 元素中用内嵌样式设置高度即可。

【例 7.3】设置进度条高度示例。源代码如下：

```
<!doctype html>
<html>
<head>
<meta charset="utf-8">
<meta name="viewport" content="width=device-width, initial-scale=1">
<title>设置进度条高度示例</title>
<link rel="stylesheet" href="../css/bootstrap.css">
</head>

<body>
<div class="container">
  <div class="row">
    <div class="col">
      <h4 class="p-3 text-center">设置进度条高度示例</h4>
      <div class="progress mb-2" style="height: 20px;">
        <div class="progress-bar w-25" role="progressbar">25%</div>
      </div>
      <div class="progress mb-2" style="height: 25px;">
        <div class="progress-bar w-50" role="progressbar">50%</div>
      </div>
      <div class="progress mb-2" style="height: 30px;">
        <div class="progress-bar w-75" role="progressbar">75%</div>
      </div>
      <div class="progress mb-2" style="height: 35px;">
        <div class="progress-bar w-100" role="progressbar">100%</div>
      </div>
    </div>
  </div>
</div>
```

```
</body>
</html>
```

本例中创建了 4 个进度条组件并为其设置了不
同的高度，显示效果如图 7.3 所示。

3.设置进度条的背景颜色

默认情况下，进度条组件中外层元素的背景颜色
为浅灰色，内层元素的背景颜色为蓝色。在实际应用
中，也可以更改内层元素的背景颜色，为此只需要
在 .progress-bar 元素上添加通用背景颜色样式 .bg-*
即可，这将更改表示当前进度的内层元素的背景颜
色，外层元素的背景颜色保持不变，仍然为浅灰色。

【例 7.4】设置进度条的背景颜色示例。源代码如下：

图 7.3　设置进度条高度示例

```
<!doctype html>
<html>
<head>
<meta charset="utf-8">
<meta name="viewport" content="width=device-width, initial-scale=1">
<title>设置进度条背景颜色示例</title>
<link rel="stylesheet" href="../css/bootstrap.css">
</head>

<body>
<div class="container">
  <div class="row">
    <div class="col">
      <h4 class="p-3 text-center">设置进度条背景颜色示例</h4>
      <div class="progress mb-2">
        <div class="progress-bar bg-secondary w-25" role="progressbar">25%</div>
      </div>
      <div class="progress mb-2">
        <div class="progress-bar bg-success w-50" role="progressbar">50%</div>
      </div>
      <div class="progress mb-2">
        <div class="progress-bar bg-danger w-75" role="progressbar">75%</div>
      </div>
      <div class="progress mb-2">
        <div class="progress-bar bg-warning w-100" role="progressbar">100%</div>
      </div>
    </div>
  </div>
</div>
</body>
</html>
```

本例中创建了 4 个进度条组件并为其设置了不同
的背景颜色，显示效果如图 7.4 所示。

7.1.3　设置进度条风格

图 7.4　设置进度条背景颜色示例

除了基本的进度条，Bootstrap 4 还支持 3 种进度条风格，即多进度进度条、条纹状进
度条和动画条纹进度条。

1. 多进度进度条

要创建多进度进度条，只需在.progress 元素内添加多个.progress-bar 元素即可，每个.progress-bar 表示一个进度，可以根据当前进度设置为不同的宽度（总宽度不超过100%），也可以设置为不同的背景颜色。

【例7.5】创建多进度进度条示例。源代码如下：

```
<!doctype html>
<html>
<head>
<meta charset="utf-8">
<meta name="viewport" content="width=device-width, initial-scale=1">
<title>创建多进度进度条示例</title>
<link rel="stylesheet" href="../css/bootstrap.css">
</head>

<body>
<div class="container">
  <div class="row">
    <div class="col">
      <h4 class="p-3 text-center">创建多进度进度条示例</h4>
      <div class="progress">
        <div class="progress-bar bg-secondary" role="progressbar" style="width: 15%;">15%</div>
        <div class="progress-bar bg-success" role="progressbar" style="width: 30%;">30%</div>
        <div class="progress-bar bg-danger" role="progressbar" style="width: 40%;">40%</div>
      </div>
    </div>
  </div>
</div>
</body>
</html>
```

本例中创建了一个多进度进度条组件，其中包含 3 个不同的进度，效果如图7.5 所示。

图 7.5   创建多进度进度条示例

2. 条纹状进度条

要创建条纹状进度条，只需在.progress-bar 元素上再添加.progress-bar-striped 样式即可，这将为内层元素背景上添加条纹效果。

【例7.6】创建条纹状进度条示例。源代码如下：

```
<!doctype html>
<html>
<head>
<meta charset="utf-8">
<meta name="viewport" content="width=device-width, initial-scale=1">
<title>创建条纹状进度条示例</title>
<link rel="stylesheet" href="../css/bootstrap.css">
</head>

<body>
<div class="container">
  <div class="row">
    <div class="col">
      <h4 class="p-3 text-center">创建条纹状进度条示例</h4>
      <div class="progress mb-2">
        <div          class="progress-bar          progress-bar-striped          bg-secondary          w-25"
role="progressbar">25%</div>
      </div>
      <div class="progress mb-2">
```

```
            <div class="progress-bar progress-bar-striped bg-success w-50" role="progressbar">50%</div>
        </div>
        <div class="progress mb-2">
            <div class="progress-bar progress-bar-striped bg-danger w-75" role="progressbar">75%</div>
        </div>
      </div>
    </div>
  </div>
</body>
</html>
```

本例中创建了 3 个条纹状进度条，并为其设置了
不同的背景颜色，效果如图 7.6 所示。

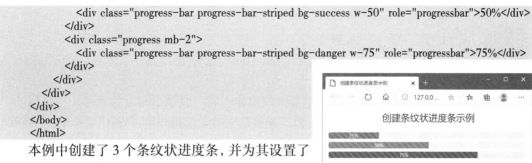

图 7.6　创建条纹状进度条示例

3. 动画条纹进度条

要创建动画条纹进度条，只需在.progress-bar 元素上再添加.progress-bar-animated 样式
即可，这将会在内层元素上实现从右到左的动画效果。

【例 7.7】创建动画条纹进度条示例。源代码如下：

```
<!doctype html>
<html>
<head>
<meta charset="utf-8">
<meta name="viewport" content="width=device-width, initial-scale=1">
<title>创建动画条纹进度条示例</title>
<link rel="stylesheet" href="../css/bootstrap.css">
</head>

<body>
<div class="container">
  <div class="row">
    <div class="col">
      <h4 class="p-3 text-center">创建动画条纹进度条示例</h4>
      <div class="progress mb-2">
        <div class="progress-bar progress-bar-striped progress-bar-animated bg-secondary w-25"
             role="progressbar">25%</div>
      </div>
      <div class="progress mb-2">
        <div class="progress-bar progress-bar-striped progress-bar-animated bg-success w-50"
             role="progressbar">50%</div>
      </div>
      <div class="progress mb-2">
        <div class="progress-bar progress-bar-striped progress-bar-animated bg-danger w-75"
             role="progressbar">75%</div>
      </div>
    </div>
  </div>
</div>
</body>
</html>
```

本例中创建了 3 个动画条纹进度条并为其设置了不同的背景颜色，效果如图 7.7 所示。

图 7.7　创建动画条纹进度条示例

7.2 使用导航栏

导航栏（Navbar）组件是网页的重要组成部分，它一般位于网页的顶部。一个网站中的每个网页通常都包含着导航栏，通过单击导航栏中的导航链接可以在不同网页之间跳转。一般情况下，导航栏包含网站 Logo、导航链接及其他元素，它很容易进行扩展，在折叠插件的帮助下可以轻松地与其他内容整合。

7.2.1 创建导航栏

使用导航栏之前，需要了解以下 5 点内容。

（1）导航栏需要使用.navbar-expand-{sm|-md|-lg|-xl}来包装.navbar 元素，以便进行响应式折叠并应用配色方案。当视口宽度小于指定断点时，导航栏中的部分内容将被隐藏起来，可以通过单击折叠组件来显示隐藏的内容。

（2）默认情况下导航栏内容是流式的，可以使用 container 容器来限制其水平宽度。

（3）Bootstrap 间距和弹性布局样式可以用来设置定义导航栏中元素的间距和对齐方式。

（4）导航栏默认支持响应式，也很容易对其进行修改。响应行为取决于折叠插件。

（5）打印网页时，导航栏默认为隐藏。如果需要打印显示导航栏，可以在.navbar 元素中添加.d-print 样式。

导航栏内置了对下列子组件的支持，可以根据需要进行选择。

- .navbar-brand：用于设置 Logo 或项目名称。
- .navbar-nav：提供轻便的导航，包括对下拉菜单的支持。
- .navbar-toggler：用于折叠插件和其他导航切换行为。
- .form-inline：用于表单控件和操作。
- .navbar-text：用于添加垂直居中的文本字符串。
- .collapse.navbar-collapse：用于通过父断点进行分组和隐藏导航列内容。

【例 7.8】创建导航栏示例。源代码如下：

```html
<!doctype html>
<html>
<head>
<meta charset="utf-8">
<meta name="viewport" content="width=device-width, initial-scale=1">
<title>创建导航栏示例</title>
<link rel="stylesheet" href="../css/bootstrap.css">
</head>

<body>
<div class="container">
  <div class="row">
    <div class="col">
      <h4 class="p-3 text-center">创建导航栏示例</h4>
      <nav class="navbar navbar-expand-md navbar-light bg-light">
        <a class="navbar-brand" href="#">
          <img src="../images/bootstrap-solid.svg" width="30" height="30" class="d-inline-block align-top" alt="">
```

> Logo 图片。

```
                <span class="mb-0 h5">Bootstrap</span>
            </a>
            <button class="navbar-toggler" type="button" data-toggle="collapse" data-target="#navbarContent">
                <span class="navbar-toggler-icon"></span>
            </button>
            <div class="collapse navbar-collapse" id="navbarContent">
                <nav class="navbar-nav mr-auto">
                    <a class="nav-item nav-link active" href="#">首页</a>
                    <a class="nav-item nav-link" href="#">链接</a>
                    <div class="nav-item dropdown">
                        <a class="nav-link dropdown-toggle" href="#" role="button" data-toggle="dropdown">
                            下拉菜单
                        </a>
                        <div class="dropdown-menu">
                            <a class="dropdown-item" href="#">菜单项 1</a>
                            <a class="dropdown-item" href="#">菜单项 2</a>
                            <div class="dropdown-divider"></div>
                            <a class="dropdown-item" href="#">菜单项 3</a>
                        </div>
                    </div>
                    <a class="nav-item nav-link disabled" href="#">链接</a>
                </nav>
                <form class="form-inline my-2 my-md-0">
                    <input class="form-control mr-sm-2" type="search" placeholder="关键字...">
                    <button class="btn btn-outline-success my-2 my-sm-0" type="submit">搜索</button>
                </form>
            </div>
        </nav>
    </div>
  </div>
</div>
<script src="../js/jquery-3.4.1.min.js"></script>
<script src="../js/popper.min.js"></script>
<script src="../js/bootstrap.min.js"></script>
</body>
</html>
```

项目名称。

折叠按钮。

定义通过父断点进行分组和隐藏导航列内容。

本例中创建了一个自动在 md 断点处的响应轻型导航栏。导航栏最外层容器中应用了.navbar 和.navbar-expand-md 样式，因此当视口宽度小于 md 断点时将隐藏.collapse.navbar-collapse 内容，超过 md 断点时这些内容会显示出来。该导航栏包含以下 5 个组成部分。

（1）.navbar-brand 组件：其中包含一个 Logo 图片和项目名称。

（2）.navbar-toggler 组件：用于定义折叠按钮，将其 data-target 属性与隐藏内容的 id 绑定，在 md 断点以下显示为图标 ≡，通过单击该图标可以展开或折叠隐藏的导航内容。

（3）.collapse.navbar-collapse 组件：用于定义通过父断点进行分组和隐藏导航列内容。

（4）.navbar-nav 组件：提供轻便的导航，包含在.collapse.navbar-collapse 组件内，其内容包括一些导航链接、一个下拉菜单和一个搜索表单。

（5）.form-inline：用于定义搜索表单，该表单包含在.navbar-nav 组件内，表单的内容包括一个搜索框和一个提交按钮。

用 Edge 浏览器打开该页面，将视口宽度调整至 md 断点以下，此时仅 Logo 图片、项目名称和右侧的折叠按钮可见，单击折叠按钮即可展开隐藏的内容，再次单击时再次隐藏这些内容，超过该断点时导航栏的所有内容（折叠按钮除外）均为可见，如图 7.8和图 7.9 所示。

图 7.8　视口宽度小于 md 断点时的导航栏布局

图 7.9　视口宽度大于 md 断点时的导航栏布局

7.2.2　设置导航栏配色方案

　　导航栏的配色方案和主题可以基于主题样式和通用背景颜色样式来定义，既使用.navbar-light 样式定义浅色背景颜色，也可以使用.navbar-dark 样式定义深色背景颜色，然后再使用通用背景颜色样式.bg-*来进行自定义。

　　【例 7.9】设置导航栏配色方案示例。源代码如下：

```
<!doctype html>
<html>
<head>
<meta charset="utf-8">
<meta name="viewport" content="width=device-width, initial-scale=1">
<title>设置导航栏配色方案示例</title>
<link rel="stylesheet" href="../css/bootstrap.css">
</head>

<body>
<div class="container">
  <div class="row">
    <div class="col">
      <h4 class="p-3 text-center">设置导航栏配色方案示例</h4>
      <nav class="navbar navbar-expand-md navbar-dark bg-secondary mb-3">
        <a class="navbar-brand" href="#">
          <span class="mb-0 h5">Bootstrap</span>
        </a>
        <nav class="navbar-nav mr-auto">
          <a class="nav-item nav-link active" href="#">首页</a>
          <a class="nav-item nav-link" href="#">产品</a>
          <a class="nav-item nav-link" href="#">服务</a>
        </nav>
        <form class="form-inline my-2 my-md-0">
          <input class="form-control mr-sm-2" type="search" placeholder="关键字...">
```

定义深灰色导航栏。

```
            <button class="btn btn-outline-light my-2 my-sm-0" type="submit">搜索</button>
        </form>
    </nav>
    <nav class="navbar navbar-expand-md navbar-dark bg-success mb-3">
        <a class="navbar-brand" href="#">
            <span class="mb-0 h5">Bootstrap</span>
        </a>
        <nav class="navbar-nav mr-auto">
            <a class="nav-item nav-link active" href="#">首页</a>
            <a class="nav-item nav-link" href="#">产品</a>
            <a class="nav-item nav-link" href="#">服务</a>
        </nav>
        <form class="form-inline my-2 my-md-0">
            <input class="form-control mr-sm-2" type="search" placeholder="关键字...">
            <button class="btn btn-outline-light my-2 my-sm-0" type="submit">搜索</button>
        </form>
    </nav>
    <nav class="navbar navbar-expand-md navbar-light" style="background-color: #e3f2fd">
        <a class="navbar-brand" href="#">
            <span class="mb-0 h5">Bootstrap</span>
        </a>
        <nav class="navbar-nav mr-auto">
            <a class="nav-item nav-link active" href="#">首页</a>
            <a class="nav-item nav-link" href="#">产品</a>
            <a class="nav-item nav-link" href="#">服务</a>
        </nav>
        <form class="form-inline my-2 my-md-0">
            <input class="form-control mr-sm-2" type="search" placeholder="关键字...">
            <button class="btn btn-outline-success my-2 my-sm-0" type="submit">搜索</button>
        </form>
    </nav>
    </div>
  </div>
</div>
<script src="../js/jquery-3.4.1.min.js"></script>
<script src="../js/popper.min.js"></script>
<script src="../js/bootstrap.min.js"></script>
</body>
</html>
```

> 定义绿色导航栏。

> 定义浅蓝色导航栏。

本例中创建了 3 个导航栏并为其设置了不同的配色方案，效果如图 7.10 所示。

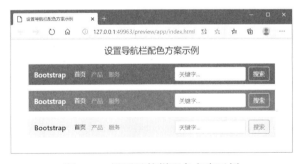

图 7.10　设置导航栏配色方案示例

7.2.3　设置导航栏定位方式

默认情况下，导航栏采用的是静态定位方式。使用 Bootstrap 4 提供的固定定位样式可以将导航栏放置在非静态位置，包括.fixed-top（固定到顶部）、.fixed-bottom（固定到底部）。

【例 7.10】设置导航栏定位方式示例。源代码如下：

```html
<!doctype html>
<html>
<head>
<meta charset="utf-8">
<meta name="viewport" content="width=device-width, initial-scale=1">
<title>设置导航栏定位方式示例</title>
<link rel="stylesheet" href="../css/bootstrap.css">
</head>

<body>
<div class="container">
  <div class="row">
    <div class="col">
      <div style="height: 80px;"></div>
      <h4 class="p-3 text-center">设置导航栏定位方式示例</h4>
      <nav class="navbar fixed-bottom navbar-expand-md navbar-dark bg-secondary">
        <a class="navbar-brand" href="#">
          <span class="mb-0 h5">Bootstrap</span>
        </a>
        <nav class="navbar-nav mr-auto">
          <a class="nav-item nav-link active" href="#">首页</a>
          <a class="nav-item nav-link" href="#">产品</a>
          <a class="nav-item nav-link" href="#">服务</a>
        </nav>
        <form class="form-inline my-2 my-md-0">
          <input class="form-control mr-sm-2" type="search" placeholder="关键字...">
          <button class="btn btn-outline-light my-2 my-sm-0" type="submit">搜索</button>
        </form>
      </nav>
      <nav class="navbar navbar-expand-md navbar-dark bg-success">
        <a class="navbar-brand" href="#">
          <span class="mb-0 h5">Bootstrap</span>
        </a>
        <nav class="navbar-nav mr-auto">
          <a class="nav-item nav-link active" href="#">首页</a>
          <a class="nav-item nav-link" href="#">产品</a>
          <a class="nav-item nav-link" href="#">服务</a>
        </nav>
        <form class="form-inline my-2 my-md-0">
          <input class="form-control mr-sm-2" type="search" placeholder="关键字...">
          <button class="btn btn-outline-light my-2 my-sm-0" type="submit">搜索</button>
        </form>
      </nav>
      <nav class="navbar fixed-top navbar-expand-md navbar-light" style="background-color: #e3f2fd">
        <a class="navbar-brand" href="#">
          <span class="mb-0 h5">Bootstrap</span>
        </a>
        <nav class="navbar-nav mr-auto">
          <a class="nav-item nav-link active" href="#">首页</a>
          <a class="nav-item nav-link" href="#">产品</a>
          <a class="nav-item nav-link" href="#">服务</a>
        </nav>
        <form class="form-inline my-2 my-md-0">
          <input class="form-control mr-sm-2" type="search" placeholder="关键字...">
          <button class="btn btn-outline-success my-2 my-sm-0" type="submit">搜索</button>
        </form>
      </nav>
    </div>
  </div>
</div>
```

将导航栏固定到底部。

导航栏默认采用静态定位。

将导航栏固定在顶部。

```
<script src="../js/jquery-3.4.1.min.js"></script>
<script src="../js/popper.min.js"></script>
<script src="../js/bootstrap.min.js"></script>
</body>
</html>
```

本例中创建了 3 个导航栏并为其设置了 3 种不同的定位方式，包括固定到底部（具有全宽度）、静态定位（默认）及固定到顶部（具有全宽度）等方式，显示效果如图 7.11 所示。

图 7.11　设置导航栏定位方式示例

7.3　使用列表组

列表组（List group）是一个灵活且强大的组件，不仅仅可以用来显示简单的元素列表，还可以通过自定义显示复杂的内容。

7.3.1　创建基本列表组

最基本的列表组是具有一些列表项并应用适当类样式的无序列表。创建列表组时，应在<ul>标签上添加.list-group 类样式，并在每个<li>标签上添加.list-group-item 类样式。

【例 7.11】创建基本列表组示例。源代码如下：

```
<!doctype html>
<html>
<head>
<meta charset="utf-8">
<meta name="viewport" content="width=device-width, initial-scale=1">
<title>创建基本列表组示例</title>
<link rel="stylesheet" href="../css/bootstrap.css">
</head>

<body>
<div class="container">
  <div class="row">
    <div class="col">
      <h4 class="p-3 text-center">创建基本列表组示例</h4>
      <ul class="list-group">
        <li class="list-group-item">Adobe Photoshop 2020</li>
        <li class="list-group-item">Adobe Premiere Pro 2020</li>
        <li class="list-group-item">Adobe After Effects 2020</li>
        <li class="list-group-item">Adobe Audition 2020</li>
```

列表项。

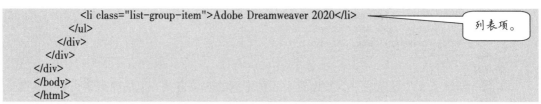

```
                <li class="list-group-item">Adobe Dreamweaver 2020</li>
            </ul>
        </div>
    </div>
</div>
</body>
</html>
```
列表项。

本例中创建了一个基本列表组，其中包含 5 个列表项，显示效果如图 7.12 所示。

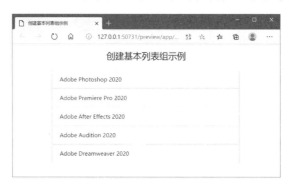

图 7.12　创建基本列表组示例

7.3.2　创建水平列表组

通过添加.list-group-horizontal 可以将所有断点列表组项目的布局从垂直更改为水平。也可以通过添加响应式变体.list-group-horizontal-{sm丨md丨lg丨xl}，使列表组从该断点的最小宽度开始水平放置。在水平排列时，如果想要使列表项宽度相等，可以将.flex-fill 添加到每个列表项中。

【例 7.12】创建水平列表组示例。源代码如下：

```
<!doctype html>
<html>
<head>
<meta charset="utf-8">
<meta name="viewport" content="width=device-width, initial-scale=1">
<title>创建水平列表组示例</title>
<link rel="stylesheet" href="../css/bootstrap.css">
</head>

<body>
<div class="container">
    <div class="row">
        <div class="col-auto mx-auto">
            <h4 class="p-3 text-center">创建水平列表组示例</h4>
            <ul class="list-group list-group-horizontal">
            <li class="list-group-item">SQL Server</li>
            <li class="list-group-item">MySQL</li>
            <li class="list-group-item">Access</li>
            <li class="list-group-item">Oracle</li>
            <li class="list-group-item">SQLite</li>
            </ul>
        </div>
    </div>
</div>
</body>
</html>
```
创建水平列表项。

本例中创建一个水平列表组，其中包含 5 个列表项，显示效果如图 7.13 所示。

7.3.3 设置列表组样式

图 7.13　创建水平列表组示例

Bootstrap 4 提供了一些用于列表组的样式，可以根据需要来选择使用。

1. 设置激活和禁用状态

如果要将某个列表项设置为激活状态，则需要为其添加.active 类样式；如果要将某个列表项设置为禁用状态，为其添加.disabled 类样式即可。

【例 7.13】设置列表项状态示例。源代码如下：

```
<!doctype html>
<html>
<head>
<meta charset="utf-8">
<meta name="viewport" content="width=device-width, initial-scale=1">
<title>设置列表项状态示例</title>
<link rel="stylesheet" href="../css/bootstrap.css">
</head>

<body>
<div class="container">
  <div class="row">
    <div class="col">
      <h4 class="p-3 text-center">设置列表项状态示例</h4>
      <ul class="list-group">
        <li class="list-group-item active">激活列表项</li>      将此列表项设置为激活状态。
        <li class="list-group-item">列表项</li>
        <li class="list-group-item disabled">禁用列表项</li>
        <li class="list-group-item">列表项</li>          将此列表项设置为禁用状态。
        <li class="list-group-item">列表项</li>
      </ul>
    </div>
  </div>
</div>
</body>
</html>
```

本例中创建了一个列表组，并将其中的第 1 个列表项设置为激活状态，将第 3 个列表项设置为禁用状态，显示效果如图 7.14 所示。

图 7.14　设置列表项状态示例

2. 移除边框和圆角

默认情况下，列表组带有一个圆角边框。通过在.list-group 容器中添加.list-group-flush 类样式，可以移除部分边框和圆角效果，从而产生边缘贴齐的列表组，这在与卡片组件结合使用时很实用。

【例 7.14】移除边框和圆角示例。源代码如下：

```html
<!doctype html>
<html>
<head>
<meta charset="utf-8">
<meta name="viewport" content="width=device-width, initial-scale=1">
<title>移除边框和圆角示例</title>
<link rel="stylesheet" href="../css/bootstrap.css">
</head>

<body>
<div class="container">
  <div class="row">
    <div class="col">
      <h4 class="p-3 text-center">移除边框和圆角示例</h4>
      <ul class="list-group list-group-flush">
        <li class="list-group-item">Adobe Photoshop 2020</li>
        <li class="list-group-item">Adobe Premiere Pro 2020</li>
        <li class="list-group-item">Adobe After Effects 2020</li>
        <li class="list-group-item">Adobe Audition 2020</li>
        <li class="list-group-item">Adobe Dreamweaver 2020</li>
      </ul>
    </div>
  </div>
</div>
</body>
</html>
```

本例中创建了一个列表组，并通过添加.list-group-flush 类样式移除了组件周围的边框，效果如图 7.15 所示。

图 7.15　移除边框和圆角示例

3. 设置列表项的颜色

使用列表项颜色类.list-group-item-*可以设置列表项的背景颜色和文本颜色，其中的*可以是 primary、secondary、success、danger、warning、info、light 和 dark。

【例 7.15】设置列表项颜色示例。源代码如下：

```html
<!doctype html>
<html>
<head>
```

```
<meta charset="utf-8">
<meta name="viewport" content="width=device-width, initial-scale=1">
<title>设置列表项颜色示例</title>
<link rel="stylesheet" href="../css/bootstrap.css">
</head>


<body>
<div class="container">
  <div class="row">
    <div class="col">
      <h4 class="p-3 text-center">设置列表项颜色示例</h4>
      <ul class="list-group">
        <li class="list-group-item">默认颜色</li>
        <li class="list-group-item list-group-item-primary">.list-group-item-primary</li>
        <li class="list-group-item list-group-item-secondary">.list-group-item-secondary</li>
        <li class="list-group-item list-group-item-success">.list-group-item-success</li>
        <li class="list-group-item list-group-item-danger">.list-group-item-danger</li>
        <li class="list-group-item list-group-item-warning">.list-group-item-warning</li>
        <li class="list-group-item list-group-item-info">.list-group-item-info</li>
        <li class="list-group-item list-group-item-light">.list-group-item-light</li>
        <li class="list-group-item list-group-item-dark">.list-group-item-dark</li>
      </ul>
    </div>
  </div>
</div>
</body>
</html>
```

本例中创建了一个列表组，并对各个列表项分别
设置了不同的颜色，效果如图 7.16 所示。

7.3.4 定制列表组内容

在列表组的各个项目中，不仅可以包含普通文本，
也可以包含链接、按钮、徽章及其他 HTML 内容。

1. 在列表组中添加链接和按钮

通过添加.list-group-item-action 样式，可以使用
<a>或<button>创建可操作列表组，其中列表项具有悬

图 7.16 设置列表项颜色示例

浮、禁用和活动状态。将这些伪类分开，可以确保由非交互式元素（如<li>或<div>）组成
的列表组不会提供点击或触击功能。确保不要在此处使用标准的.btn 类。

使用<button>标签时还可以使用 disabled 属性来实现禁用状态指示，不过这一属性不支
持 HTML5 中的<a>标签，在<a>标签中可以添加.disabled 类来设置禁用状态。

【例 7.16】在列表组中添加链接和按钮示例。源代码如下：

```
<!doctype html>
<html>
<head>
<meta charset="utf-8">
<meta name="viewport" content="width=device-width, initial-scale=1">
<title>在列表组中添加链接和按钮示例</title>
<link rel="stylesheet" href="../css/bootstrap.css">
</head>


<body>
<div class="container">
```

```html
        <div class="row">
          <div class="col">
            <h4 class="p-3 text-center">在列表组中添加链接和按钮示例</h4>
            <div class="list-group">
             <a href="#" class="list-group-item list-group-item-action active">激活链接</a>
             <a href="#" class="list-group-item list-group-item-action">链接列表项</a>
             <a href="#" class="list-group-item list-group-item-action">链接列表项</a>
             <a href="#" class="list-group-item list-group-item-action disabled" tabindex="-1">禁用链接</a>
             <button type="button" class="list-group-item list-group-item-action active">激活按钮</button>
             <button type="button" class="list-group-item list-group-item-action">按钮列表项</button>
             <button type="button" class="list-group-item list-group-item-action">按钮列表项</button>
             <button type="button" class="list-group-item list-group-item-action" disabled>禁用按钮</button>
            </div>
          </div>
        </div>
      </div>
    </body>
  </html>
```

本例中创建了一个包含链接和按钮的列表组，并在其中设置了激活链接和激活按钮，以及禁用链接和禁用按钮，显示效果如图 7.17 所示。

图 7.17　在列表组中添加链接和按钮示例

2. 在列表组中添加徽章

借助于 Bootstrap 4 提供的通用样式，可以向任何列表项中添加 .badge 样式以显示未读计数、活动状态等。

【例 7.17】在列表组中添加徽章示例。源代码如下：

```html
<!doctype html>
<html>
<head>
<meta charset="utf-8">
<meta name="viewport" content="width=device-width, initial-scale=1">
<title>在列表组中添加徽章示例</title>
<link rel="stylesheet" href="../css/bootstrap.css">
</head>

<body>
<div class="container">
  <div class="row">
    <div class="col">
      <h4 class="p-3 text-center">在列表组中添加徽章示例</h4>
      <ul class="list-group">
        <li class="list-group-item d-flex justify-content-between align-items-center">
          3ds Max 动画学习群
          <span class="badge badge-primary badge-pill">16</span>
        </li>
        <li class="list-group-item d-flex justify-content-between align-items-center">
          Photoshop 平面设计学习群
          <span class="badge badge-primary badge-pill">9</span>
        </li>
        <li class="list-group-item d-flex justify-content-between align-items-center">
          软件学院教师交流群
          <span class="badge badge-primary badge-pill">3</span>
        </li>
      </ul>
```

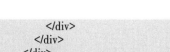

```
        </div>
      </div>
    </div>
  </body>
</html>
```

本例中创建了一个列表组，并在各个列表项中添加了徽章，显示效果如图 7.18 所示。

3. 在列表组中添加 HTML 内容

在 flexbox 通用样式定义的支持下，在列表组中几乎可以添加任意的 HTML 内容，包括标题、段落及链接等。

图 7.18　在列表组中添加徽章示例

【例 7.18】在列表组中添加 HTML 内容示例。源代码如下：

```
<!doctype html>
<html>
<head>
<meta charset="utf-8">
<meta name="viewport" content="width=device-width, initial-scale=1">
<title>在列表组中添加 HTML 内容示例</title>
<link rel="stylesheet" href="../css/bootstrap.css">
</head>

<body>
<div class="container">
  <div class="row">
    <div class="col">
      <h4 class="p-3 text-center">在列表组中添加 HTML 内容示例</h4>
      <div class="list-group">
        <a href="#" class="list-group-item list-group-item-action">
          <div class="d-flex w-100 justify-content-between">
            <h5 class="mb-1">本周学习任务安排</h5>
            <small class="text-muted">7 天前</small>
          </div>
          <p class="mb-1">本周学习摄影机的使用方法，内容包括物理摄影机、目标摄影机和 VR
摄影机。</p>
          <small class="text-muted">作业内容：案例 1～案例 3</small>
        </a>
        <a href="#" class="list-group-item list-group-item-action">
          <div class="d-flex w-100 justify-content-between">
            <h5 class="mb-1">关于期中考试的通知</h5>
            <small class="text-muted">5 天前</small>
          </div>
          <p class="mb-1">根据学院教学工作安排，将于下周进行本学期期中考试，请同学们做好
准备。</p>
          <small class="text-muted">考试方式：上机操作</small>
        </a>
        <a href="#" class="list-group-item list-group-item-action active">
          <div class="d-flex w-100 justify-content-between">
            <h5 class="mb-1">关于返校学习的通知</h5>
            <small>刚刚</small>
          </div>
          <p class="mb-1">根据上级通知精神和学校实际情况，兹定于下周一返校学习，请大家做
好准备。</p>
          <small>返校学习 大家欢喜</small>
        </a>
      </div>
    </div>
  </div>
```

```
</div>
</body>
</html>>
```

本例中创建了一个列表组，并在各个列表项中添加了链接、标题及段落等内容，显示效果如图 7.19 所示。

图 7.19 在列表组中添加 HTML 内容示例

7.4 使用面包屑

面包屑（Breadcrumb）组件用于指示当前页面在导航层次结构中的位置，该层次结构会通过 CSS 自动添加分隔符。

7.4.1 创建面包屑

面包屑是一个应用.breadcrumb 类的列表，对每个列表项添加了.breadcrumb-item，可以通过伪元素选择器:before 和 content 属性指定列表项之间的分隔符。样式定义如下：

```
.breadcrumb-item + .breadcrumb-item::before {
    display: inline-block;
    padding-right: 0.5rem;
    color: #6c757d;
    content: "/";
}
```

【例 7.19】创建面包屑示例。源代码如下：

```
<!doctype html>
<html>
<head>
<meta charset="utf-8">
<meta name="viewport" content="width=device-width, initial-scale=1">
<title>创建面包屑示例</title>
<link rel="stylesheet" href="../css/bootstrap.css">
</head>

<body>
<div class="container">
  <div class="row">
    <div class="col">
      <h4 class="p-3 text-center">创建面包屑示例</h4>
```

```
        <nav aria-label="breadcrumb">
            <ol class="breadcrumb">
                <li class="breadcrumb-item active">首页</li>
            </ol>
        </nav>
        <nav aria-label="breadcrumb">
            <ol class="breadcrumb">
                <li class="breadcrumb-item"><a href="#">首页</a></li>
                <li class="breadcrumb-item active">图书馆</li>
            </ol>
        </nav>
        <nav aria-label="breadcrumb">
            <ol class="breadcrumb">
                <li class="breadcrumb-item"><a href="#">首页</a></li>
                <li class="breadcrumb-item"><a href="#">图书馆</a></li>
                <li class="breadcrumb-item active">文学类</li>
            </ol>
        </nav>
    </div>
  </div>
</div>
</body>
</html>
```

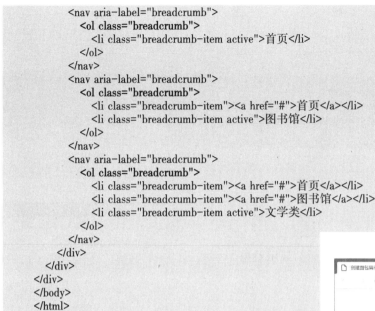

图 7.20　创建面包屑示例

本例中创建了 3 个面包屑组件，所表示的当前页面分别是首页、图书馆和文学类，使用的分隔符为斜线符号 "/"，显示效果如图 7.20 所示。

7.4.2　设置分隔符

如果不想使用反斜线符号 "/" 作为导航链接之间的分隔符，则可以在 Bootstrap 4 的 CSS 文件中对 content 属性进行修改。例如：

```
.breadcrumb-item + .breadcrumb-item::before {
    display: inline-block;
    padding-right: 0.5rem;
    color: #6c757d;
    content: ">";
}
```

通过修改 content 属性设置面包屑的分隔符。

【例 7.20】设置面包屑分隔符示例。将分隔符改为大于号 "＞"，然后编写以下源代码：

```
<!doctype html>
<html>
<head>
<meta charset="utf-8">
<meta name="viewport" content="width=device-width, initial-scale=1">
<title>设置面包屑分隔符示例</title>
<link rel="stylesheet" href="../css/bootstrap.css">
</head>

<body>
<div class="container">
  <div class="row">
    <div class="col">
      <h4 class="p-3 text-center">设置面包屑分隔符示例</h4>
      <nav aria-label="breadcrumb">
        <ol class="breadcrumb">
          <li class="breadcrumb-item active">首页</li>
        </ol>
      </nav>
```

```
            <nav aria-label="breadcrumb">
              <ol class="breadcrumb">
                <li class="breadcrumb-item"><a href="#">首页</a></li>
                <li class="breadcrumb-item active">图书馆</li>
              </ol>
            </nav>
            <nav aria-label="breadcrumb">
              <ol class="breadcrumb">
                <li class="breadcrumb-item"><a href="#">首页</a></li>
                <li class="breadcrumb-item"><a href="#">图书馆</a></li>
                <li class="breadcrumb-item active">计算机类</li>
              </ol>
            </nav>
          </div>
        </div>
      </div>
    </body>
  </html>
```

更改面包屑的分隔符之后，该页面的显示效果如图 7.21 所示。

图 7.21　设置面包屑分隔符示例

7.5　使用分页

在开发过程中，有时候可能会遇到页面包含内容太多的情况。针对这种情况，通常会进行分页处理，以缩短页面的加载时间。

7.5.1　创建分页组件

分页（Pagination）组件使用无序列表来实现，即在<ul>标签上应用.pagiatoin，在每个<li>标签上添加.page-item，并在<a>标签上添加.page-link，即可创建分页组件，它呈现为一组水平排列的链接。添加.active 可以高亮显示当前页，添加.disabled 则可设置禁用状态。

【例 7.21】创建分页组件示例。源代码如下：

```
<!doctype html>
<html>
<head>
<meta charset="utf-8">
<meta name="viewport" content="width=device-width, initial-scale=1">
<title>创建分页组件示例</title>
<link rel="stylesheet" href="../css/bootstrap.css">
</head>

<body>
<div class="container">
  <div class="row">
    <div class="col">
      <h4 class="p-3 text-center">创建分页组件示例</h4>
      <nav>
        <ul class="pagination">
          <li class="page-item"><a class="page-link" href="#">首页</a></li>
          <li class="page-item"><a class="page-link" href="#">上一页</a></li>
          <li class="page-item"><a class="page-link" href="#">1</a></li>
```

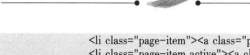
```
            <li class="page-item"><a class="page-link" href="#">2</a></li>
            <li class="page-item active"><a class="page-link" href="#">3</a></li>
            <li class="page-item disabled"><a class="page-link" href="#">下一页</a></li>
            <li class="page-item disabled"><a class="page-link" href="#">末页</a></li>
          </ul>
        </nav>
      </div>
    </div>
  </div>
</body>
</html>
```

本例中创建了一个分页组件，并高亮显示第 3 页，禁用下一页和末页，显示效果如图 7.22 所示。

图 7.22　创建分页组件示例

7.5.2　在分页中使用图标

在分页组件中，可以使用 HTML 实体字符"«""‹""›""»"来代替"首页""上一页""下一页""末页"，对应的数字代码分别为"«""‹""›""»"。当然，也可以使用字体图标库中的图标来代替链接文本。

【例 7.22】在分页中使用图标示例。源代码如下：

```
<!doctype html>
<html>
<head>
<meta charset="utf-8">
<meta name="viewport" content="width=device-width, initial-scale=1">
<title>在分页中使用图标示例</title>
<link rel="stylesheet" href="../css/bootstrap.css">
</head>

<body>
<div class="container">
  <div class="row">
    <div class="col">
      <h4 class="p-3 text-center">在分页中使用图标示例</h4>
      <nav>
        <ul class="pagination">
          <li class="page-item"><a class="page-link" href="#">&#171;</a></li>
          <li class="page-item"><a class="page-link" href="#">&#139;</a></li>
          <li class="page-item"><a class="page-link" href="#">1</a></li>
          <li class="page-item"><a class="page-link" href="#">2</a></li>
          <li class="page-item active"><a class="page-link" href="#">3</a></li>
          <li class="page-item"><a class="page-link" href="#">4</a></li>
          <li class="page-item"><a class="page-link" href="#">5</a></li>
          <li class="page-item"><a class="page-link" href="#">&#155;</a></li>
          <li class="page-item"><a class="page-link" href="#">&#187;</a></li>
        </ul>
      </nav>
    </div>
  </div>
```

> 用"《"表示"首页"。

> 用"‹"表示"上一页"。

> 用"›"表示"下一页"。

> 用"》"表示"末页"。

```
</div>
</body>
</html>
```

本例中创建了一个分页组件并使用图标来代替其中的文字，显示效果如图7.23所示。

图7.23　在分页中使用图标示例

7.5.3　设置分页大小

在.pagination 基础上添加.pagination-sm 或.pagination-lg 可以设置小号或大号分页样式。

【例7.23】设置分页大小示例。源代码如下：

```html
<!doctype html>
<html>
<head>
<meta charset="utf-8">
<meta name="viewport" content="width=device-width, initial-scale=1">
<title>设置分页大小示例</title>
<link rel="stylesheet" href="../css/bootstrap.css">
</head>

<body>
<div class="container">
  <div class="row">
    <div class="col">
      <h4 class="p-3 text-center">设置分页大小示例</h4>
      <nav>
        <ul class="pagination pagination-sm">
          <li class="page-item"><a class="page-link" href="#">首页</a></li>
          <li class="page-item"><a class="page-link" href="#">上一页</a></li>
          <li class="page-item"><a class="page-link" href="#">1</a></li>
          <li class="page-item"><a class="page-link" href="#">2</a></li>
          <li class="page-item"><a class="page-link" href="#">3</a></li>
          <li class="page-item"><a class="page-link" href="#">下一页</a></li>
          <li class="page-item"><a class="page-link" href="#">末页</a></li>
        </ul>
      </nav>
      <nav>
        <ul class="pagination">
          <li class="page-item"><a class="page-link" href="#">首页</a></li>
          <li class="page-item"><a class="page-link" href="#">上一页</a></li>
          <li class="page-item"><a class="page-link" href="#">1</a></li>
          <li class="page-item"><a class="page-link" href="#">2</a></li>
          <li class="page-item"><a class="page-link" href="#">3</a></li>
          <li class="page-item"><a class="page-link" href="#">下一页</a></li>
          <li class="page-item"><a class="page-link" href="#">末页</a></li>
        </ul>
      </nav>
      <nav>
        <ul class="pagination pagination-lg">
          <li class="page-item"><a class="page-link" href="#">首页</a></li>
          <li class="page-item"><a class="page-link" href="#">上一页</a></li>
          <li class="page-item"><a class="page-link" href="#">1</a></li>
```

小号分页模式。

默认分页模式。

大号分页模式。

```
            <li class="page-item"><a class="page-link" href="#">2</a></li>
            <li class="page-item"><a class="page-link" href="#">3</a></li>
            <li class="page-item"><a class="page-link" href="#">下一页</a></li>
            <li class="page-item"><a class="page-link" href="#">末页</a></li>
          </ul>
        </nav>
      </div>
    </div>
  </div>
</body>
</html>
```

本例中创建了 3 个分页组件，分别设置为小号、默认大小和大号样式，如图 7.24 所示。

图 7.24　设置分页大小示例

7.5.4　设置分页对齐方式

默认情况下，分页组件在页面中采用左对齐方式。通过在.pagination 元素中添加.justify-content-center 或.justify-center-end 类，可以将分页组件设置为居中对齐或右对齐。

【例 7.24】设置分页对齐方式示例。源代码如下：

```
<!doctype html>
<html>
<head>
<meta charset="utf-8">
<meta name="viewport" content="width=device-width, initial-scale=1">
<title>设置分页对齐方式示例</title>
<link rel="stylesheet" href="../css/bootstrap.css">
</head>

<body>
<div class="container">
  <div class="row">
    <div class="col">
      <h4 class="p-3 text-center">设置分页对齐方式示例</h4>
      <nav>
        <ul class="pagination">          分页组件默认为左对齐。
          <li class="page-item"><a class="page-link" href="#">首页</a></li>
          <li class="page-item"><a class="page-link" href="#">上一页</a></li>
          <li class="page-item"><a class="page-link" href="#">1</a></li>
          <li class="page-item"><a class="page-link" href="#">2</a></li>
          <li class="page-item"><a class="page-link" href="#">3</a></li>
          <li class="page-item"><a class="page-link" href="#">下一页</a></li>
          <li class="page-item"><a class="page-link" href="#">末页</a></li>
        </ul>
      </nav>
      <nav>
        <ul class="pagination justify-content-center">      将分页组件设置为居中对齐。
          <li class="page-item"><a class="page-link" href="#">首页</a></li>
```

```
            <li class="page-item"><a class="page-link" href="#">上一页</a></li>
            <li class="page-item"><a class="page-link" href="#">1</a></li>
            <li class="page-item"><a class="page-link" href="#">2</a></li>
            <li class="page-item"><a class="page-link" href="#">3</a></li>
            <li class="page-item"><a class="page-link" href="#">下一页</a></li>
            <li class="page-item"><a class="page-link" href="#">末页</a></li>
        </ul>
    </nav>
    <nav>
        <ul class="pagination justify-content-end">
            <li class="page-item"><a class="page-link" href="#">首页</a></li>
            <li class="page-item"><a class="page-link" href="#">上一页</a></li>
            <li class="page-item"><a class="page-link" href="#">1</a></li>
            <li class="page-item"><a class="page-link" href="#">2</a></li>
            <li class="page-item"><a class="page-link" href="#">3</a></li>
            <li class="page-item"><a class="page-link" href="#">下一页</a></li>
            <li class="page-item"><a class="page-link" href="#">末页</a></li>
        </ul>
    </nav>
        </div>
    </div>
</div>
</body>
</html>
```

> 将分页组件设置为右对齐。

本例中创建了 3 个分页组件并对其对齐方式进行设置，分别设置为不同的左对齐（默认）、居中对齐和右对齐。在 Edge 浏览器中打开该页面，其显示效果如图 7.25 所示。

图 7.25 设置分页对齐方式示例

7.6 使用加载指示器

加载指示器组件完全由 HTML 和 CSS 构建，而不需要使用 JavaScript 加载器用于指示控件或页面的加载状态。

7.6.1 创建加载指示器

Bootstrap 4 提供了两种类型的加载指示器，即圆形旋转指示器和逐渐变大指示器，分别通过添加.spinner-border 和.spinner-grow 类来创建。

【例 7.25】创建加载指示器示例。源代码如下：

```
<!doctype html>
<html>
<head>
    <meta charset="utf-8">
    <meta name="viewport" content="width=device-width, initial-scale=1">
    <title>创建加载指示器示例</title>
    <link rel="stylesheet" href="../css/bootstrap.css">
</head>

<body>
<div class="container">
    <div class="row">
```

```
    <div class="col">
      <h4 class="p-3 text-center">创建加载指示器示例</h4>
      <div class="text-center mb-5">
        <span>圆形旋转指示器：</span>
        <div class="spinner-border"></div>
      </div>
      <div class="text-center">
        <span>逐渐增大指示器：</span>
        <div class="spinner-grow"></div>
      </div>
    </div>
  </div>
</div>
</body>
</html>
```

圆形旋转指示器。

逐渐增大指示器。

　　本例中创建了一个圆形旋转指示器和一个逐渐增大指示器。在 Edge 浏览器中打开该页面，可以看到两个加载指示器均通过动画特效呈现，一个是带有缺口的圆环在不停地旋转，另一个是由小到大在不停地冒泡，同时颜色深浅也在变化之中，其显示效果如图 7.26 和图 7.27 所示。

图 7.26　某个时刻加载指示器的外观

图 7.27　另一时刻加载指示器的外观

7.6.2　设置加载指示器样式

　　使用 Bootstrap 4 提供的通用样式可以对加载指示器的颜色、大小和对齐方式进行设置。

1. 设置颜色

　　使用文本颜色样式.text-*可以对加载指示器的颜色进行设置，其中*可以是 primary、secondary、succes、warning、info、light 或 dark。

　　【例 7.26】设置加载指示器颜色示例。源代码如下：

```
<!doctype html>
<html>
<head>
    <meta charset="utf-8">
    <meta name="viewport" content="width=device-width, initial-scale=1">
    <title>设置加载指示器颜色示例</title>
    <link rel="stylesheet" href="../css/bootstrap.css">
</head>

<body>
<div class="container">
    <div class="row">
        <div class="col">
            <h4 class="p-3 text-center">设置加载指示器颜色示例</h4>
```

```
        <div class="text-center mb-3">
          <div class="spinner-border text-primary"></div>
          <div class="spinner-border text-secondary"></div>
          <div class="spinner-border text-success"></div>
          <div class="spinner-border text-danger"></div>
          <div class="spinner-border text-warning"></div>
          <div class="spinner-border text-info"></div>
          <div class="spinner-border text-light"></div>
          <div class="spinner-border text-dark"></div>
        </div>
        <div class="text-center">
          <div class="spinner-grow text-primary"></div>
          <div class="spinner-grow text-secondary"></div>
          <div class="spinner-grow text-success"></div>
          <div class="spinner-grow text-danger"></div>
          <div class="spinner-grow text-warning"></div>
          <div class="spinner-grow text-info"></div>
          <div class="spinner-grow text-light"></div>
          <div class="spinner-grow text-dark"></div>
        </div>
      </div>
    </div>
  </div>
</body>
</html>
```

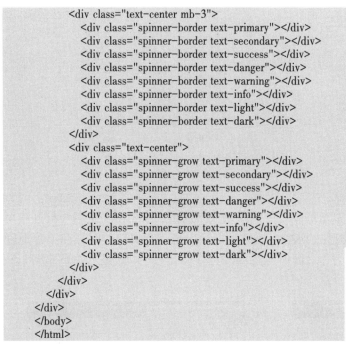

本例中创建了两组加载指示器并为其设置了不同的
颜色，显示效果如图 7.28 所示。

图 7.28　设置加载指示器颜色示例

2. 设置大小

通过添加.spinner-border-sm 或.spinner-grow-sm 可以创建小号的加载指示器，也可以使
用 CSS 样式对加载指示器的大小进行自定义。

【例 7.27】设置加载指示器大小示例。源代码如下：

```
<!doctype html>
<html>
<head>
<meta charset="utf-8">
<meta name="viewport" content="width=device-width, initial-scale=1">
<title>设置加载指示器大小示例</title>
<link rel="stylesheet" href="../css/bootstrap.css">
</head>


<body>
<div class="container">
  <div class="row">
    <div class="col">
      <h4 class="p-3 text-center">设置加载指示器大小示例</h4>
      <div class="text-center mb-3">
        <div class="spinner-border spinner-border-sm"></div>
        <div class="spinner-grow spinner-grow-sm"></div>
      </div>
      <div class="text-center">
        <div class="spinner-border" style="width: 3rem; height: 3rem;"></div>
        <div class="spinner-grow" style="width: 3rem; height: 3rem;"></div>
      </div>
    </div>
  </div>
</div>
</body>
</html>
```

小号加载指示器。

大号加载指示器。

本例中创建了两组加载指示器，一组是使用.spinner-border-sm 或.spinner-grow-sm 设置的小号加载指示器，另一组是用 CSS 自定义的大号加载指示器，如图 7.29 所示。

图 7.29　设置加载指示器大小示例

3. 设置对齐方式

加载指示器的对齐方式可以使用弹性布局类、浮动类或文本对齐类进行设置。

【例 7.28】设置加载指示器对齐方式示例。源代码如下：

```
<!doctype html>
<html>
<head>
<meta charset="utf-8">
<meta name="viewport" content="width=device-width, initial-scale=1">
<title>设置加载指示器对齐方式示例</title>
<link rel="stylesheet" href="../css/bootstrap.css">
</head>

<body>
<div class="container">
  <div class="row">
    <div class="col">
      <h4 class="p-3 text-center">设置加载指示器对齐方式示例</h4>
      <div class="d-flex justify-content-center">
        <div class="spinner-border"></div>
      </div>
      <div class="d-flex align-items-center">
        <strong>加载中...</strong>
        <div class="spinner-border ml-auto"></div>
      </div>
    </div>
  </div>
</div>
</body>
</html>
```

本例中创建了两个加载指示器，并使用弹性布局类为它们分别设置了不同的对齐方式，效果如图 7.30 所示。

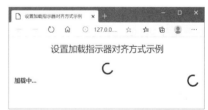

图 7.30　设置加载指示器对齐方式示例

7.6.3　加载指示器按钮

在按钮中使用加载指示器可以表示当前正在处理或正在进行的操作，还可以根据需要在按钮中使用文本。

【例 7.29】在按钮中添加加载指示器示例。源代码如下：

```
<!doctype html>
<html>
<head>
```

```
<meta charset="utf-8">
<meta name="viewport" content="width=device-width, initial-scale=1">
<title>在按钮中添加加载指示器示例</title>
<link rel="stylesheet" href="../css/bootstrap.css">
</head>

<body>
<div class="container">
  <div class="row">
    <div class="col">
      <h4 class="p-3 text-center">在按钮中添加加载指示器示例</h4>
      <div class="text-center mb-3">
        <button class="btn btn-primary" type="button" disabled>
          <span class="spinner-border spinner-border-sm"></span>
          <span class="sr-only">加载中...</span>
        </button>
        <button class="btn btn-primary" type="button" disabled>
          <span class="spinner-border spinner-border-sm"></span>
          加载中...
        </button>
      </div>
      <div class="text-center">
        <button class="btn btn-primary" type="button" disabled>
          <span class="spinner-grow spinner-grow-sm"></span>
          <span class="sr-only">加载中...</span>
        </button>
        <button class="btn btn-primary" type="button" disabled>
          <span class="spinner-grow spinner-grow-sm"></span>
          加载中...
        </button>
      </div>
    </div>
  </div>
</div>
</body>
</html>
```

本例分别在 4 个按钮中添加了加载指示器，显示效果如图 7.31 所示。

图 7.31　在按钮中添加加载指示器示例

7.7　使用卡片

卡片（Card）组件是一种灵活且可扩展的内容容器，它包括页眉和页脚选项、各种内容、上下文背景颜色及强大的显示选项。Bootstrap 3 中的 panel、well 和 thumbnail 组件已被卡片代替了，与这些组件类似的功能可以通过卡片的修饰类来实现。

7.7.1　创建基本卡片组件

卡片使用尽可能少的标记和样式来构建，不过仍然可以提供大量的控制和自定义功能。卡片使用 flexbox 构建，可以轻松对齐并与其他 Bootstrap 组件很好地混合使用。默认情况下卡片没有边距，应根据需要使用间距类来设置。卡片也没有固定的开始宽度，因此自然会填满其父元素的整个宽度，可以根据需要使用网格类、宽度类或内嵌样式来设置其宽度。

【例 7.30】创建基本卡片组件示例。源代码如下：

```
<!doctype html>
<html>
<head>
<meta charset="utf-8">
<meta name="viewport" content="width=device-width, initial-scale=1">
<title>创建基本卡片组件示例</title>
<link rel="stylesheet" href="../css/bootstrap.css">
</head>

<body>
<div class="container">
  <div class="row">
    <div class="col">
      <h4 class="p-3 text-center">创建基本卡片组件示例</h4>
      <div class="card mx-auto" style="width: 30rem;">
        <div class="card-body">
          <h5 class="card-title">苏堤春晓</h5>
          <p class="card-text text-justify">苏堤一直保持了沿堤两侧相间种植桃树和垂柳的植物景
观特色。春季拂晓时分，薄雾蒙蒙，垂柳初绿，桃花盛开，尽显西湖旖旎的柔美气质。</p>
          <a href="#" class="card-link">查看详情</a>
        </div>
      </div>
    </div>
  </div>
</div>
</body>
</html>
```

本例中创建了一个基本卡片组件，并设置了其宽度和对齐方式，效果如图 7.32 所示。

图 7.32　创建基本卡片组件示例

7.7.2　卡片的内容类型

卡片的所有内容都放在.card 容器内，内容主体部分应用.card-body 类，其中可以包含标题（.card-title）、文本（.card-text）、图片（.card-img-*）及链接（.card-link）等。也可以在卡片中添加列表组，此时应在列表组中添加.list-group-flush 类，以获得良好的呈现效果。根据需要，在.card 容器中还可以添加页眉（.card-head）和页脚（.card-footer）。

【例 7.31】在卡片中添加列表组、页眉和页脚示例。源代码如下：

```
<!doctype html>
<html>
<head>
<meta charset="utf-8">
<meta name="viewport" content="width=device-width, initial-scale=1">
<title>在卡片中添加列表组、页眉和页脚示例</title>
<link rel="stylesheet" href="../css/bootstrap.css">
</head>

<body>
<div class="container">
  <div class="row">
    <div class="col">
      <h4 class="p-3 text-center">在卡片中添加列表组、页眉和页脚示例</h4>
      <div class="card mx-auto" style="width: 32rem;">
        <div class="card-header">主流前端框架</div>
        <ul class="list-group list-group-flush">
```

```
            <li class="list-group-item">Bootstrap</li>
            <li class="list-group-item">React</li>
            <li class="list-group-item">Angular</li>
          </ul>
          <div class="card-footer">流行开发工具：WebStorm</div>
        </div>
      </div>
    </div>
  </div>
</body>
</html>
```

本例中创建了一个卡片组件，并在其中
添加了列表组、页眉和页脚，该页面的显示
效果如图 7.33 所示。

7.7.3　在卡片中添加导航

图 7.33　在卡片中添加列表组、页眉和页脚示例

使用 Bootstrap 的导航组件可以在卡片的页眉或块中添加一些导航链接，此时应在.nav
容器中添加.card-header-tabs 或.card-header-pills 类。

【例 7.32】在卡片中添加导航示例。源代码如下：

```
<!doctype html>
<html>
<head>
<meta charset="utf-8">
<meta name="viewport" content="width=device-width, initial-scale=1">
<title>在卡片中添加导航示例</title>
<link rel="stylesheet" href="../css/bootstrap.css">
</head>

<body>
<div class="container">
  <div class="row">
    <div class="col">
      <h4 class="p-3 text-center">在卡片中添加导航示例</h4>
    </div>
  </div>
  <div class="row">
    <div class="col">
      <div class="card">
        <div class="card-header">
          <nav class="nav nav-tabs card-header-tabs">        在卡片页眉中添加选项卡式导航。
            <a class="nav-item nav-link active" href="#">首页</a>
            <a class="nav-item nav-link" href="#">产品</a>
            <a class="nav-item nav-link" href="#">服务</a>
          </nav>
        </div>
        <div class="card-body">
          <h5 class="card-title">首页</h5>
          <p class="card-text">这里是首页</p>
          <a href="#" class="btn btn-primary">查看详情</a>
        </div>
      </div>
    </div>
    <div class="col">
      <div class="card">
        <div class="card-header">
          <nav class="nav nav-pills card-header-pills">       在卡片页眉中添加胶囊式导航。
```

```
            <a class="nav-item nav-link" href="#">首页</a>
            <a class="nav-item nav-link active" href="#">产品</a>
            <a class="nav-item nav-link" href="#">服务</a>
          </nav>
        </div>
        <div class="card-body">
          <h5 class="card-title">产品</h5>
          <p class="card-text">这里是产品页面</p>
          <a href="#" class="btn btn-primary">查看详情</a>
        </div>
      </div>
    </div>
  </div>
</div>
</body>
</html>
```

本例中创建了两个卡片组件，并在其中分别添加了选项卡式导航和胶囊式导航，该页
面的显示效果如图 7.34 所示。

图 7.34 在卡片中添加导航示例

7.7.4 在卡片中添加图片

卡片包含用于处理图片的一些选项，通过在卡片的任何一端附加.cad-img-*，可以将图
片嵌入到卡片中（.car-img、.car-img-top、.card-img-bottom），或者用卡片的内容覆盖在图
像上方（.card-img-overlay）。

【例 7.33】在卡片中嵌入图片示例。源代码如下：

```
<!doctype html>
<html>
<head>
<meta charset="utf-8">
<meta name="viewport" content="width=device-width, initial-scale=1">
<title>在卡片中嵌入图片示例</title>
<link rel="stylesheet" href="../css/bootstrap.css">
</head>

<body>
<div class="container">
  <div class="row">
    <div class="col">
      <h4 class="p-3 text-center">在卡片中嵌入图片示例</h4>
    </div>
  </div>
  <div class="row">
    <div class="col">
```

```
            <div class="card">
                <img src="../images/hz01.jpg" class="card-img-top" alt="苏堤春晓">
                <div class="card-body">
                    <h5 class="card-title">苏堤春晓</h5>
                    <p class="card-text text-justify">春天来了，拂晓时分，漫步苏堤，薄雾蒙蒙，垂柳初绿，
桃花盛开，尽显西湖旖旎的柔美气质。</p>
                    <a href="#" class="btn btn-primary">查看详情</a>
                </div>
            </div>
        </div>
        <div class="col">
            <div class="card">
                <div class="card-body">
                    <h5 class="card-title">曲院风荷</h5>
                    <p class="card-text text-justify">接天莲叶无穷碧，映日荷花别样红。夏日荷花盛开、香风
徐来，有暖风熏得游人醉的意境。</p>
                    <a href="#" class="btn btn-primary">查看详情</a>
                </div>
                <img src="../images/hz02.jpg" class="card-img-bottom" alt="曲院风荷">
            </div>
        </div>
    </div>
</div>
</body>
</html>
```

> 图片位于卡片顶部。

> 图片位于卡片底部。

本例中创建了两个包含图片的卡片，其中一幅图片在卡片的顶部，另一幅图片在卡片的底部，显示效果如图 7.35 所示。

图 7.35　在卡片中嵌入图片示例

【例 7.34】用卡片内容覆盖在图片上方。源代码如下：

```
<!doctype html>
<html>
<head>
<meta charset="utf-8">
<meta name="viewport" content="width=device-width, initial-scale=1">
<title>用卡片内容覆盖在图片上方</title>
<link rel="stylesheet" href="../css/bootstrap.css">
</head>

<body>
<div class="container">
    <div class="row">
        <div class="col">
```

```
        <h4 class="p-3 text-center">用卡片内容覆盖在图片上方</h4>
        <div class="card bg-dark text-white w-75 mx-auto">
          <img src="../images/hz03.jpg" class="card-img" alt="平湖秋月">
          <div class="card-img-overlay">
            <h5 class="card-title">平湖秋月</h5>
            <p class="card-text">位于孤山东南角、白堤西端南侧，是自湖北岸临湖观赏西湖水域全
景的最佳地点之一。以秋天夜晚皓月当空之际观赏湖光月色为主题。</p>
            <p class="card-text">该景观保留了一院一楼一碑一亭的院落布局。</p>
          </div>
        </div>
      </div>
    </div>
  </div>
</body>
</html>
```

用卡片内容覆盖在图片上方。

本例中创建了一个卡片并用卡片内容覆盖在图片
的上方，显示效果如图 7.36 所示。

7.7.5 设置卡片样式

使用 Bootstrap 4 提供的通用类.bg-*、.border-*
和.text-*可以设置卡片的背景、边框和文本的颜色。
若要删除卡片的背景颜色，则通过添加.bg-transparent 来实现。

图 7.36 用卡片内容覆盖在图片上方

【例 7.35】设置卡片样式示例。源代码如下：

```
<!doctype html>
<html>
<head>
<meta charset="utf-8">
<meta name="viewport" content="width=device-width, initial-scale=1">
<title>设置卡片样式示例</title>
<link rel="stylesheet" href="../css/bootstrap.css">
</head>

<body>
<div class="container">
  <div class="row">
    <div class="col">
      <h4 class="p-3 text-center">设置卡片样式示例</h4>
    </div>
  </div>
  <div class="row">
    <div class="col">
      <div class="card text-white bg-primary">
        <div class="card-header">卡片页眉</div>
        <div class="card-body">
          <h5 class="card-title">卡片标题</h5>
          <p class="card-text">卡片文本</p>
        </div>
        <div class="card-footer">卡片页脚</div>
      </div>
    </div>
    <div class="col">
      <div class="card border-primary">
        <div class="card-header">卡片页眉</div>
        <div class="card-body">
          <h5 class="card-title">卡片标题</h5>
          <p class="card-text">卡片文本</p>
```

```
        </div>
        <div class="card-footer border-primary">卡片页脚</div>
      </div>
    </div>
    <div class="col">
      <div class="card border-success">
        <div class="card-header bg-transparent">卡片页眉</div>
        <div class="card-body text-success">
          <h5 class="card-title">卡片标题</h5>
          <p class="card-text">卡片文本</p>
        </div>
        <div class="card-footer bg-transparent border-success">卡片页脚</div>
      </div>
    </div>
  </div>
</div>
</body>
</html>
```

本例中创建了 3 个卡片组件，并对它们的背景、边框和文本颜色进行了设置，该页面的显示效果如图 7.37 所示。

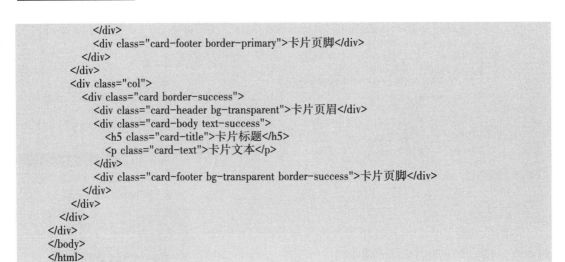

图 7.37　设置卡片样式示例

7.7.6　设置卡片布局

除了在卡片中设置内容的样式外，Bootstrap 还提供了一些用于布置多个卡片的布局选项，包括卡片组（.card-group）、卡片阵列（.card-desk）、多列卡片（.card-columns）及网格卡片。目前这些布局选项尚不支持响应式。

1. 创建卡片组

使用.card-group 类可以将多个卡片（.card）组合成一个卡片组，并通过 flexbox 弹性盒布局来实现统一布局，使各个卡片具有相同的宽度和高度。当使用具有页脚的卡片组时，它们的内容将会自动对齐。

【例 7.36】创建卡片组示例。源代码如下：

```
<!doctype html>
<html>
<head>
<meta charset="utf-8">
<meta name="viewport" content="width=device-width, initial-scale=1">
<title>创建卡片组示例</title>
<link rel="stylesheet" href="../css/bootstrap.css">
</head>
```

```
<body>
<div class="container">
  <div class="row">
    <div class="col">
      <h4 class="p-3 text-center">创建卡片组示例</h4>
      <div class="card-group">                    创建卡片组。
        <div class="card">
          <div class="card-body">
            <h5 class="card-title">卡片标题</h5>
            <p class="card-text">卡片文本</p>
          </div>
          <div class="card-footer">
            <small class="text-muted">卡片页脚</small>
          </div>
        </div>
        <div class="card">
          <div class="card-body">
            <h5 class="card-title">卡片标题</h5>
            <p class="card-text">卡片文本</p>
          </div>
          <div class="card-footer">
            <small class="text-muted">卡片页脚</small>
          </div>
        </div>
        <div class="card">
          <div class="card-body">
            <h5 class="card-title">卡片标题</h5>
            <p class="card-text">卡片文本</p>
          </div>
          <div class="card-footer">
            <small class="text-muted">卡片页脚</small>
          </div>
        </div>
      </div>
    </div>
  </div>
</div>
</body>
</html>
```

本例中创建了 3 个具有页脚的卡片，并通过.card-group 类将它们组合成一个卡片组，显示效果如图 7.38 所示。

图 7.38　创建卡片组示例

2. 创建卡片阵列

如果需要创建一组相互不连接，但宽度和高度相等的卡片，则可以使用卡片阵列

（.card-desk）来实现。

【例 7.37】创建卡片阵列示例。源代码如下：

```
<!doctype html>
<html>
<head>
<meta charset="utf-8">
<meta name="viewport" content="width=device-width, initial-scale=1">
<title>创建卡片阵列示例</title>
<link rel="stylesheet" href="../css/bootstrap.css">
</head>

<body>
<div class="container">
  <div class="row">
    <div class="col">
      <h4 class="p-3 text-center">创建卡片阵列示例</h4>
      <div class="card-deck">                        创建卡片阵列。
        <div class="card">
          <div class="card-body">
            <h5 class="card-title">卡片标题</h5>
            <p class="card-text">卡片文本</p>
          </div>
          <div class="card-footer">
            <small class="text-muted">卡片页脚</small>
          </div>
        </div>
        <div class="card">
          <div class="card-body">
            <h5 class="card-title">卡片标题</h5>
            <p class="card-text">卡片文本</p>
          </div>
          <div class="card-footer">
            <small class="text-muted">卡片页脚</small>
          </div>
        </div>
        <div class="card">
          <div class="card-body">
            <h5 class="card-title">卡片标题</h5>
            <p class="card-text">卡片文本</p>
          </div>
          <div class="card-footer">
            <small class="text-muted">卡片页脚</small>
          </div>
        </div>
      </div>
    </div>
  </div>
</div>
</body>
</html>
```

本例中创建了由 3 个卡片组成的卡片阵列，效果如图 7.39 所示。

图 7.39　创建卡片阵列示例

3. 创建多列卡片

将卡片包裹在.card-columns 中，就可以将其组织成类似于砖石结构的布局。卡片是使用 CSS columns 属性而不是弹性布局构建的，从而可以实现卡片的对齐。卡片的排列顺序是由上而下、从左至右。

【例 7.38】创建多列卡片示例。源代码如下：

```html
<!doctype html>
<html>
<head>
<meta charset="utf-8">
<meta name="viewport" content="width=device-width, initial-scale=1">
<title>创建多列卡片示例</title>
<link rel="stylesheet" href="../css/bootstrap.css">
</head>

<body>
<div class="container">
  <div class="row">
    <div class="col">
      <h4 class="p-3 text-center">创建多列卡片示例</h4>
      <div class="card-columns">                        创建多列卡片。
        <div class="card">
          <div class="card-body">
            <h5 class="card-title">卡片标题</h5>
            <p class="card-text">卡片文本</p>
          </div>
        </div>
        <div class="card p-3">
          <blockquote class="blockquote mb-0 card-body">
            <p>引用块内容</p>
            <footer class="blockquote-footer">
              <small class="text-muted">
                引自<cite title="Source Title">来源标题</cite>
              </small>
            </footer>
          </blockquote>
        </div>
        <div class="card">
          <div class="card-body">
            <h5 class="card-title">卡片标题</h5>
            <p class="card-text">卡片段落文本</p>
            <p class="card-text"><small class="text-muted">更新于 3 分钟前</small></p>
          </div>
        </div>
        <div class="card bg-primary text-white p-3">
          <blockquote class="blockquote mb-0">
            <p>引用块内容</p>
            <footer class="blockquote-footer text-white">
              <small>
                引自<cite title="Source Title">来源标题</cite>
              </small>
            </footer>
          </blockquote>
        </div>
        <div class="card">
          <div class="card-body">
            <h5 class="card-title">卡片标题</h5>
            <p class="card-text">卡片段落文本</p>
            <p class="card-text"><small class="text-muted">更新于 3 分钟前</small></p>
          </div>
        </div>
        <div class="card p-3">
          <blockquote class="blockquote mb-0">
            <p>引用块内容</p>
            <footer class="blockquote-footer">
              <small class="text-muted">
                引自<cite title="Source Title">来源标题</cite>
              </small>
            </footer>
```

```
          </blockquote>
        </div>
        <div class="card">
          <div class="card-body">
            <h5 class="card-title">卡片标题</h5>
            <p class="card-text">卡片段落文本</p>
            <p class="card-text"><small class="text-muted">更新于 3 分钟前</small></p>
          </div>
        </div>
        <div class="card">
          <div class="card-body">
            <h5 class="card-title">卡片标题</h5>
            <p class="card-text">卡片文本</p>
          </div>
        </div>
      </div>
    </div>
  </div>
</div>
</body>
</html>
```

本例中创建了由 8 个卡片组成的多列卡片，显示效果如图 7.40 所示。

图 7.40　创建多列卡片示例

4. 创建网格卡片

使用 Bootstrap 网格系统及其.row-cols 类可以控制每行显示多少个网格列，用来包装多个卡片。例如，使用.row-cols-1 可以将卡片排列在一列上，而.row-cols-md-2 则从中间断点开始将 4 个卡片以相等的宽度分布在多行中。

【例 7.39】创建网格卡片示例。源代码如下：

```
<!doctype html>
<html>
<head>
<meta charset="utf-8">
<meta name="viewport" content="width=device-width, initial-scale=1">
<title>创建网格卡片示例</title>
<link rel="stylesheet" href="../css/bootstrap.css">
</head>

<body>
<div class="container">
  <div class="row">
    <div class="col">
      <h4 class="p-3 text-center">创建网格卡片示例</h4>
    </div>
```

```
        </div>
    <div class="row row-cols-1 row-cols-md-2">
      <div class="col mb-4">
        <div class="card border-primary">
          <div class="card-body">
            <h5 class="card-title">卡片标题</h5>
            <p class="card-text">这张卡片可以引入其他内容。 此内容要长一点。</p>
          </div>
        </div>
      </div>
      <div class="col mb-4">
        <div class="card border-secondary">
          <div class="card-body">
            <h5 class="card-title">卡片标题</h5>
            <p class="card-text">这张卡片可以引入其他内容。 此内容要长一点。</p>
          </div>
        </div>
      </div>
      <div class="col mb-4">
        <div class="card border-success">
          <div class="card-body">
            <h5 class="card-title">卡片标题</h5>
            <p class="card-text">这张卡片可以引入其他内容。</p>
          </div>
        </div>
      </div>
      <div class="col mb-4">
        <div class="card border-danger">
          <div class="card-body">
            <h5 class="card-title">卡片标题</h5>
            <p class="card-text">这张卡片可以引入其他内容。 此内容要长一点。</p>
          </div>
        </div>
      </div>
    </div>
  </div>
</body>
</html>
```

本例中创建了一个网格卡片，它由 4 个卡片组成，效果如图 7.41 所示。

图 7.41　创建网格卡片示例

 习题 7

一、选择题

1.创建导航栏时，应在折叠按钮中添加（　　　）类。

A．.navbar-brand　　　B．.navbar-toggle　　　C．.navbar-collapse　　　D．.navbar-nav

2. 要创建水平列表组，必须添加（　　）类。

A．.list-group　　　B．.list-group-item　　　C．.list-group-flush　　　D．.list-group-horizontal

3. 要在卡片中添加页眉，则应添加（　　）类。

A．.card-body　　　B．.card-title　　　C．.card-head　　　D．.card-footer

二、判断题

1.（　　）要创建动画条纹进度条，应在.progress-bar 元素上再添加.progress-bar-striped。

2.（　　）导航栏需要使用.navbar-expand-{breakpoint}来包装.navbar 元素，以便进行响应式折叠。

3.（　　）通过添加.list-group-horizontal 可以将所有断点的列表组项目的布局从垂直更改为水平。

4.（　　）圆形旋转指示器可以通过添加.spinner-grow 类来创建。

5.（　　）创建卡片阵列应使用.card-desk 容器来包装所有卡片。

三、操作题

1. 在网页中创建一些进度条，要求使用 w-*类或内嵌样式来设置当前进度。

2. 在网页中创建一些进度条，要求在其中添加当前进度指示标签。

3. 在网页中创建一些进度条，要求为它们设置不同的背景颜色。

4. 在网页中创建一个多进度进度条，要求用不同的背景颜色来表示各个进度。

5. 在网页中创建一个静态条纹状进度条和一个动画条纹进度条。

6. 在网页中创建一个导航栏，要求在 md 断点以下隐藏部分内容，但可以通过单击折叠按钮来显示隐藏的内容，在 md 断点以下导航栏所有内容均为可见。

7. 在网页中创建 3 个导航栏，要求为它们设置不同的配色方案。

8. 在网页中创建一个固定到顶部的导航栏和一个固定到底部的导航栏。

9. 在网页中创建一个列表组，要求其中至少包含 3 个列表项。

10. 在网页中创建一个水平列表组，要求其中至少包含 3 个列表项。

11. 在网页中创建一个列表组，要求其中至少包含 3 个列表项，并将一个列表项设置为激活状态，将另一个列表项设置为禁用状态。

12. 在网页中创建一个列表组，要求对各个列表项设置不同的颜色。

13. 在网页中创建一个列表组，要求其中包含链接列表项和按钮列表项。

14. 在网页中创建一个面包屑组件，要求以 ">" 作为分隔符。

15. 在网页中创建一个分页组件，要求包含 "首页" "上一页" "下一页" "末页" 和一些数字页号。

16. 在网页中创建一个圆形旋转指示器和一个逐渐增大指示器，并对它们设置不同的颜色。

17. 在网页中创建一个卡片，要求其中包含标题、段落和链接。

18. 在网页中创建一个卡片，要求在其中添加列表组、页眉和页脚。

19. 在网页中创建一个卡片，要求在其中添加导航组件。

20. 在网页中创建一个卡片，要求在其中添加图、标题、段落和链接。

第 **8** 章

| 使用 jQuery 插件（上）|

Bootstrap 4 组件主要基于 CSS 样式构建，在前端开发中起着重要作用。为了赋予页面交互功能，Bootstrap 4 还提供大量的插件。由于这些插件是基于 jQuery 库构建的，因此也称为 jQuery 插件。本章将重点讲解部分 jQuery 插件的使用方法。

本章学习目标

- 了解插件基本知识
- 掌握按钮和工具提示插件的用法
- 掌握弹出框和警告框插件的用法
- 掌握模态框和折叠插件的用法

8.1 插件基础

要使用 Bootstrap 4 提供的 jQuery 插件，必须确保在页面中导入相关的 JavaScript 文件，包括 jquery-3.4.1.js、popper.js 和 bootstrap.js。

8.1.1 插件分类

每个 Bootstrap 插件都有相应的 JavaScript 文件。在 Bootstrap 4 源文件的 js 文件夹中，可以找到这些文件（见图 8.1），现说明如下。

- 警告框：alert.js。
- 按钮：button.js。
- 轮播：carcousel.js。
- 折叠：collapse.js。
- 下拉菜单：dropdown.js。

alert.js
button.js
carousel.js
collapse.js
dropdown.js
index.js
modal.js
popover.js
scrollspy.js
tab.js
toast.js
tooltip.js
util.js

图 8.1　Bootstrap 4 插件

- 模态框：modal.js。
- 弹出框：popover.js。
- 滚动监听：scrollspy.js。
- 选项卡：tab.js。
- 工具提示：tooltip.js。
- 提示框：toast.js。

8.1.2　安装插件

所有 Bootstrap 4 插件均依赖于 jQuery，因此在使用插件之前必须确保首先在页面文件中导入 jQuery 库文件。例如：

```
<script src="../js/jquery-3.4.1.js"><script>
```

由于下拉菜单和工具提示插件还依赖于支持文件 popper.js，因此使用这两个插件时还必须在引用 jQuery 库文件之后引用该文件。

```
<script src="../js/popper.js"><script>
```

安装 Bootstrap 4 插件有以下两种方式，即导入单个插件和导入全部插件。单个插件对应的 JavaScript 文件已在第 8.1.1 节中介绍过了。例如，如果只需要使用警告框，则可以导入以下文件。

```
<script src="../js/alert.js"></script>
```

由于所有 Bootstrap 4 插件均依赖于 util.js，因此必须在使用某一插件之前导入该文件。

```
<script src="../js/util.js"></script>
```

util.js 文件包含实用工具函数、基本事件及 CSS 转换模拟器。该文件与插件文件位于同一个文件夹中。全部插件则包含在 bootstrap.js 或 bootstap.min.js 中。除了所有插件，这两个文件中还包含了 util.js。在开发过程中可以导入以下文件。

```
<script src="../js/bootstrap.js"></script>
```

在部署项目时，则导入以下文件。

```
<script src="../js/bootstap.min.js"></script>
```

导入 JavaScript 文件时，可以将 script 标签放在文档头部\<head\>或尾部\<body\>中。

8.1.3　调用插件

Bootstrap 插件有两种调用方式，即通过 data 属性调用或通过 JavaScript 调用。下面对这两种调用方式加以说明。

1. 通过 data 属性调用

在页面中针对目标元素设置 data 属性即可启用插件，而不用编写 JavaScript 脚本。

例如，要启用下拉菜单，对下拉按钮设置 data-toggle="dropdown" 属性即可，代码如下。

```
<button type="button" class="btn btn-primary" data-toggle="dropdown">下拉菜单</button>
```

其中 data-toggle 属性是 Bootstrap 激活特定插件的专用属性，这个属性的值为对应插件的名称字符串。

对于多数 Bootstrap 插件，还需要结合 data-target 属性来使用，这个属性的值通常是一个 jQuery 选择器。例如，使用模态框时使用以下代码定义一个按钮和模态框。

```
<button type="button" class="btn" data-toggle="modal" data-target="#myModal1">打开模态框</button>
```

```
<div id="myModal1" class="modal">模态框</div>
```

当单击按钮时即可打开 id 为 myModal 的模态框。

有些插件可能还支持其他 data 属性，详情请参阅相关章节。

在某些情况下，可能需要禁用 data 属性。为此，可以使用 data-API 取消对页面中所有事件的绑定，代码如下。

```
$(document).off('data-api');
```

如果仅针对特定插件禁用 data 属性，则可以将该插件的名称与数据 API 一起作为参数使用。例如，要针对警告框禁用 data 属性，可以使用以下代码来实现。

```
$(document).off('.alert.data-api')
```

2. 通过 JavaScript 调用

也可以通过编写 JavaScript 代码来调用 Bootstrap 插件。例如，如果要调用下拉菜单和模态框，可以通过以下代码来实现。

```
$(function() {
    $('.dropdown-toggle').dropdown();  // 调用下拉菜单
    $('.btn').click(  // 处理按钮单击事件
        $('#myModal').modal();  // 调用模态框
    );
}
```

8.1.4 选项、方法和事件

Bootstrap 4 为大多数插件都定义了一些选项、方法和事件。学习 Bootstrap 4 插件时，必须在理解它们的结构和样式的基础上着重掌握其选项、方法和事件的用法。

1. 选项

选项用于设置插件的某些行为特征。例如，模态框插件具有 keyboard 和 show 选项，其中 keyboard 选项用于设置是否可以通过按【Esc】键来关闭模态框，show 选项则用于指定初始化时是否显示模态框。插件的选项可以通过以下两种方式来设置。

（1）通过 data 属性来设置。例如，要设置模态框的 keyboard 选项，可以通过在.modal元素中设置 data-keyboard 属性来实现，代码如下。

```
<div id="myModal' class="modal" data-keyboard="false">
    ...
</div>
```

（2）通过 JavaScript 来设置。例如，当调用模态框的构造方法 modal()时，可以传入一个 JavaScript 对象作为参数，通过该对象的属性来设置相关选项，代码如下。

```
$('#myModal').modal({keyboard: false; show: false});
```

2. 方法

方法用于执行插件的某种操作。插件的方法可以通过 JavaScript 来调用。例如，模态框具有 show 和 hide 方法，分别用于手动打开和关闭模态框，其调用方式如下。

```
$('#myModal').modal('show');
$('#myModal').modal('hide');
```

3. 事件

事件是插件对某些用户操作或系统行为做出的响应。针对插件的特定事件，根据需要来编写 JavaScript 代码，以实现预期的功能，这段代码也称为事件处理程序。

例如，模态框具有 show 和 hide 事件，相应的事件类型分别为 show.bs.modal 和 hide.bs.modal，它们分别在调用 show 和 hide 实例方法时触发。在 jQuery 中，可以通过调用插件的 on()方法来绑定插件的事件处理程序。要在关闭模态框执行某种操作，可以通过以下代码来实现。

```
$('#myModal').on('hidden.bs.modal', function (e) {
    // hidden 为事件名称，bs 表示 Bootstrap，modal 为插件名称
    // do something...
});
```

8.2　使用按钮插件

按钮组件仅依赖于 bootstrap.css 或 bootstrap.min.css 样式文件。除了样式文件，按钮插件还依赖 button.js 库，该库包含在 bootstrap.js 和 bootstrap.min.js 文件中。

8.2.1　切换按钮状态

按钮具有未激活和激活两种状态，两种状态的按钮在背景颜色上有所不同。切换按钮状态的方式有以下两种。

（1）在<button>标签中设置 data-toggle="button"属性。如果要预切换按钮，则必须在<button>标签中添加.active 类和 aria-pressed="true"属性。

（2）在 JavaScript 中调用按钮的 button('toggle')方法，使按钮具有已被激活的外观。

【例 8.1】切换按钮状态示例。源代码如下：

```
<!doctype html>
<html>
<head>
<meta charset="utf-8">
<meta name="viewport" content="width=device-width, initial-scale=1">
<title>切换按钮状态示例</title>
<link rel="stylesheet" href="../css/bootstrap.css">
</head>

<body>
<div class="container">
  <div class="row">
    <div class="col text-center">
      <h4 class="p-3">切换按钮状态示例</h4>
      <button id="btn1" type="button" class="btn btn-primary" aria-pressed="false">
        我的按钮
      </button>
      <button id="btn2" type="button" class="btn btn-warning">切换按钮</button>
    </div>
  </div>
</div>
<script src="../js/jquery-3.4.1.min.js"></script>
<script src="../js/popper.min.js"></script>
<script src="../js/bootstrap.min.js"></script>
<script>
  $('#btn2').click(function() {
      $('#btn1').button('toggle');
```

```
   });
</script>
</body>
</html>
```

图 8.2　切换按钮状态示例

本例中创建了两个按钮，第 1 个按钮用于显示按钮的切换状态，对第 2 个按钮编写了单击事件处理程序，通过调用.button('toggle')来切换第1个按钮的状态，如图8.2所示。

8.2.2　单选按钮与复选按钮

Bootstrap 的按钮样式也可以应用于其他元素（如<label>），以提供复选框或单选按钮样式的切换效果。通过在.btn-group 按钮组中添加.btn-group-toggle 样式，并在该元素中设置 data-toggle="buttons"属性，可以通过 JavaScript 来启用其切换行为。

【例 8.2】单选按钮与复选按钮示例。源代码如下：

```
<!doctype html>
<html>
<head>
<meta charset="utf-8">
<meta name="viewport" content="width=device-width, initial-scale=1">
<title>单选按钮与复选按钮示例</title>
<link rel="stylesheet" href="../css/bootstrap.css">
</head>

<body>
<div class="container">
  <div class="row">
    <div class="col">
      <h4 class="p-3 text-center">单选按钮与复选按钮示例</h4>
      <p>复选按钮:                                          复选按钮组。
      <div class="btn-group btn-group-toggle mb-3" data-toggle="buttons">
        <label class="btn btn-outline-primary">
          <input type="checkbox" id="checkboxBold">粗体
        </label>
        <label class="btn btn-outline-primary">
          <input type="checkbox" id="checkboxItalic" checked>斜体
        </label>
        <label class="btn btn-outline-primary">
          <input type="checkbox" id="checkboxUnline">下画线
        </label>
      </div>
      </p>
      <p>单选按钮:                                          单选按钮组。
      <div class="btn-group btn-group-toggle" data-toggle="buttons">
        <label class="btn btn-outline-secondary">
          <input type="radio" name="fontsize" id="radioSmall">小号字体
        </label>
        <label class="btn btn-outline-secondary active">
          <input type="radio" name="fontsize" id="radioMedium" checked>中号字体
        </label>
        <label class="btn btn-outline-secondary">
          <input type="radio" name="fontsize" id="radioLarge">大号字体
        </label>
      </div>
      </p>
    </div>
  </div>
```

```
</div>
<script src="../js/jquery-3.4.1.min.js"></script>
<script src="../js/popper.min.js"></script>
<script src="../js/bootstrap.min.js"></script>
</body>
</html>
```

本例中创建了一组复选按钮和一组单选按钮，前者允许进行多选，后者则仅限单选。该页面的运行效果如图 8.3 所示。

图 8.3 单选按钮与复选按钮示例

8.3 使用工具提示插件

工具提示（Tooltip）插件的功能是当用鼠标指向某个按钮或链接时显示一段提示信息，用于对该按钮或链接进行详细的说明。该插件依赖 popper.js 和 tooltip.js，必须将 popper.js 文件放在 tooltip.js 之前导入，或者使用 bootstrap.js/bootstrap.min.js，因为它们已经包含了 tooltip.js。

8.3.1 创建工具提示插件

工具提示需要结合 data-*属性和 JavaScript 才能触发。添加工具提示的步骤如下。

（1）对按钮或链接设置 data-toggle="tooltip"属性。

（2）对按钮或链接设置 title 或 data-title 属性，这些属性的值便是工具提示插件所显示的提示信息的内容。Bootstrap 优先读取 title 属性，仅当 title 属性不存在或其值为空时才会读取 data-title 属性。设置 title 属性值时可以使用一些修饰性标签，如<em>、<b>或<u>等。

（3）对按钮或链接设置 data-placement 属性，以指定工具提示出现的位置。该属性的取值可以是字符串"top""right""bottom"或"left"，分别指定工具提示出现在按钮或链接的顶部、右侧、底部或左侧，默认值为"top"。

（4）在 JavaScript 中调用工具提示的构造方法，代码如下。

```
$('[data-toggle="tooltip"]').tooltip();
```

其中$()函数用于将 DOM 元素包装为 jQuery 对象。以上代码的功能是从页面中获取所有设置了 data-toggle="tooltip"属性的元素，然后调用它们的 tooltip()方法，从而激活工具提示。

由于禁用的按钮或链接是不能交互的，因此无法通过鼠标指针悬停来触发工具提示。在这种情况下，可以为按钮或链接包裹一个<span>标签作为容器，然后针对该容器来定义工具提示。

【例 8.3】创建工具提示插件示例。源代码如下：

```
<!doctype html>
<html>
<head>
<meta charset="utf-8">
<meta name="viewport" content="width=device-width, initial-scale=1">
<title>创建工具提示插件示例</title>
<link rel="stylesheet" href="../css/bootstrap.css">
</head>

<body>
```

```
<div class="container">
  <div class="row">
    <div class="col">
      <h4 class="p-3 text-center">创建工具提示插件示例</h4>
      <nav class="nav nav-tabs">
        <a href="#" class="nav-link active" data-toggle="tooltip" data-placement="top" title="顶部提示">顶部提示</a>
        <a href="#" class="nav-link" data-toggle="tooltip" data-placement="right" title="右侧提示">右侧提示</a>
        <a href="#" class="nav-link" data-toggle="tooltip" data-placement="bottom" title="底部提示">底部提示</a>
        <a href="#" class="nav-link" data-toggle="tooltip" data-placement="left" title="左侧提示">左侧提示</a>
      </nav>
    </div>
  </div>
</div>
<script src="../js/jquery-3.4.1.min.js"></script>
<script src="../js/popper.min.js"></script>
<script src="../js/bootstrap.min.js"></script>
<script>
  $('[data-toggle="tooltip"]').tooltip();
</script>
</body>
</html>
```

本例中创建了一个包含 4 个链接的导航组件，并为每个链接都添加了工具提示，对它们分别设置了不同的显示位置，运行结果如图 8.4 和图 8.5 所示。

图 8.4　显示在链接顶部的工具提示

图 8.5　显示在链接底部的工具提示

8.3.2　调用工具提示插件

在 JavaScript 中，调用工具提示插件的构造方法时可以传入对象作为参数，通过该对象可以对提示工具插件的相关选项（见表 8.1）进行设置。

表 8.1　工具提示插件的选项

名　称	类　型	默认值	描　述
animation	boolean	true	是否将 CSS 淡入淡出应用于工具提示
container	string | element | false	false	是否将提示工具附加到特定的元素上，如 container: 'body'
delay	number | object	0	设置显示和隐藏工具提示的延迟时间（ms）。不适用于手动触发类型。如果向该选项提供一个数字，则隐藏/显示都会应用这个延迟时间。对象结构是：delay: {"show": 500, "hide": 100}
html	boolean	false	是否在工具提示中插入 HTML。如果为 true，则 title 属性中的 HTML 标签将会在工具中呈现。如果为 false，则将使用 jQuery 的 text 方法将内容插入 DOM 中，以防 XSS 攻击
placement	string | function	'top'	设置工具提示的位置，包括 auto、top、bottom、left 和 right。如果设置为 auto，则会动态地调整工具提示的位置

续表

名　称	类　型	默认值	描　述
selector	string | false	false	设置一个选择器，指定将工具提示针对指定目标显示
title	string | element | function	''	设置 title 属性不存在时使用的默认提示信息。如果提供了一个函数，则调用此函数时 this 引用被设置为工具提示的元素
trigger	string	'hover focus'	设置工具提示的触发方式，包括 click、hover、focus 和 manual，可以传递多个触发器，用空格隔开，但是 manual 不能与其他触发器结合使用
offset	number | string	0	设置工具提示相对于其目标的偏移量

工具提示插件拥有多个实例方法（见表 8.2）。

表 8.2　工具提示插件的实例方法

方　法	描　述
$().tooltip(options)	将工具提示处理程序附加到元素集合（构造方法）中
.tooltip('show')	显示指定元素的工具提示
.tooltip('hide')	隐藏指定元素的工具提示
.tooltip('toggle')	切换指定元素的工具提示
.tooltip('dispose')	隐藏并销毁指定元素的工具提示
.tooltip('enable')	为元素的工具提示提供显示的功能。默认情况下工具提示是启用的
.tooltip('disable')	删除了显示元素工具提示的功能。只有重新启用后，才能显示工具提示
.tooltip('toggleEnabled')	切换显示或隐藏元素工具提示的功能
.tooltip('update')	更新元素工具提示的位置

【例 8.4】设置工具提示选项示例。源代码如下：

```
<!doctype html>
<html>
<head>
<meta charset="utf-8">
<meta name="viewport" content="width=device-width, initial-scale=1">
<title>设置工具提示选项示例</title>
<link rel="stylesheet" href="../css/bootstrap.css">
</head>

<body>
<div class="container">
  <div class="row">
    <div class="col">
      <h4 class="p-3 text-center">设置工具提示选项示例</h4>
      <div class="list-group">
        <a href="#" class="list-group-item list-group-item-action" data-toggle="tooltip"
          title="<img src='../images/hz01.jpg' alt='' class='img-fluid'>">
          苏堤春晓
        </a>
        <a href="#" class="list-group-item list-group-item-action" data-toggle="tooltip"
          title="<img src='../images/hz02.jpg' alt='' class='img-fluid'>">
          曲院风荷
        </a>
        <a href="#" class="list-group-item list-group-item-action" data-toggle="tooltip"
          title="<img src='../images/hz03.jpg' alt='' class='img-fluid'>">
          平湖秋月
        </a>
        <a href="#" class="list-group-item list-group-item-action" data-toggle="tooltip"
          title="<img src='../images/hz04.jpg' alt='' class='img-fluid'>">
          断桥残雪
        </a>
```

```
            </div>
          </div>
        </div>
      </div>
      <script src="../js/jquery-3.4.1.min.js"></script>
      <script src="../js/popper.min.js"></script>
      <script src="../js/bootstrap.min.js"></script>
      <script>
        $('[data-toggle="tooltip"]').tooltip({
            html: true, delay: 200,
            placement: 'auto'
        });
      </script>
    </body>
</html>
```

本例在列表组中添加了 4 个链接并为它们设置了包含图片内容的工具提示，调用 tooltip()
构造方法时传入参数，允许在工具提示中使用 HTML 内容，运行结果如图 8.6 和图 8.7 所示。

图 8.6　指向某个链接时显示的图片

图 8.7　指向另一个链接时显示的图片

8.3.3　处理工具提示事件

Bootstrap 4 为工具提示插件提供了 5 个事件（见表 8.3）。

表 8.3　工具提示插件的事件

事件类型	描　述
show.bs.tooltip	调用 show 实例方法时，将立即触发此事件
shown.bs.tooltip	当工具提示对用户可见时将触发此事件（等待 CSS 转换完成）
hide.bs.tooltip	调用 hide 实例方法后，立即触发此事件
hidden.bs.tooltip	当工具提示已向用户隐藏时将触发此事件（等待 CSS 转换完成）
inserted.bs.tooltip	当工具提示模板已添加到 DOM 后，会在 show.bs.tooltip 事件发生后触发此事件

【例 8.5】监听工具提示事件示例。源代码如下：

```
<!doctype html>
<html>
<head>
<meta charset="utf-8">
<meta name="viewport" content="width=device-width, initial-scale=1">
<title>监听工具提示事件示例</title>
<link rel="stylesheet" href="../css/bootstrap.css">
</head>

<body>
<div class="container">
  <div class="row">
```

```
        <div class="col">
            <h4 class="p-3 text-center">监听工具提示事件示例</h4>
            <button class="btn btn-primary" data-toggle="tooltip" title="监听事件">请用鼠标指向该按钮
</button>
            <ul id="events"></ul>
        </div>
    </div>
</div>
<script src="../js/jquery-3.4.1.min.js"></script>
<script src="../js/popper.min.js"></script>
<script src="../js/bootstrap.min.js"></script>
<script>
    $('[data-toggle="tooltip"]').tooltip()
    .on('show.bs.tooltip shown.bs.tooltip hide.bs.tooltip hidden.bs.tooltip inserted.bs.tooltip'
        , function (e) {
        if (e.type === 'show') $('#events').empty();
        $('#events').append('<li>触发' + e.type + '.bs.tooltip 事件</li>');
    });
</script>
</body>
</html>
```

对工具提示插件绑定事件监听函数。

本例中为工具提示插件的 5 个事件都绑定了事件监听函数。当用鼠标指向按钮时显示工具提示信息，当鼠标离开按钮时隐藏工具提示信息，在这个过程依次触发工具提示插件的各个事件，运行效果如图 8.8 所示。

图 8.8　监听工具提示事件示例

 ## 8.4　使用弹出框插件

弹出框与工具提示很相似，所不同的是弹出框更大，并且支持标题和内容，所支持的内容也更多，此外弹出框需要通过单击按钮或链接才会显示出来，再次单击按钮或链接则会隐藏起来。弹出框插件依赖 popover.js 和 tooltip.js 库文件，这两个库文件均包含在 bootstrap.js 或 bootstrap.min.js 中。

8.4.1　创建弹出框插件

弹出框插件需要同时使用 data-*属性和 JavaScript 脚本来调用，而且必须通过单击按钮或链接才能显示出来。

为按钮或链接添加弹出框的步骤如下。

（1）在按钮或链接上设置 data-toggle="popover"属性，以设置通过该按钮或链接来显示或隐藏弹出框。

（2）在按钮或链接上设置 title 或 data-title 属性，以设置弹出框的标题。不过，Bootstrap 优先读取 title 属性值作为弹出框的标题，只有在 title 属性不存在或该属性值为空的情况下才会读取 data-title 属性值作为弹出框的标题。

（3）在按钮或链接上设置 data-content 属性，以设置弹出框的内容。

（4）在按钮或链接上设置 data-placement 属性，用于控制弹出框出现的位置。该属性

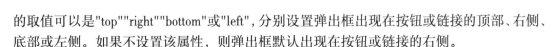

的取值可以是"top""right""bottom"或"left"，分别设置弹出框出现在按钮或链接的顶部、右侧、底部或左侧。如果不设置该属性，则弹出框默认出现在按钮或链接的右侧。

（5）在 JavaScript 中调用 popover()方法，以激活弹出框，代码如下。

```
$('[data-toggle="popover"]').popover();
```

【例 8.6】创建弹出框插件示例。源代码如下：

```
<!doctype html>
<html>
<head>
<meta charset="utf-8">
<meta name="viewport" content="width=device-width, initial-scale=1">
<title>创建弹出框示例</title>
<link rel="stylesheet" href="../css/bootstrap.css">
</head>

<body>
<div class="container">
    <div class="row">
        <div class="col">
            <h4 class="p-5 text-center mb-5">创建弹出框示例</h4>
            <p class="text-center mb-5">
                <a href="#" data-toggle="popover" itle="默认弹出框"
                    data-content="弹出框内容<br>这是一个默认弹出框">默认弹出框</a>
                <a href="#" data-toggle="popover" data-placement="top" title="顶部弹出框"
                    data-content="弹出框内容<br>这是出现在顶部的弹出框">顶部弹出框</a>
                <a href="#" data-toggle="popover" data-placement="right" title="右侧弹出框"
                    data-content="弹出框内容<br>这是出现在右侧的弹出框">右侧弹出框</a>
                <a href="#" data-toggle="popover" data-placement="bottom" title="底部弹出框"
                    data-content="弹出框内容<br>这是出现在底部的弹出框">底部弹出框</a>
                <a href="#" data-toggle="popover" data-placement="left" title="左侧弹出框"
                    data-content="弹出框内容<br>这是出现在左侧的弹出框">左侧弹出框</a>
            </p>
            <p class="text-center">
                <button type="button" class="btn btn-primary" data-toggle="popover"
                    title="默认弹出框" data-content="弹出框内容<br>这是一个默认弹出框">默认弹出框
</button>
                <button type="button" class="btn btn-secondary" data-toggle="popover" data-placement="top"
                    title="顶部弹出框" data-content="弹出框内容<br>这是出现在顶部的弹出框">顶部弹出
框</button>
                <button type="button" class="btn btn-success" data-toggle="popover" data-placement="right"
                    title="右侧弹出框" data-content="弹出框内容<br>这是出现在右侧的弹出框">右侧弹出
框</button>
                <button type="button" class="btn btn-danger" data-toggle="popover" data-placement="bottom"
                    title="底部弹出框" data-content="弹出框内容<br>这是出现在底部的弹出框">底部弹出
框</button>
                <button type="button" class="btn btn-warning" data-toggle="popover" data-placement="left"
                    title="左侧弹出框" data-content="弹出框内容<br>这是出现在左侧的弹出框">左侧弹出
框</button>
            </p>
        </div>
    </div>
</div>
<script src="../js/jquery-3.4.1.min.js"></script>
<script src="../js/popper.min.js"></script>
<script src="../js/bootstrap.min.js"></script>
<script>
    $('[data-toggle="popover"]').popover({html: true});
</script>
</body>
```

</html>

本例创建了一组链接和一组按钮，对所有链接和按钮都设置了 title 属性（作为弹出框的标题内容），还设置了 data-toggle、data-content 和 data-placement 属性，其中 data-toggle 属性均设置为"popover"。当单击这些链接或按钮时将会在不同位置上出现弹出框，运行结果如图 8.9 所示。

图 8.9　出现在不同位置的弹出框

8.4.2　调用弹出框插件

调用.popover()方法时，可以传入一个对象作为参数，并通过该参数对弹出框的各种选项（见表 8.4）进行设置。

表 8.4　弹出框插件的选项

名　称	类　型	默认值	描　述
animation	boolean	true	是否将 CSS 淡入淡出过渡应用于弹出框
container	string | element | false	false	将弹出框附加到特定元素，允许将弹出框放置在文档流中靠近触发元素的位置，如 container: 'body'
content	string | element | function	''	设置默认内容。若不存在 data-content 属性，则使用该值
delay	number | object	0	设置显示和隐藏弹出框的延迟时间（ms），不适用于手动触发类型。如果提供了数字，则延迟会同时应用于隐藏/显示。对象结构为：delay: {"show": 500, "hide": 100}
html	boolean	false	是否允许将 HTML 插入弹出框。若为 false，则将使用 jQuery 的 text 方法将内容插入 DOM
placement	string | function	'right'	设置如何放置弹出框，可以是 auto、top、right、bottom、left。指定 auto 时，将动态调整弹出框的方向
selector	string | false	false	如果提供了选择器，则 popover 对象将委派给指定的目标，用于对动态 HTML 内容添加弹出框
template	string	<div>...</div>	创建弹出框时使用的基本 HTML 模板。弹出框的标题将注入.popover-header 中；弹出框的内容将注入.popover-body 中；.arrow 类用于指定弹出框的箭头；最外层的包装器元素应具有.popover 类。
title	string | element | function	''	设置默认标题。如果没有 title 属性，则使用该值
trigger	string	'click'	设置如何触发弹出框，可以是'click''hover''focus'或'manual'。可以传递多个触发器；用空格分隔它们。'manual'不能与任何其他触发器组合使用
offset	number | string	0	设置相对于目标的弹出框的偏移量
fallbackPlacement	string | array	'flip'	指定弹出框回退时使用的位置
boundary	string | element	'scrollParent'	设置弹出框的溢出约束边界。接受 'viewport''window''scrollParent'或 HTMLElement 引用的值（仅 JavaScript）

续表

名　　称	类　　型	默认值	描　　述
sanitize	boolean	true	启用或禁用清理。如果激活了'template'，则'content'和'title'选项将被清除。
whiteList	object		包含允许的属性和标签的对象
sanitizeFn	null | function	null	在这里可以提供自己的清理功能。如果更喜欢使用专用库执行清理操作，则此功能很有用

在表 8.4 中，template 选项的默认值如下。

```
'<div class="popover" role="tooltip"><div class="arrow"></div><h3 class="popover-header"></h3><div class="popover-body"></div></div>'
```

whiteList 选项的默认设置如下。

```
var DefaultWhitelist = {
  // 在以下任何元素上都允许使用全局属性
  '*': ['class', 'dir', 'id', 'lang', 'role', ARIA_ATTRIBUTE_PATTERN],
  a: ['target', 'href', 'title', 'rel'], area: [], b: [], br: [], col: [], code: [], div: [], em: [], hr: [],
  h1: [], h2: [], h3: [], h4: [], h5: [], h6: [], i: [], img: ['src', 'alt', 'title', 'width', 'height'], li: [],
  ol: [], p: [], pre: [], s: [], small: [], span: [], sub: [], sup: [], strong: [], u: [], ul: []
}
```

也可以单独使用 data-*属性来指定弹出框的各个选项，如 data-html="true"。

弹出框插件拥有一些实例方法（见表 8.5）。

表 8.5　弹出框插件的实例方法

方　法	描　　述
$0.popover(options)	初始化元素集合的弹出框
$0.popover('show')	显示元素的弹出框
$0.popover('hide')	隐藏元素的弹出框
$0.popover('toggle')	切换元素的弹出框
$0.popover('dispose')	销毁元素的弹出框
$0.popover('enable')	使元素能够显示弹出框。默认情况下启用弹出框
$0.popover('disable')	删除元素显示弹出框的功能。仅当重新启用弹出框时，才能显示该弹出框
$0.popover('toggleEnabled')	切换元素显示或隐藏弹出框的功能
$0.popover('update')	更新元素弹出框的位置

【例 8.7】设置弹出框选项示例。源代码如下：

```html
<!doctype html>
<html>
<head>
<meta charset="utf-8">
<meta name="viewport" content="width=device-width, initial-scale=1">
<title>设置弹出框选项示例</title>
<link rel="stylesheet" href="../css/bootstrap.css">
</head>

<body>
<div class="container">
  <div class="row">
    <div class="col">
      <h4 class="p-3 text-center">设置弹出框选项示例</h4>
      <p class="text-center">
        <button type="button" class="btn btn-outline-primary" data-toggle="popover" title="花港观鱼"
            data-content="<img src='../images/hz05.jpg' alt=' class='img-fluid'">花港观鱼</button>
        <button type="button" class="btn btn-outline-secondary" data-toggle="popover" title="柳浪闻莺"
            data-content="<img src='../images/hz06.jpg' alt=' class='img-fluid'">柳浪闻莺</button>
        <button type="button" class="btn btn-outline-success" data-toggle="popover" title="三潭印月"
```

```
          data-content="<img src='../images/hz08.jpg' alt=" class='img-fluid'>">三潭印月</button>
     <button type="button" class="btn btn-outline-danger" data-toggle="popover" title="雷峰夕照"
          data-content="<img src='../images/hz08.jpg' alt=" class='img-fluid'>">雷峰夕照</button>
   </p>
 </div>
 </div>
</div>
<script src="../js/jquery-3.4.1.min.js"></script>
<script src="../js/popper.min.js"></script>
<script src="../js/bootstrap.min.js"></script>
<script>
  $('[data-toggle="popover"]').popover({
     html: true, delay: 200,
     trigger: 'hover', placement: 'auto'
  });
</script>
</body>
</html>
```

本例在一组按钮上添加了弹出框并将其触发方式设置为鼠标悬停，每当用鼠标指针指向某个按钮时就会出现相应的弹出框，其中包含标题和图片，运行结果如图 8.10 和图 8.11 所示。

图 8.10　指向某个按钮时的情形

图 8.11　指向另一按钮时的情形

8.4.3　处理弹出框事件

Bootstrap 4 为弹出框插件提供了 5 个事件（见表 8.6）。

表 8.6　弹出框插件的事件

事件类型	描　述
show.bs.popover	调用 show 实例方法时，将立即触发此事件
shown.bs.popover	当弹出框对用户可见时将触发此事件（将等待 CSS 转换完成）
hide.bs.popoverl	调用 hide 实例方法后，立即触发此事件
hidden.bs.popover	当弹出框向用户隐藏时将触发此事件（将等待 CSS 转换完成）
inserted.bs.popover	将弹出框模板添加到 DOM 后，在 show.bs.popover 事件之后触发此事件

【例 8.8】处理弹出框事件示例。源代码如下：

```
<!doctype html>
<html>
<head>
<meta charset="utf-8">
<meta name="viewport" content="width=device-width, initial-scale=1">
<title>处理弹出框事件示例</title>
<link rel="stylesheet" href="../css/bootstrap.css">
</head>
```

```
<body>
<div class="container">
  <div class="row">
    <div class="col">
      <h4 class="p-3 text-center">处理弹出框事件示例</h4>
      <p class="text-center">
        <button type="button" class="btn btn-primary" data-toggle="popover">体验弹出框</button>
      </p>
      <ol id="events"></ol>
    </div>
  </div>
</div>
<script src="../js/jquery-3.4.1.min.js"></script>
<script src="../js/popper.min.js"></script>
<script src="../js/bootstrap.min.js"></script>
<script>
  $('.btn.btn-primary').popover({title: '弹出框标题', content: '这是弹出框内容'})
    .on('show.bs.popover shown.bs.popover hide.bs.popover hidden.bs.popover inserted.bs.popover', function (e) {
      if (e.type == 'show') $('#events').empty();
      if (e.type == 'shown') $(this).html('隐藏弹出框');
      if (e.type == 'hidden') $(this).html('显示弹出框');
      $('#events').append('<li>触发<em>' + e.type + '.bs.popover</em>事件</li>');
    });
</script>
</body>
</html>
```

本例为按钮添加了弹出框，对其所有事件均绑定了事件处理程序，在该处理程序中显示当前发生的事件并修改按钮的标题。单击该按钮时显示弹出框，此时触发了 3 个事件；再次单击该按钮时隐藏弹出框，且触发了另外两个事件。运行结果如图 8.12 和图 8.13 所示。

图 8.12　单击按钮时以显示弹出框

图 8.13　再次单击按钮以隐藏弹出框

 # 8.5　使用警告框插件

警告框插件依赖 alert.js 文件支持，因此使用该插件之前必须导入 jQuery 库、util.js 及 alert.js 文件，后面两个文件均包含在 bootstrap.js 或 bootstrap.min.js 中。

8.5.1　关闭警告框

要为警告框添加关闭功能，需要在其内部添加关闭按钮并对它设置 data-dismiss="alert" 属性。如此设置之后，便可以通过单击该按钮来关闭警告框。在这个基础上，下面进一步介绍如何使用 data-*属性或 JavaScript 脚本来关闭警告框。

1. 使用 data-*属性关闭警告框

当关闭按钮不在警告框内部的时候，不仅要对其设置 data-dismiss="alert"属性，还要设置 data-target 属性，通过该属性值指定要关闭哪个警告框。

【例 8.9】使用 data-*属性关闭警告框示例。源代码如下：

```html
<!doctype html>
<html>
<head>
<meta charset="utf-8">
<meta name="viewport" content="width=device-width, initial-scale=1">
<title>用数据属性关闭警告框示例</title>
<link rel="stylesheet" href="../css/bootstrap.css">
</head>

<body>
<div class="container">
  <div class="row">
    <div class="col">
      <h4 class="p-3 text-center">用数据属性关闭警告框示例</h4>
      <p class="lead text-center">要关闭下面的警告框，请单击
        <button type="button" class="btn btn-sm btn-secondary"
              data-dismiss="alert" data-target="#myAlert">关闭
        </button> 按钮。
      </p>
      <div class="d-flex justify-content-center">
        <div id="myAlert" class="alert alert-light border-light shadow alert-dismissible" style="width: 220px;">
          <h6 class="font-weight-bold">警告框</h6>
          <button type="button" class="close" data-dismiss="alert"><span>&times;</span></button>
          <hr>
          <p>这是一个警告框。</p>
        </div>
      </div>
    </div>
  </div>
</div>
<script src="../js/jquery-3.4.1.min.js"></script>
<script src="../js/popper.min.js"></script>
<script src="../js/bootstrap.min.js"></script>
</body>
</html>
```

本例中对段落中的按钮设置了 data-dismiss="alert"和 data-target="#myAlert"属性，当单击该按钮时，将关闭 id 为 myAlert 的警告框，运行结果如图 8.14 和图 8.15 所示。

图 8.14　单击"关闭"按钮

图 8.15　警告框被关闭

2. 使用 JavaScript 脚本关闭警告框

Bootstrap 4 为警告框提供了下列实例方法。

- $().alert()：使警告框监听具有 data-dismiss="alert" 属性的元素上的单击事件。如果已经使用 data-api 实现自动初始化，则不需要调用此方法。
- $().alert('close')：将警告框从 DOM 中删除，从而关闭警告框。如果在警告框中添加了.fade 和.show 类，则警告框将在淡出之后被删除。
- $().alert('dispose')：销毁破坏指定元素上的警告框。

【例 8.10】使用 JavaScript 脚本关闭警告框示例。源代码如下：

```html
<!doctype html>
<html>
<head>
<meta charset="utf-8">
<meta name="viewport" content="width=device-width, initial-scale=1">
<title>用 JavaScript 脚本关闭警告框示例</title>
<link rel="stylesheet" href="../css/bootstrap.css">
</head>

<body>
<div class="container">
  <div class="row">
    <div class="col">
      <h4 class="p-3 text-center">用 JavaScript 脚本关闭警告框示例</h4>
      <p class="lead text-center">要关闭下面的警告框，请单击
        <button type="button" class="btn btn-sm btn-secondary">关闭</button> 按钮。
      </p>
      <div class="d-flex justify-content-center">
        <div id="myAlert" class="alert alert-light border-light shadow alert-dismissible" style="width: 220px;">
          <h6 class="font-weight-bold">警告框</h6>
          <button type="button" class="close" data-dismiss="alert"><span>&times;</span></button>
          <hr>
          <p>这是一个警告框。</p>
        </div>
      </div>
    </div>
  </div>
</div>
<script src="../js/jquery-3.4.1.min.js"></script>
<script src="../js/popper.min.js"></script>
<script src="../js/bootstrap.min.js"></script>
<script>
  $('.btn.btn-sm').click(function () {          对按钮绑定 click 事件处理程序。
    $('#myAlert').alert('close');
  });
</script>
</body>
</html>
```

本例中对按钮绑定了 click 事件处理程序，并通过调用警告框的 alert('close') 方法来关闭警告框，运行结果如图 8.16 和图 8.17 所示。

图 8.16　单击"关闭"按钮

图 8.17　警告框被关闭

8.5.2 处理警告框事件

Bootstrap 4 为警告框提供了以下两个事件。

- close.bs.alert：当调用 close 实例方法时，将立即触发此事件。
- closed.bs.alert：当警告框已经关闭时将触发此事件（等待 CSS 转换完成）。

【例 8.11】处理警告框事件示例。源代码如下：

```
<!doctype html>
<html>
<head>
<meta charset="utf-8">
<meta name="viewport" content="width=device-width, initial-scale=1">
<title>监听警告框事件示例</title>
<link rel="stylesheet" href="../css/bootstrap.css">
</head>

<body>
<div class="container">
  <div class="row">
    <div class="col">
      <h4 class="p-3 text-center">监听警告框事件示例</h4>
      <p class="lead text-center">要关闭下面的警告框，请单击
        <button type="button" class="btn btn-sm btn-secondary" data-dismiss="alert" data-target="#myAlert">关闭
        </button>
        按钮。
      </p>
      <div class="d-flex justify-content-center">
        <div id="myAlert" class="alert alert-light border-light shadow alert-dismissible" style="width: 220px;">
          <h6 class="font-weight-bold">警告框</h6>
          <button type="button" class="close" data-dismiss="alert"><span>&times;</span></button>
          <hr>
          <p>这是一个警告框。</p>
        </div>
      </div>
      <ul id="events"></ul>
    </div>
  </div>
</div>
<script src="../js/jquery-3.4.1.min.js"></script>
<script src="../js/popper.min.js"></script>
<script src="../js/bootstrap.min.js"></script>
<script>
  $('#myAlert').on('close.bs.alert closed.bs.alert', function (e) {
    $('#events').append('<li>触发' + e.type + '.bs.alert 事件</li>');
  });
</script>
</body>
</html>
```

> 对警告框绑定事件监听函数。

本例对警告框的两个事件绑定了监听函数，当单击该按钮时警告框会随之关闭，在这个过程中将会依次触发这两个事件，运行结果如图 8.18 和图 8.19 所示。

图 8.18　单击"关闭"按钮

图 8.19　警告框被关闭

8.6 使用模态框插件

使用 Bootstrap 4 提供的 JavaScript 模态框（Modal）插件可以为网站添加醒目的提示和交互功能，通常用于通知用户、访客交互、消息警示或自定义的内容交互。模态框插件依赖于 JavaScript 库的支持，使用该插件时必须导入相关的 JavaScript 文件。

8.6.1 创建模态框插件

使用 Bootstrap 模态框插件之前，需要对以下内容有所了解。

（1）模态框是用 HTML、CSS 和 JavaScript 构建的，它位于文档中所有其他内容的上方，并从<body>中移除了滚动条，从而使模式框本身的内容可以滚动。

（2）通过单击模态框外部的灰色背景区域会自动关闭模态框。

（3）Bootstrap 一次仅支持一个模态窗口，不支持模态框的嵌套。

（4）模态框使用固定定位方式，有时候可能会对其进行特殊渲染。为了避免其他元素的潜在干扰，应当尽可能将模态框的 HTML 元素放在顶级位置上。如果将模态框（.modal）嵌套在另一个固定定位元素中，则可能会遇到一些问题。

（5）由于模态框使用了固定定位方式，因此在移动设备上使用模态框有一些警告。

模态框插件可以按以下 HTML 结构来创建。

```
<div id="myModal" class="modal" tabindex="-1" role="dialog">
  <div class="modal-dialog" role="document">
    <div class="modal-content">
      <div class="modal-header">页眉</div>
      <div class="modal-body">主体</div>
      <div class="modal-footer">页脚</div>
    </div>
  </div>
</div>
```

由此可知，模态框的最外层是一个应用.modal 样式的容器，在该容器的内部嵌套着两层结构，分别应用了.modal-dialog 和.modal-content 样式。模态框的所有内容都包含在.modal-content 元素中，主要包括 3 个部分，即页眉、主体和页脚，分别使用.modal-heder、.modal-body 和.modal-footer 来定义。

- 页眉：用于给模态框添加标题和关闭按钮，标题使用.modal-title 样式来定义，关闭按钮需要添加.close 样式，并设置 data-dismiss="modal"属性。
- 主体：包含在模态框中内容，可以是文本、图像、视频或其他插件（如工具提示）。
- 页脚：该区域默认为右对齐。在这里可以放置与模态框内容相关的按钮，如"保存"或"关闭"按钮等。对于"关闭"按钮需要设置 data-dismiss="modal"属性。

默认情况下，加载页面后是看不到模态框的。因此，需要在页面中为打开模态框设置一个具有 data-toggle="modal"属性的按钮或链接，并将其 data-target 属性设置为特定的 CSS 选择器，用于选择模态框容器（.modal 元素），当单击该按钮或链接时会弹出模态框。此外，也可以通过在 JavaScript 中调用 modal()方法来激活模态框。

【例 8.12】创建模态框示例。源代码如下：

```html
<!doctype html>
<html>
<head>
<meta charset="utf-8">
<meta name="viewport" content="width=device-width, initial-scale=1">
<title>创建模态框示例</title>
<link rel="stylesheet" href="../css/bootstrap.css">
</head>

<body>
<div class="container">
  <div class="row">
    <div class="col">
      <h4 class="p-3 text-center">创建模态框示例</h4>
      <p class="lead">要打开模态框，请单击下面的按钮。</p>
      <p class="text-center">
        <button type="button" class="btn btn-primary" data-toggle="modal" data-target="#myModal">
          打开模态框
        </button>
      </p>
      <div id="myModal" class="modal" tabindex="-1" role="dialog">
        <div class="modal-dialog" role="document">
          <div class="modal-content">
            <div class="modal-header">
              <h5 class="modal-title">退出系统</h5>
              <button type="button" class="close" data-dismiss="modal" aria-label="Close">
                <span aria-hidden="true">&times;</span>
              </button>
            </div>
            <div class="modal-body">
              <p>您确实要退出系统吗？</p>
            </div>
            <div class="modal-footer">
              <button type="button" class="btn btn-primary">确定</button>
              <button type="button" class="btn btn-secondary" data-dismiss="modal">取消</button>
            </div>
          </div>
        </div>
      </div>
    </div>
  </div>
</div>
<script src="../js/jquery-3.4.1.min.js"></script>
<script src="../js/popper.min.js"></script>
<script src="../js/bootstrap.min.js"></script>
</body>
</html>
```

本例在页面中创建了一个按钮和一个模态框，当单击该按钮时会弹出模态框，当单击"取消"按钮或关闭按钮会关闭模态框，运行结果如图 8.20 和图 8.21 所示。

图 8.20　单击"打开模态框"按钮

图 8.21　弹出模态框

8.6.2 设置模态框对齐方式和尺寸

使用 Bootstrap 4 提供的相关样式，可以设置模态框在页面上垂直居中，也可以设置不同大小的模态框。

1. 设置垂直居中对齐

通过在.modal-dialog 元素中添加.modal-dialog-centered 样式，可以使弹出的模态框在页面上垂直居中显示。

【例 8.13】设置模态框垂直居中对齐示例。源代码如下：

```
<!doctype html>
<html>
<head>
<meta charset="utf-8">
<meta name="viewport" content="width=device-width, initial-scale=1">
<title>设置垂直居中模态框示例</title>
<link rel="stylesheet" href="../css/bootstrap.css">
</head>

<body>
<div class="container">
  <div class="row">
    <div class="col">
      <h4 class="p-3 text-center">设置垂直居中模态框示例</h4>
      <p class="lead">要打开模态框，请单击下面的按钮。</p>
      <p class="text-center">
        <button type="button" class="btn btn-primary" data-toggle="modal" data-target="#myModal">
          打开模态框
        </button>
      </p>
      <div id="myModal" class="modal" tabindex="-1" role="dialog">
        <div class="modal-dialog modal-dialog-centered" role="document">
          <div class="modal-content">
            <div class="modal-header">
              <h5 class="modal-title">删除记录</h5>
              <button type="button" class="close" data-dismiss="modal" aria-label="Close">
                <span aria-hidden="true">&times;</span>
              </button>
            </div>
            <div class="modal-body">
              <p>您确实要删除选中的记录吗吗？</p>
            </div>
            <div class="modal-footer">
              <button type="button" class="btn btn-primary">确定</button>
              <button type="button" class="btn btn-secondary" data-dismiss="modal">取消</button>
            </div>
          </div>
        </div>
      </div>
    </div>
  </div>
</div>
<script src="../js/jquery-3.4.1.min.js"></script>
<script src="../js/popper.min.js"></script>
<script src="../js/bootstrap.min.js"></script>
</body>
</html>
```

> 模态框垂直居中。

275

本例在.modal-dialog 元素中添加了修饰样式.modal-dialog-centered，当通过单击按钮弹出模态框时，发现它在页面中垂直居中对齐，运行结果如图 8.22 和图 8.23 所示。

图 8.22　单击"打开模态框"按钮　　　　　　图 8.23　弹出模态框

2. 设置模态框的尺寸

模态框的默认宽度为 500px。要设置模态框的尺寸，可以通过在.modal-dialog 元素中添加修饰样式.modal-sm、.modal-lg 或.modal-xl 来实现，模态框宽度将分别更改为 300px、800px 或 1140px，而且这些宽度会在某些断点处自动响应，以避免在较窄的视口上出现水平滚动条。

【例 8.14】设置模态框尺寸示例。源代码如下：

```
<!doctype html>
<html>
<head>
<meta charset="utf-8">
<meta name="viewport" content="width=device-width, initial-scale=1">
<title>设置模态框尺寸示例</title>
<link rel="stylesheet" href="../css/bootstrap.css">
</head>

<body>
<div class="container">
  <div class="row">
    <div class="col">
      <h4 class="p-3 text-center">设置模态框尺寸示例</h4>
      <p class="lead">要打开不同大小的模态框，请单击下面的按钮。</p>
      <p class="text-center">
        <button type="button" class="btn btn-primary" data-toggle="modal" data-target="#smallModal">
          打开小号模态框
        </button>
        <button type="button" class="btn btn-primary" data-toggle="modal" data-target="#largeModal">
          打开大号模态框
        </button>
      </p>
      <div id="smallModal" class="modal" tabindex="-1" role="dialog">
        <div class="modal-dialog modal-dialog-centered modal-sm" role="document">
          <div class="modal-content">
            <div class="modal-header">
              <h5 class="modal-title">小号模态框</h5>
              <button type="button" class="close" data-dismiss="modal" aria-label="Close">
                <span aria-hidden="true">&times;</span>
              </button>
            </div>
            <div class="modal-body">
              <p>小号模态框内容</p>
            </div>
```

小号模态框。

```
        </div>
      </div>
    </div>
    <div id="largeModal" class="modal" tabindex="-1" role="dialog">
      <div class="modal-dialog modal-dialog-centered modal-lg" role="document">
        <div class="modal-content">
          <div class="modal-header">
            <h5 class="modal-title">大号模态框</h5>
            <button type="button" class="close" data-dismiss="modal" aria-label="Close">
              <span aria-hidden="true">&times;</span>
            </button>
          </div>
          <div class="modal-body">
            <p>大号模态框内容</p>
          </div>
        </div>
      </div>
    </div>
  </div>
</div>
<script src="../js/jquery-3.4.1.min.js"></script>
<script src="../js/popper.min.js"></script>
<script src="../js/bootstrap.min.js"></script>
</body>
</html>
```

大号模态框。

本例创建了两个模态框并为其设置了不同的尺寸，运行效果如图 8.24 和图 8.25 所示。

图 8.24 小号模态框效果

图 8.25 大号模态框效果

8.6.3 调用模态框插件

模态框插件可以通过 data-*属性或 JavaScript 脚本来调用。

1. 通过 data-*属性调用

要弹出模态框，需要在控制元素（按钮或链接）上添加以下属性来实现。

- data-toggle="modal"：用于激活模态框插件。
- data-target="#id"：用于指定要激活的模态框。也可以用 href="#id"属性来设置。

在下面的示例中，分别设置了用来触发模态框的按钮和链接。

```
<button type="button" data-toggle="modal" class="btn btn-primary" data-target="#myModal">调用模态框
</button>
<a href="#myModal" data-toggle="modal" class="btn btn-secondary">调用模态框</button>
```

2. 通过 JavaScript 脚本调用

在 JavaScript 中，可以通过调用构造方法.modal()来调用模态框，代码如下。

```
$('#myModal').modal();
```

也可以在调用构造方法时传入一个对象作为参数，这样可以通过传入的参数值对模态框插件的各种选项进行设置（见表 8.7）。

表 8.7　模态框插件的选项

名　称	类　型	默认值	描　述
backdrop	boolean 或字符串 'static'	true	是否显示背景。若为 true，则单击背景时关闭模态框；若为 false 或'static'，则不显示背景，单击模态框外部或按 Esc 键时不会关闭模态框
keyboard	boolean	true	是否允许按【Esc】键时关闭模态框
focus	boolean	true	初始化时是否将焦点放在模态框上
show	boolean	true	初始化时是否显示模态框

例如，在调用模态框插件时设置 keyboard 选项。

```
$('#myModal').modal({keyboard: flase});
```

使用 data 属性调用模态框插件时，也可以通过 data 属性来设置表 8.7 中的选项。此时应将选项名称放在 data-之后，如在.modal 容器或控制按钮上设置 data-keyboard="true"属性。

如果希望以动画方式弹出模态框，则可以在.modal 容器上添加.fade 样式。

模态框插件拥有多个实例方法（见表 8.8）。

表 8.8　模态框插件的实例方法

方　法	描　述
$().modal(options)	将指定的内容激活为模态框（构造方法），接收一个可选的 options 对象作为参数
.modal('toggle')	手动方式切换模态框
.modal('show')	手动方式打开模态框
.modal('hide')	手动方式隐藏模态框
.modal('handleUpdate')	如果模态框高度在打开时发生变化（出现了滚动条），应手动重新调整模态框的位置
.modal('dispose')	销毁元素上的模态框

【例 8.15】设置模态框选项示例。源代码如下：

```
<!doctype html>
<html>
<head>
<meta charset="utf-8">
<meta name="viewport" content="width=device-width, initial-scale=1">
<title>设置模态框选项示例</title>
<link rel="stylesheet" href="../css/bootstrap.css">
</head>

<body>
<div class="container">
  <div class="row">
    <div class="col">
      <h4 class="p-3 text-center">设置模态框选项示例</h4>
      <p class="lead">要打开模态框，请单击下面的按钮。</p>
      <p class="text-center">
        <button id="openModal" type="button" class="btn btn-primary">
          打开模态框
        </button>
      </p>
      <div id="myModal" class="modal fade" tabindex="-1" role="dialog">
        <div class="modal-dialog modal-dialog-centered" role="document">
          <div class="modal-content">
            <div class="modal-header">
```

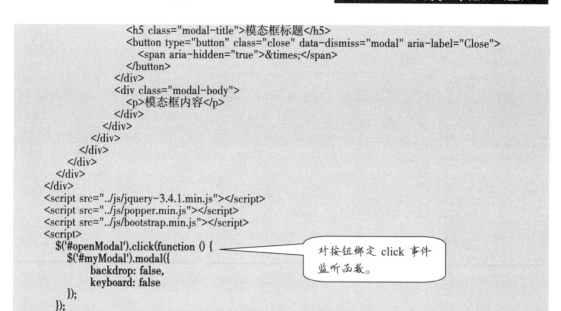

```
                    <h5 class="modal-title">模态框标题</h5>
                    <button type="button" class="close" data-dismiss="modal" aria-label="Close">
                        <span aria-hidden="true">&times;</span>
                    </button>
                </div>
                <div class="modal-body">
                    <p>模态框内容</p>
                </div>
            </div>
        </div>
    </div>
</div>
<script src="../js/jquery-3.4.1.min.js"></script>
<script src="../js/popper.min.js"></script>
<script src="../js/bootstrap.min.js"></script>
<script>
    $('#openModal').click(function () {
        $('#myModal').modal({
            backdrop: false,
            keyboard: false
        });
    });
</script>
</body>
</html>
```

对按钮绑定 click 事件监听函数。

本例未在按钮中设置 data 属性，而是通过调用 modal()弹出模态框，并在调用时传入一个对象参数，从而设置了 backdrop 和 keyboard 选项，运行效果如图 8.26 和图 8.27 所示。

图 8.26　单击"打开模态框"按钮

图 8.27　弹出模态框

8.6.4　处理模态框事件

Bootstrap 4 为工具提示插件提供了 5 个事件（见表 8.9）。

表 8.9　模态框插件的事件

事件类型	描　　述
show.bs.modal	调用 show 实例方法时，将立即触发此事件。如果事件是由单击引起的，则被单击的元素可以用作 event 对象的 relatedTarget 属性
shown.bs.modal	当模态框对用户可见时将触发此事件（等待 CSS 转换完成）。如果事件是由单击引起的，则被单击的元素可以用作 event 的 relatedTarget 属性
hide.bs.modal	调用 hide 实例方法后，立即触发此事件
hidden.bs.modal	当模态框已向用户隐藏时将触发此事件（等待 CSS 转换完成）
hidePrevented.bs.modal	当显示模态框时将触发此事件，其背景是静态的，并且在模态框外单击或按下【Esc】键

【例 8.16】处理模态框事件示例。源代码如下：

```
<!doctype html>
```

```html
<html>
<head>
<meta charset="utf-8">
<meta name="viewport" content="width=device-width, initial-scale=1">
<title>处理模态框事件示例</title>
<link rel="stylesheet" href="../css/bootstrap.css">
</head>

<body>
<div class="container">
  <div class="row">
    <div class="col">
      <h4 class="p-3 text-center">处理模态框事件示例</h4>
      <p class="lead">要打开模态框，请单击下面的按钮。</p>
      <p class="text-center">
        <button id="openModal" type="button" class="btn btn-primary" data-toggle="modal" data-target="#myModal">
          打开模态框
        </button>
      </p>
      <div id="myModal" class="modal fade" tabindex="-1" role="dialog">
        <div class="modal-dialog modal-dialog-centered" role="document">
          <div class="modal-content">
            <div class="modal-header">
              <h5 class="modal-title"></h5>
              <button type="button" class="close" data-dismiss="modal" aria-label="Close">
                <span aria-hidden="true">&times;</span>
              </button>
            </div>
            <div class="modal-body">
              <p></p>
            </div>
          </div>
        </div>
      </div>
    </div>
  </div>
</div>
<script src="../js/jquery-3.4.1.min.js"></script>
<script src="../js/popper.min.js"></script>
<script src="../js/bootstrap.min.js"></script>
<script>
  $('#myModal').on('show.bs.modal', function (e) {
    var src = e.relatedTarget.innerText;
    $(this).find('.modal-title').html('当前时间：' + new Date().toLocaleString());
    $(this).find('.modal-body p').html('你单击了【' + src + '】按钮！');
  });
</script>
</body>
</html>
```

对模态框绑定事件处理程序。

本例为模态框的 show.bs.modal 事件绑定了事件处理程序，并通过该处理程序为模态框设置了标题和内容，运行结果如图 8.28 和图 8.29 所示。

图 8.28　单击"打开模态框"按钮

图 8.29　弹出模态框

 ## 8.7　使用折叠插件

Bootstrap 折叠插件用于显示和隐藏内容。当折叠一个元素时，会将其高度从其当前值以动画方式减小为 0。通常可以使用按钮或锚点作为切换特定元素的触发器。折叠插件依赖于 JavaScript 库的支持，使用该插件时必须导入相关的 JavaScript 文件。

8.7.1　创建折叠插件

创建折叠插件主要包括以下两个步骤。

（1）创建折叠内容包含框，为其设置 id 属性并应用下列类样式之一。

- .collapse：隐藏折叠内容。
- .collapsing：隐藏折叠内容，切换期间应用动态效果。
- .collapse.show：显示折叠内容。

（2）创建折叠插件的触发器，可以使用带有 href 属性的链接或带有 data-target 属性的按钮，并将 href 或 data-target 属性的值设置为"#id"，其中 id 为折叠内容包含框的 id 值。在这两种情况下，都需要设置 data-toggle="collapse"属性。

【例 8.17】创建折叠插件示例。源代码如下：

```
<!doctype html>
<html>
<head>
<meta charset="utf-8">
<meta name="viewport" content="width=device-width, initial-scale=1">
<title>创建折叠插件示例</title>
<link rel="stylesheet" href="../css/bootstrap.css">
</head>

<body>
<div class="container">
  <div class="row">
    <div class="col">
      <h4 class="p-3 text-center">创建折叠插件示例</h4>
      <p class="text-center">
        <a class="btn btn-primary" data-toggle="collapse" href="#collapseExample">展开/折叠链接</a>
        <button class="btn btn-primary" type="button" data-toggle="collapse"
            data-target="#collapseExample">展开/折叠按钮</button>
```

> 使用按钮或链接创建折叠插件的触发器。

```
        </p>
        <div class="collapse" id="collapseExample">
            <div class="card card-body text-justify">
                水陆草木之花，可爱者甚蕃。晋陶渊明独爱菊。自李唐来，世人甚爱牡丹。予独爱莲之
出淤泥而不染，濯清涟而不妖，中通外直，不蔓不枝，香远益清，亭亭净植，可远观而不可亵玩焉。
            </div>
        </div>
    </div>
</div>
<script src="../js/jquery-3.4.1.min.js"></script>
<script src="../js/popper.min.js"></script>
<script src="../js/bootstrap.min.js"></script>
</body>
</html>
```

折叠内容包含框。

本例创建了一个折叠框并以链接和按钮作为其触发器，效果如图 8.30 和图 8.31 所示。

图 8.30　单击触发链接的效果　　　　图 8.31　单击触发按钮的效果

8.7.2　控制多个目标

使用<button>或<a>作为折叠触发器时，可以通过在 href 或 data-target 属性中使用 jQuery
选择器对其引用的多个元素进行显示和隐藏。如果在多个<button>或<a>中使用 href 或
data-target 属性引用了同一个元素，则可以显示和隐藏该元素

【例 8.18】控制多个目标示例。源代码如下：

```
<!doctype html>
<html>
<head>
<meta charset="utf-8">
<meta name="viewport" content="width=device-width, initial-scale=1">
<title>控制多个目标示例</title>
<link rel="stylesheet" href="../css/bootstrap.css">
</head>

<body>
<div class="container">
    <div class="row">
        <div class="col">
            <h4 class="p-3 text-center">控制多个目标示例</h4>
            <p class="text-center">
                <a class="btn btn-primary" data-toggle="collapse" href="#el1">切换第一个元素</a>
                <a class="btn btn-primary" data-toggle="collapse" href="#el2">切换第二个元素</a>
                <a class="btn btn-primary" data-toggle="collapse" href=".multi-collapse">切换两个元素</a>
            </p>
            <div class="row">
                <div class="col">
```

```
            <div class="collapse multi-collapse" id="el1">
                <div class="card card-body">
                    莫笑农家腊酒浑，丰年留客足鸡豚。山重水复疑无路，柳暗花明又一村。
                </div>
            </div>
        </div>
        <div class="col">
            <div class="collapse multi-collapse" id="el2">
                <div class="card card-body">
                    君问归期未有期，巴山夜雨涨秋池。何当共剪西窗烛，却话巴山夜雨时。
                </div>
            </div>
        </div>
    </div>
   </div>
  </div>
 </div>
 <script src="../js/jquery-3.4.1.min.js"></script>
 <script src="../js/popper.min.js"></script>
 <script src="../js/bootstrap.min.js"></script>
</body>
</html>
```

本例中创建了两个折叠框和 3 个触发器，其中第 1 个触发器用于切换第 1 个折叠框，第 2 个触发器用于切换第 2 个折叠框，第 3 个触发器同时用于切换两个折叠框，运行结果如图 8.32 和图 8.33 所示。

图 8.32　切换第一个元素时的效果

图 8.33　切换两个元素时的效果

8.7.3　实现手风琴效果

使用卡片组件可以扩展默认的折叠行为，从而实现手风琴效果。为了正确实现手风琴样式，应确保使用.accordion 作为所有卡片的包装器。其制作要点如下：使用.accordion 容器来包装所有卡片；在卡片页眉中添加按钮作为折叠触发器；使用.collapse 容器将卡片主体包装起来作为折叠内容包含框，并在该折叠框中将 data-parent 属性设置为.accordion 容器的 id（加#前缀）；通过在.collapse 容器中添加.show 样式将折叠内容包含框预设为打开状态。

【例 8.19】实现手风琴效果示例。源代码如下：

```
<!doctype html>
<html>
<head>
<meta charset="utf-8">
<meta name="viewport" content="width=device-width, initial-scale=1">
<title>实现手风琴效果示例</title>
<link rel="stylesheet" href="../css/bootstrap.css">
```

```
</head>

<body>
<div class="container">
  <div class="row">
    <div class="col">
      <h4 class="p-3 text-center">实现手风琴效果示例</h4>          手风琴容器。
      <div class="accordion" id="accordionExample">
        <div class="card">                                        第 1 个卡片。
          <div class="card-header" id="heading1">
            <h2 class="mb-0">
              <button class="btn btn-link" type="button" data-toggle="collapse" data-target="#collapse1">
                李白《望庐山瀑布》
              </button>                                            预设为打开状态。
            </h2>
          </div>
          <div id="collapse1" class="collapse show" data-parent="#accordionExample">
            <div class="card-body text-center">
              日照香炉生紫烟，遥看瀑布挂前川。<br>飞流直下三千尺，疑是银河落九天。
            </div>
          </div>
        </div>                                                    第 2 个卡片。
        <div class="card">
          <div class="card-header" id="heading2">
            <h2 class="mb-0">
              <button class="btn btn-link collapsed" type="button" data-toggle="collapse" data-target="#collapse2">
                杜甫《绝句》
              </button>
            </h2>
          </div>
          <div id="collapse2" class="collapse" data-parent="#accordionExample">
            <div class="card-body text-center">
              两个黄鹂鸣翠柳，一行白鹭上青天。<br>窗含西岭千秋雪，门泊东吴万里船。
            </div>
          </div>
        </div>                                                    第 3 个卡片。
        <div class="card">
          <div class="card-header" id="heading3">
            <h2 class="mb-0">
              <button class="btn btn-link collapsed" type="button" data-toggle="collapse" data-target="#collapse3">
                白居易《暮江吟》
              </button>
            </h2>
          </div>
          <div id="collapse3" class="collapse" data-parent="#accordionExample">
            <div class="card-body text-center">
              一道残阳铺水中，半江瑟瑟半江红。<br>可怜九月初三夜，露似真珠月似弓。
            </div>
          </div>
        </div>
      </div>
    </div>
  </div>
</div>
<script src="../js/jquery-3.4.1.min.js"></script>
<script src="../js/popper.min.js"></script>
<script src="../js/bootstrap.min.js"></script>
</body>
</html>
```

本例实现了手风琴效果，可以通过单击链接来展开相应卡片，效果如图 8.34 和图 8.35 所示。

图 8.34　刚打开页面的效果

图 8.35　展开第 2 个卡片的效果

8.7.4　调用折叠插件

折叠插件可以通过 data-*属性或 JavaScript 脚本来调用。

1. 通过 data-*属性调用

使用按钮或链接作为折叠触发器，对按钮设置 data-target 属性为折叠框的 id，对链接设置 href 属性为折叠框的 id，对两者都需要设置 data-toggle="collapse"属性。如果想设置折叠内容默认为打开状态，则应在.collapse 元素中添加.show 样式。如果想制作手风琴效果，则需要对每个.collapse 元素设置 data-parent 属性，以确保在同一时间只能打开一个内容。

2. 通过 JavaScript 脚本调用

在 JavaScript 中，通过构造函数 collapse()来调用折叠插件，代码如下。

```
$('.collapse').collapse();
```

如果要对折叠插件的选项进行设置，则需要传递一个对象作为参数。

折叠插件具有以下两个选项。

- parent：类型为选择器、jQuery 对象或 DOM 元素，默认值为 false。如果提供了 parent 属性，则显示该可折叠项时，指定父元素下的所有可折叠元素都将关闭。必须在可折叠目标区域上设置该属性。
- toggle：布尔类型，默认值为 true。指定是否在调用时切换可折叠元素。

折叠插件拥有多个实例方法（见表 8.10）。

表 8.10　折叠插件的实例方法

方　法	描　述
$0.collapse(options)	将指定的内容激活为可折叠元素（构造方法），接收一个可选的 options 对象作为参数
.collapse('toggle')	手动方式切换可折叠元素
.collapse('show')	手动方式打开可折叠元素
.collapse('hide')	手动方式隐藏可折叠元素
.collapse('dispose')	销毁元素上的可折叠行为

【例 8.20】通过 JavaScript 切换可折叠元素示例。源代码如下：

```
<!doctype html>
<html>
<head>
<meta charset="utf-8">
```

```
<meta name="viewport" content="width=device-width, initial-scale=1">
<title>切换可折叠元素示例</title>
<link rel="stylesheet" href="../css/bootstrap.css">
</head>


<body>
<div class="container">
    <div class="row">
        <div class="col">
            <h4 class="p-3 text-center">切换可折叠元素示例</h4>
            <p class="text-center">
                <button id="buttonShow" type="button" class="btn btn-primary">显示可折叠元素</button>
                <button id="buttonHide" type="button" class="btn btn-primary">隐藏可折叠元素</button>
                <button id="buttonToggle" type="button" class="btn btn-primary">切换可折叠元素</button>
            </p>
            <div id="collapse1" class="collapse card card-body">
                明月几时有？把酒问青天。不知天上宫阙，今夕是何年。我欲乘风归去，又恐琼楼玉宇，
高处不胜寒。起舞弄清影，何似在人间。转朱阁，低绮户，照无眠。不应有恨，何事长向别时圆？人有悲
欢离合，月有阴晴圆缺，此事古难全。但愿人长久，千里共婵娟。
            </div>
        </div>
    </div>
</div>
<script src="../js/jquery-3.4.1.min.js"></script>
<script src="../js/popper.min.js"></script>
<script src="../js/bootstrap.min.js"></script>
<script>
    $('#buttonShow').click(function () {
        $('#collapse1').collapse('show');
    });
    $('#buttonHide').click(function () {
        $('#collapse1').collapse('hide');
    });
    $("#buttonToggle").click(function () {
        $('#collapse1').collapse('toggle');
    });
</script>
</body>
</html>
```

> 对 3 个按钮绑定 click 事件处理程序。
> 当单击这些按钮时分别显示隐藏和
> 切换折叠插件。

　　本例在页面中添加了 3 个按钮和一个可折叠元素，并未对这些按钮设置任何 data 属性，而是通过在 JavaScript 中调用折叠插件的相关实用方法来实现该插件的显示、隐藏和切换功能，运行结果如图 8.36 所示。

图 8.36　切换可折叠元素示例

8.7.5 处理折叠事件

Bootstrap 4 为折叠插件提供了 4 个事件（见表 8.11）。

表 8.11 折叠插件的事件

事件类型	描 述
show.bs.collapse	调用 show 实例方法时，将立即触发此事件
shown.bs.collapse	当可折叠元素对用户可见时将触发此事件（等待 CSS 转换完成）
hide.bs.collapse	调用 hide 实例方法时，将立即触发此事件
hidden.bs.collapse	当可折叠元素已向用户隐藏时将触发此事件（等待 CSS 转换完成）

【例 8.21】处理折叠事件示例。源代码如下：

```html
<!doctype html>
<html>
<head>
<meta charset="utf-8">
<meta name="viewport" content="width=device-width, initial-scale=1">
<title>处理折叠插件事件示例</title>
<link rel="stylesheet" href="../css/bootstrap.css">
</head>

<body>
<div class="container">
    <div class="row">
        <div class="col">
            <h4 class="p-3 text-center">处理折叠插件事件示例</h4>
            <p><button id="button1" type="button" class="btn btn-primary">折叠内容  &#9650
</button></p>
            <div id="collapse1" class="collapse show card card-body">
                东临碣石，以观沧海。水何澹澹，山岛竦峙。树木丛生，百草丰茂。秋风萧瑟，洪波涌起。
日月之行，若出其中。星汉灿烂，若出其里。幸甚至哉，歌以咏志。
            </div>
        </div>
    </div>
</div>
<script src="../js/jquery-3.4.1.min.js"></script>
<script src="../js/popper.min.js"></script>
<script src="../js/bootstrap.min.js"></script>
<script>
    $('#button1').click(function () {
        $('#collapse1').collapse('toggle');
    });
    $('#collapse1').on('shown.bs.collapse', function () {
        $('#button1').html('折叠内容 &#9650');
    }).on('hidden.bs.collapse', function () {
        $('#button1').html('展开内容 &#9660');
    });
</script>
</body>
</html>
```

> 对按钮绑定 click 事件处理程序。

> 对折叠插件绑定事件处理程序。

本例中为折叠插件 shown.bs.collapse 和 hidden.bs.collapse 绑定了事件处理程序，并通过
这些处理程序来更改按钮的标题文字，运行结果如图 8.37 和图 8.38 所示。

图 8.37 展开内容时的效果

图 8.38 折叠内容时的效果

习题 8

一、选择题

1. 通过（　　）选项可以设置工具提示出现的位置。

   A. delay   B. placement   C. selector   D. offset

2. 当工具提示模板已添加到 DOM 后，会在 show.bs.tooltip 事件发生后触发（　　）事件。

   A. shown.bs.tooltip   B. hide.bs.tooltip   C. inserted.bs.tooltip   D. hidden.bs.tooltip

3. 通过在按钮或链接上设置（　　）属性可以指定弹出框的内容。

   A. data-toggle   B. data-title   C. data-placement   D. data-content

4. 通过（　　）选项可以指定显示和隐藏弹出框的延迟时间。

   A. sanitize   B. delay   C. offset   D.boundary

5. 通过（　　）修饰样式可以将模态框宽度指定为 800px。

   A. .modal-sm   B. .modal-md   C. .modal-lg   D. .modal-xl

二、判断题

1.（　　）要创建动画条纹进度条，应在.progress-bar 元素上再添加.progress-bar-striped。

2.（　　）默认情况下可以通过鼠标指针悬停来触发弹出框。

3.（　　）当按钮不在警告框内部时，对其设置 data-dismiss="alert"属性即可通过该按钮关闭警告框。

4.（　　）要通过单击一个按钮来打开模态框，需要对该按钮设置 data-toggle 和 data-target 属性。

5.（　　）通过在.modal-dialog 元素中添加.modal-dialog-centered 样式，可以使弹出的模态框在页面上垂直居中显示。

6.（　　）应用.collapse 类可以隐藏折叠内容且在切换期间应用动态效果。

7.（　　）要实现手风琴效果，应确保使用.accordion 作为所有卡片的包装器。

三、操作题

1. 在网页中创建一组复选按钮和一组单选按钮，要求它们至少包含 3 个按钮。

2. 在网页中创建一个导航组件，在其中添加 4 个链接，并为它们分别添加显示在不同位置的工具提示。

3. 在网页中创建一个列表组，在其中添加 4 个链接，并为它们设置包含图片内容的工具提示。

4. 在网页中创建一个按钮，为其添加工具提示，要求监听工具提示的各个事件。

5. 在网页中添加 4 个按钮，为它们分别添加包含标题和图片的弹出框，且触发方式是鼠标指针悬停。

6. 在网页中创建一个按钮，为其添加弹出框，要求监听弹出框的各个事件。

7. 在网页中添加一个按钮和一个警告框，当单击该按钮时关闭警告框。

8. 在网页中添加一个按钮和一个模态框，当单击该按钮时打开模态框，并且模态框可以通过单击其中包含的关闭按钮来关闭。

9. 在网页中添加一个按钮和折叠插件，当单击该按钮时展开折叠内容，再次单击该按钮时隐藏折叠内容。

10. 在网页中实现手风琴效果，可以通过单击卡片标题中的链接来展开卡片内容，并且在同一时间只能打开一个卡片内容。

第 **9** 章

| 使用 jQuery 插件（下） |

Bootstrap 4 提供了丰富的 jQuery 插件，这些插件扩展了 Bootstrap 组件的功能，为这些组件带来了活力。第 8 章中已经讨论了一部分 jQuery 插件的结构和用法，本章将重点学习其他 jQuery 插件的使用方法。

本章学习目标

- 掌握下拉菜单的用法
- 掌握选项卡插件的用法
- 掌握提示框插件的用法
- 掌握轮播插件的用法
- 掌握滚动监听插件的用法

9.1 使用下拉菜单插件

下拉菜单基于第三方库 popper.js 构建，该库提供了动态定位和视口检测。因此，使用下拉菜单时在页面中一定要确保导入 popper.js 或 popper.min.js 文件，并将其置于 bootstrap.js 或 bootstrap.min.js 之前。

9.1.1 调用下拉菜单插件

下拉菜单由.dropdown 容器中的触发器和菜单内容组成，触发器是应用.dropdown-toggle 类的按钮或链接，菜单内容则是包含在.dropdown-menu 容器中的一些.dropdown-item 项目。下拉菜单插件可以通过 data-*属性或 JavaScript 脚本来调用。

1. 通过 data-*属性调用

若要通过触发器来激活下拉菜单，只需要对该触发器元素设置 data-toggle="dropdown"

属性即可。由于不需要指定要激活哪些下拉菜单，因此 Bootstrap 要求作为触发器的按钮或链接与菜单内容包含在同一个.dropdown 容器中。

【例 9.1】通过 data-*属性调用下拉菜单示例。源代码如下：

```
<!doctype html>
<html>
<head>
<meta charset="utf-8">
<meta name="viewport" content="width=device-width, initial-scale=1">
<title>通过 data-*属性调用下拉菜单示例</title>
<link rel="stylesheet" href="../css/bootstrap.css">
</head>

<body>
<div class="container">
  <div class="row">
    <div class="col">
      <h4 class="p-3 text-center">通过 data-*属性调用下拉菜单示例</h4>
      <div class="dropdown">
        <button type="button" class="btn btn-primary dropdown-toggle" data-toggle="dropdown">
          下拉菜单
        </button>
        <div class="dropdown-menu">
          <a href="#" class="dropdown-item">菜单项 1</a>
          <a href="#" class="dropdown-item">菜单项 2</a>
          <a href="#" class="dropdown-item">菜单项 3</a>
          <div class="dropdown-divider"></div>
          <a href="#" class="dropdown-item">菜单项 4</a>
        </div>
      </div>
    </div>
  </div>
</div>
<script src="../js/jquery-3.4.1.min.js"></script>
<script src="../js/popper.min.js"></script>
<script src="../js/bootstrap.min.js"></script>
</body>
</html>
```

本例中创建了一个下拉菜单并以按钮作为触发器，运行结果如图 9.1 所示。

图 9.1　通过 data-*属性调用下拉菜单示例

2. 通过 JavaScript 脚本调用

在 JavaScript 中，可以通过调用构造方法 dropdown()来触发下拉菜单，代码如下。

```
$('.dropdown-toggle').dropdown();
```

其中 .dropdown-toggle 用于选择下拉菜单的触发器元素。

调用 dropdown() 方法时，可以传入一个对象参数并通过该参数对下拉菜单的选项进行设置（见表 9.1）。也可以使用 data-* 属性来设置这些选项，如 data-flip="false"。

表 9.1　下拉菜单插件的选项

名　称	类　型	默认值	描　述
offset	number | string | function	0	设置下拉菜单相对于目标的偏移量。当使用函数确定偏移量时，将使用包含偏移量数据的对象作为其第 1 个参数调用该函数。该函数必须返回具有相同结构的对象。触发元素 DOM 节点作为第 2 个参数传递
flip	boolean	true	是否允许参考元素重叠时下拉菜单翻转
boundary	string | element	'scrollParent'	设置下拉菜单的溢出约束边界，该选项接受 "viewport""window" "scrollParent" 或 HTMLElement 引用的值（仅 JavaScript）
reference	string | element	'toggle'	设置下拉菜单的参考元素，接受 "toggle""parent" 或 HTMLElement 引用的值
display	string	'dynamic'	默认情况下使用 Popper.js 进行动态定位。禁止对此选项使用 static
popperConfig	null | object	null	更改 Bootstrap 的默认 Popper.js 配置

下拉菜单插件拥有多个实例方法（见表 9.2）。

表 9.2　下拉菜单插件的实例方法

方　法	描　述
$().dropdown('toggle')	切换给定导航栏或选项卡式导航的下拉菜单
$().dropdown('show')	显示给定导航栏或选项卡式导航的下拉菜单
$().dropdown('hide')	隐藏给定导航栏或选项卡式导航的下拉菜单
$().dropdown('update')	更新元素下拉菜单的位置
$().dropdown('dispose')	销毁元素的下拉菜单

【例 9.2】通过 JavaScript 调用下拉菜单示例。源代码如下：

```
<!doctype html>
<html>
<head>
  <meta charset="utf-8">
  <meta name="viewport" content="width=device-width, initial-scale=1">
  <title>通过 JavaScript 调用下拉菜单示例</title>
  <link rel="stylesheet" href="../css/bootstrap.css">
</head>

<body>
<div class="container">
  <div class="row">
    <div class="col">
      <h4 class="p-3 text-center">通过 JavaScript 调用下拉菜单示例</h4>
      <p class="text-center">
        <button id="buttonOpen" type="button" class="btn btn-primary">打开菜单</button>
        <button id="buttonClose" type="button" class="btn btn-secondary">关闭菜单</button>
      </p>
      <div class="dropdown">
        <button type="button" class="btn btn-primary dropdown-toggle" data-toggle="dropdown">
          下拉菜单
        </button>
        <div class="dropdown-menu">
          <a href="#" class="dropdown-item">菜单项 1</a>
          <a href="#" class="dropdown-item">菜单项 2</a>
          <a href="#" class="dropdown-item">菜单项 3</a>
```

```
            <div class="dropdown-divider"></div>
            <a href="#" class="dropdown-item">菜单项 4</a>
        </div>
      </div>
    </div>
  </div>
</div>
<script src="../js/jquery-3.4.1.min.js"></script>
<script src="../js/popper.min.js"></script>
<script src="../js/bootstrap.min.js"></script>
<script>
  $('.dropdown-toggle').dropdown({offset: '100, 30'});
  $('#buttonOpen').click(function () {
    $('.dropdown').dropdown('show');
  });
  $('#buttonClose').click(function () {
    $('.dropdown').dropdown('hide');
  });
</script>
</body>
</html>
```

> 对按钮绑定 click 事件处理程序，当单击该按钮时打开下拉菜单。

> 对按钮绑定 click 事件处理程序，当单击该按钮时关闭下拉菜单。

本例中创建了一个下拉菜单，当通过其内置触发按钮激活下拉菜单时其位置发生了偏移，当通过外部的"打开菜单"按钮打开下拉菜单时它出现在默认位置，无论是使用哪个按钮打开了下拉菜单，均可通过单击"关闭菜单"按钮将其关闭，运行结果如图 9.2 和图 9.3 所示。

图 9.2　使用内置触发按钮打开下拉菜单

图 9.3　使用外部按钮打开下拉菜单

9.1.2　处理下拉菜单事件

Bootstrap 4 为下拉菜单插件提供了 4 个事件（见表 9.3）。

表 9.3　下拉菜单插件的事件

事件类型	描　述
show.bs.dropdown	调用 show 实例方法时，将立即触发此事件
shown.bs.dropdown	当下拉菜单对用户可见时将触发此事件（将等待 CSS 转换完成）
hide.bs.dropdownl	调用 hide 实例方法后，立即触发此事件
hidden.bs.dropdown	当下拉菜单向用户隐藏时将触发此事件（将等待 CSS 转换完成）

【例 9.3】处理下拉菜单事件示例。源代码如下：

```
<!doctype html>
<html>
<head>
```

```
<meta charset="utf-8">
<meta name="viewport" content="width=device-width, initial-scale=1">
<title>处理下拉菜单事件示例</title>
<link rel="stylesheet" href="../css/bootstrap.css">
</head>

<body>
<div class="container">
  <div class="row">
    <div class="col">
      <h4 class="p-3 text-center">处理下拉菜单事件示例</h4>
      <div class="dropdown">
        <button type="button" class="btn btn-primary dropdown-toggle" data-toggle="dropdown">
        下拉菜单
        </button>
        <div class="dropdown-menu">
          <a href="#" class="dropdown-item">菜单项 1</a>
          <a href="#" class="dropdown-item">菜单项 2</a>
          <a href="#" class="dropdown-item">菜单项 3</a>
          <div class="dropdown-divider"></div>
          <a href="#" class="dropdown-item">菜单项 4</a>
        </div>
      </div>
    </div>
  </div>
</div>
<script src="../js/jquery-3.4.1.min.js"></script>
<script src="../js/popper.min.js"></script>
<script src="../js/bootstrap.min.js"></script>
<script>
  $('.dropdown').on('show.bs.dropdown', function () {
    $('.btn.dropdown-toggle').html('下拉菜单开始显示');
  }).on('shown.bs.dropdown', function () {
    window.setInterval(function () {
      $('.btn.dropdown-toggle').html('下拉菜单显示完成')
    }, 3000);
  }).on('hide.bs.dropdown', function () {
    $('.btn.dropdown-toggle').html('下拉菜单开始隐藏');
  }).on('hidden.bs.dropdown', function () {
    window.setTimeout(function () {
      $('.btn.dropdown-toggle').html('下拉菜单隐藏完成');
    }, 3000);
  });
</script>
</body>
</html>
```

> 对下拉菜单的 4 个事件绑定事件处理程序。

本例中对下拉菜单的 4 个事件均绑定了事件处理程序，通过该事件处理程序对触发按钮的标题文字进行修改。运行结果如图 9.4 和图 9.5 所示。

图 9.4 下拉菜单开始显示时的情形

图 9.5 下拉菜单显示完成时的情形

9.2 使用选项卡插件

选项卡插件称为标签页插件。使用该插件需要包含 JavaScript 支持文件，必须包含 util.js 和 tab.js，或者包含 bootstrap.js 和 bootstrap.min.js 两个文件之一，以扩展选项卡式导航和胶囊式导航，从而创建本地内容的选项窗格。

9.2.1 创建选项卡插件

从 HTML 结构上看，选项卡插件是由导航区域和内容区域两部分组成的。

- 导航区域：使用 Bootstrap 导航组件来实现。在.nav.nav-tabs 或.nav.nav-pills 元素中添加锚点链接，必须将每个链接的 href 属性值分别设置为相对应的内容区域的 id（前面加#符号），并在每个链接中设置 data-toggle="tab"或 data-toggle="pill"属性。
- 内容区域：对其外层容器应用.tab-content 样式，对其内部的每个内容窗格应用.tab-pane 样式，需要对每个内容窗格设置 id 属性，以便将导航链接与相应的内容窗格关联起来。通过在每个.tab 窗格中添加.fade 可以使选项卡带有淡入效果。与激活链接（.active）相对应，要使某个窗格内容默认为可见，必须在该窗格中同时添加.show 和.active。

【例 9.4】创建选项卡插件示例。源代码如下：

```
<!doctype html>
<html>
<head>
<meta charset="utf-8">
<meta name="viewport" content="width=device-width, initial-scale=1">
<title>创建选项卡插件示例</title>
<link rel="stylesheet" href="../css/bootstrap.css">
</head>

<body>
<div class="container">
  <div class="row">
    <div class="col">
      <h4 class="p-3 text-center">创建选项卡插件示例</h4>
      <nav class="nav nav-tabs">
        <a href="#vueContent" class="nav-link active" data-toggle="tab">Vue</a>
        <a href="#reactContent" class="nav-link" data-toggle="tab">React</a>
        <a href="#angularContent" class="nav-link" data-toggle="tab">Angular</a>
      </nav>
      <div class="tab-content">
        <div class="tab-pane fade show active border p-3 text-justify" id="vueContent">
          Vue 是一套用于构建用户界面的渐进式框架。与其他大型框架不同的是，Vue 被设计为
可以自底向上逐层应用。Vue 的核心库只关注视图层，不仅易于上手，还便于与第三方库或既有项目整合。
        </div>
        <div class="tab-pane fade border p-3 text-justify" id="reactContent">
          React 是一个用于构建用户界面的 JavaScript 库。React 主要用于构建 UI，很多人认为 React
是 MVC 中的 V（视图）。React 起源于 Facebook 的内部项目，用来架设 Instagram 的网站，并于 2013 年 5
月开源。
        </div>
        <div class="tab-pane fade border p-3 text-justify" id="angularContent">
```

导航区域。

内容区域。

AngularJS 诞生于 2009 年，由 Misko Hevery 等人创建，是一款优秀的前端 JS 框架。ngularJS 有着诸多特性，最为核心的是：MVVM、模块化、自动化双向数据绑定、语义化标签、依赖注入等。

```
              </div>
            </div>
          </div>
        </div>
      </div>
      <script src="../js/jquery-3.4.1.min.js"></script>
      <script src="../js/popper.min.js"></script>
      <script src="../js/bootstrap.min.js"></script>
      </body>
      </html>
```

本例中创建了由 3 个内容窗格组成的选项卡，当页面加载完成时第 1 个选项卡默认为打开状态，通过单击导航链接可以在不同内容之间切换（未编写任何 JavaScript 代码），运行结果如图 9.6 和图 9.7 所示。

图 9.6　刚打开页面时的情形

图 9.7　切换到另一个选项卡

9.2.2　调用选项卡插件

选项卡插件可以通过 data-*属性或 JavaScript 脚本来调用。

1. 通过 data-*属性调用

通过 data-*属性调用选项卡插件，不需要编写任何 JavaScript 脚本，只需要对每个导航链接设置 data-toggle="tab"或 data-toggle="pill"属性即可。此外，还必须确保将所有导航链接都放置在.nav.nav-tabs 或.nav.nav-pills 容器中。

【例 9.5】通过 data-*属性调用选项卡插件示例。源代码如下：

```
<!doctype html>
<html>
<head>
<meta charset="utf-8">
<meta name="viewport" content="width=device-width, initial-scale=1">
<title>通过 data-*属性调用选项卡示例</title>
<link rel="stylesheet" href="../css/bootstrap.css">
</head>

<body>
<div class="container">
  <div class="row">
    <div class="col">
      <h4 class="p-3 text-center">通过 data-*属性调用选项卡示例</h4>
    </div>
  </div>
```

```html
<div class="row">
    <div class="col-3">
        <nav class="nav flex-column nav-pills">
            <a href="#libaiPoetry" class="nav-link active" data-toggle="pill">送友人</a>
            <a href="#dufuPoetry" class="nav-link" data-toggle="pill">春夜喜雨</a>
            <a href="#jaidaoPoetry" class="nav-link" data-toggle="pill">李凝幽居</a>
        </nav>
    </div>
    <div class="col-9">
        <div class="tab-content">
            <div id="libaiPoetry" class="tab-pane fade show active border p-4 text-justify">
                青山横北郭，白水绕东城。此地一为别，孤蓬万里征。浮云游子意，落日故人情。挥手自兹去，
萧萧班马鸣。
            </div>
            <div id="dufuPoetry" class="tab-pane fade border p-4 text-justify">
                好雨知时节，当春乃发生。随风潜入夜，润物细无声。野径云俱黑，江船火独明。晓看红湿处，
花重锦官城。
            </div>
            <div id="jaidaoPoetry" class="tab-pane fade border p-4 text-justify">
                闲居少邻并，草径入荒园。鸟宿池边树，僧敲月下门。过桥分野色，移石动云根。暂去还来此，
幽期不负言。
            </div>
        </div>
    </div>
</div>
</div>
<script src="../js/jquery-3.4.1.min.js"></script>
<script src="../js/popper.min.js"></script>
<script src="../js/bootstrap.min.js"></script>
</body>
</html>
```

本例中创建了一个垂直布局导航选项卡。通过应用.active 样式设置了默认激活链接，并通过添加.show 和.active 设置了默认显示的内容窗格，运行结果如图 9.8 和图 9.9 所示。

图 9.8　刚打开页面时的效果

图 9.9　切换到另一个选项卡

2. 通过 JavaScript 脚本调用

在 JavaScript 脚本中，启用选项卡时需要单独激活每个选项卡，代码如下。

```javascript
$('.nav a').on('click', function (e) {
    e.preventDefault();
    $(this).tab('show');
})
```

其中选择器'.nav a'选择了包含在导航组件中的所有链接，并对其绑定了 click 事件处理程序，在该事件处理程序中首先通过调用 e.preventDefault()阻止链接的默认行为，然后通过调用$(this).tab('show')来激活该链接所对应的内容窗格。

.tab("show")方法用于选择给定的选项卡并显示与其关联的内容窗格，先前所选择的任

何其他选项卡将变为未选中状态，且与其关联的窗格被隐藏。

也可以通过以下选择器来激活指定的选项卡。

```
$('.nav a[href="#profile"]').tab('show')        // 选择 id 为 profile 的选项卡
$('.nav a:first').tab('show')                   // 选择第 1 个选项卡
$('.nav a:last').tab('show')                    // 选择最后一个选项卡
$('.nav a:nth(2)').tab('show')                  // 选择第 3 个选项卡（从 0 开始计数）
```

通过调用.tab('dispose')方法可以销毁元素的选项卡。

【例 9.6】通过 JavaScript 脚本调用选项卡插件示例。源代码如下：

```
<!doctype html>
<html>
<head>
<meta charset="utf-8">
<meta name="viewport" content="width=device-width, initial-scale=1">
<title>通过 JavaScript 脚本调用选项卡示例</title>
<link rel="stylesheet" href="../css/bootstrap.css">
</head>

<body>
<div class="container">
  <div class="row">
    <div class="col">
      <h4 class="p-3 text-center">通过 JavaScript 脚本调用选项卡示例</h4>
      <nav class="nav nav-tabs">
        <a href="#htmlPane" class="nav-link active">HTML</a>
        <a href="#cssPane" class="nav-link">CSS</a>
        <a href="#javascriptPane" class="nav-link">JavaScript</a>
      </nav>
    </div>
  </div>
  <div class="tab-content">
    <div id="htmlPane" class="tab-pane p-3 border fade show active">
      HTML 称为超文本标记语言，是一种标识性的语言。它包括一系列标签，通过这些标签可以
将网络上的文档格式统一，使分散的 Internet 资源连接为一个逻辑整体。
    </div>
    <div id="cssPane" class="tab-pane p-3 border fade">
      CSS 即层叠样式表，是一种用来表现 HTML 或 XML 等文件样式的计算机语言。它不仅可以静
态地修饰网页，还可以配合各种脚本语言动态地对网页元素进行格式化。
    </div>
    <div id="javascriptPane" class="tab-pane p-3 border fade">
      JavaScript 简称 JS，是一种具有函数优先的轻量级、解释型或即时编译型的编程语言。它作为
开发 Web 页面的脚本语言而出名，但也被用到很多非浏览器环境中。
    </div>
  </div>
</div>
<script src="../js/jquery-3.4.1.min.js"></script>
<script src="../js/popper.min.js"></script>
<script src="../js/bootstrap.min.js"></script>
<script>
  $('.nav a').click(function (e) {
    e.preventDefault();
    $(this).tab('show');
  });
</script>
</body>
</html>
```

本例中并未对导航链接设置任何 data 属性，而是在 JavaScript 脚本中对这些链接绑定了

click 事件处理程序，并通过调用.tab('show')方法来激活选项卡，运行结果如图 9.10 和图 9.11 所示。

图 9.10　刚打开页面时的效果　　　　图 9.11　切换到另一个选项卡

9.2.3　处理选项卡事件

当显示新选项卡时，将按照以下顺序触发事件（见表 9.4）。

（1）在当前活动选项卡上触发 hide.bs.tab 事件。

（2）在待显示的选项卡上触发 show.bs.tab 事件。

（3）在上一个活动选项卡上触发 hidden.bs.tab 事件，与 hide.bs.tab 事件相同。

（4）在刚刚显示的新选项卡上触发 shown.bs.tab，与 show.bs.tab 事件相同。

如果没有任何选项卡处于活动状态，则不会触发 hide.bs.tab 和 hidden.bs.tab 事件。

表 9.4　选项卡插件的事件

事件类型	描　述
show.bs.tab	此事件会在选项卡显示时触发，但会在新选项卡显示之前触发。使用 event.target 和 event.relatedTarget 分别定位活动选项卡和上一个活动选项卡（如果有的话）
shown.bs.tab	此事件会在显示选项卡后触发。使用 event.target 和 event.relatedTarget 分别定位活动选项卡和上一个活动选项卡（如果有的话）
hide.bs.tab	此事件在要显示一个新选项卡并将隐藏先前的活动选项卡时触发。使用 event.target 和 event.relatedTarget 分别定位当前活动选项卡和即将成为活动的新选项卡。
hidden.bs.tab	此事件在显示新选项卡并隐藏先前的活动选项卡后触发。使用 event.target 和 event.relatedTarget 分别定位先前的活动选项卡和新的活动选项卡

下面给出编写 shown.bs.tab 事件处理程序的示例代码。

```
$('a[data-toggle="tab"]').on('shown.bs.tab', function (e) {
    e.target          // 新的活动选项卡，表示启动事件的 DOM 元素（目标元素）
    e.relatedTarget   // 上一个活动选项卡，表示事件中涉及的其他 DOM 元素（关联元素）
})
```

【例 9.7】处理选项卡事件示例。源代码如下：

```
<!doctype html>
<html>
<head>
<meta charset="utf-8">
<meta name="viewport" content="width=device-width, initial-scale=1">
<title>处理选项卡事件示例</title>
<link rel="stylesheet" href="../css/bootstrap.css">
</head>

<body>
<div class="container">
  <div class="row">
```

```
            <div class="col">
                <h4 class="p-3 text-center">处理选项卡事件示例</h4>
                <nav class="nav nav-tabs">
                    <a href="#onePane" class="nav-link active" data-toggle="tab">One</a>
                    <a href="#twoPane" class="nav-link" data-toggle="tab">Two</a>
                    <a href="#threePane" class="nav-link" data-toggle="tab">Three</a>
                </nav>
            </div>
        </div>
        <div class="tab-content">
            <div id="onePane" class="tab-pane show active p-3 border">
                <ol class="px-3 mb-0">请切换选项卡</ol>
            </div>
            <div id="twoPane" class="tab-pane p-3 border">
                <ol class="px-3 mb-0"></ol>
            </div>
            <div id="threePane" class="tab-pane p-3 border ">
                <ol class="px-3 mb-0"></ol>
            </div>
        </div>
    </div>
</div>
<script src="../js/jquery-3.4.1.min.js"></script>
<script src="../js/popper.min.js"></script>
<script src="../js/bootstrap.min.js"></script>
<script>
    function getHash(url) {
        arg = url.toString().split("#");
        return arg[1];
    }
    $('.nav-tabs a').on('show.bs.tab', function (e) {
        str = 'show.bs.tab 事件：目标元素=<i>' + getHash(e.target) +
            '</i>，关联元素=<i>' + getHash(e.relatedTarget) + '</i>';
        $('#' + getHash(e.target)).find('ol').append('<li>' + str + '</li>');
    }).on('shown.bs.tab', function (e) {
        str = 'shown.bs.tab 事件：目标元素=<i>' + getHash(e.target) +
            '</i>，关联元素=<i>' + getHash(e.relatedTarget) + '</i>';
        $('#' + getHash(e.target)).find('ol').append('<li>' + str + '</li>');
    }).on('hide.bs.tab', function (e) {
        $('#' + getHash(e.relatedTarget)).find('ol').empty();
        str = 'hide.bs.tab 事件：目标元素=<i>' + getHash(e.target) +
            '</i>，关联元素=<i>' + getHash(e.relatedTarget) + '</i>';
        $('#' + getHash(e.relatedTarget)).find('ol').append('<li>' + str + '</li>');
    }).on('hidden.bs.tab', function (e) {
        str = 'hidden.bs.tab 事件：目标元素=<i>' + getHash(e.target) +
            '</i>，关联元素=<i>' + getHash(e.relatedTarget) + '</i>';
        $('#' + getHash(e.relatedTarget)).find('ol').append('<li>' + str + '</li>');
    });
</script>
</body>
</html>
```

本例中对所有选项卡的 4 个事件都绑定了处理程序。当从一个选项卡切换到另一个选项卡时，可以在当前活动选项卡中看到发生了哪些事件，以及事件中的目标元素和关联元素分别是什么，运行结果如图 9.12 和图 9.13 所示。

图 9.12　刚打开页面时的效果

图 9.13　从 One 选项卡切换 Two 选项卡时的效果

9.3　使用提示框插件

提示框（Toast）插件是一个易于定制的轻量级消息插件，旨在模仿移动系统和桌面系统中普及的推送通知。提示框插件是基于弹性盒子构建的，因此很容易对齐和定位。该插件依赖 toast.js 和 util.js 文件，它们均包含在 bootstrap.js 和 bootstrap.min.js 文件中。

9.3.1　创建提示框插件

提示框插件的基本结构如下。

```
<div class="toast">
    <div class="toast-header">消息页眉</div>
    <div class="toast-body">消息正文</div>
</div>
```

提示框外层容器应用.toast 样式，其中包括页眉（.toast-header）和正文（.toast-body）两个部分。在页眉中可以添加图标、标题和关闭按钮，并在正文中给出要显示的消息文本。

1. 创建基本提示框

创建提示框插件的基本步骤如下。

（1）在提示框外层容器元素应用.toast 样式。在该元素中可以通过 data-autohide 属性来设置是否自动隐藏提示框，通过 data-delay 属性来设置隐藏提示框的延迟时间。

（2）在.toast 容器中添加.toast-header 元素作为提示框的页眉，在页眉中添加图标、标题和关闭按钮等内容。对于关闭按钮需要设置 data-dismiss="toast"属性。

（3）在页眉下方添加.toast-body 元素作为提示框的主体内容。

（4）在 JavaScript 脚本中对提示框插件进行初始化，并通过调用.toast('show')方法来弹出提示框，代码如下。

```
$('.toast').toast('show');
```

【例 9.8】创建提示框插件示例。源代码如下：

```
<!doctype html>
<html>
<head>
<meta charset="utf-8">
<meta name="viewport" content="width=device-width, initial-scale=1">
<title>创建提示框插件示例</title>
```

```
<link rel="stylesheet" href="../css/bootstrap.css">
</head>

<body>
<div class="container">
  <div class="row">
    <div class="col">
      <h4 class="p-3 text-center">创建提示框插件示例</h4>
      <p class="text-center">
        <button type="button" class="btn btn-primary">显示提示框</button>
      </p>
      <div class="toast" data-delay="1000">
        <div class="toast-header">
          <img src="../images/favicon.ico" width="24" class="rounded mr-2" alt="">
          <strong class="mr-auto">Bootstrap</strong>
          <small>刚刚</small>
          <button type="button" class="ml-2 mb-1 close" data-dismiss="toast">
            <span>&times;</span>
          </button>
        </div>
        <div class="toast-body">
          您好！欢迎您使用 Bootstrap 提示框插件！
        </div>
      </div>
    </div>
  </div>
</div>
<script src="../js/jquery-3.4.1.min.js"></script>
<script src="../js/popper.min.js"></script>
<script src="../js/bootstrap.min.js"></script>
<script>
  $('.btn.btn-primary').click(function () {
    $('.toast').toast('show');
  });
</script>
</body>
</html>
```

> 对按钮绑定 click 事件处理程序，当单击该按钮时弹出提示框。

本例中创建了一个提示框，它默认处在隐藏状态。当单击页面上的按钮时将会弹出该提示框，它在 1 秒内会自动隐藏起来；也可以提前单击其右上角的关闭按钮来关闭它，运行结果如图 9.14 所示。

图 9.14　创建提示框插件示例

2. 提示框的半透明效果

提示框具有半透明效果，因此它们融合了所有可能出现的东西。对于支持 backdrop-filter CSS 属性的浏览器，还可以尝试模糊位于提示框下方的元素。

【例 9.9】提示框的半透明效果示例。源代码如下：

```
<!doctype html>
<html>
<head>
<meta charset="utf-8">
<meta name="viewport" content="width=device-width, initial-scale=1">
<title>提示框的半透明效果示例</title>
<link rel="stylesheet" href="../css/bootstrap.css">
</head>

<body class="bg-success">
<div class="container">
  <div class="row">
    <div class="col">
      <h4 class="p-3 text-center text-white">提示框的半透明效果示例</h4>
      <p class="text-center">
        <button type="button" class="btn btn-light shadow">显示提示框</button>
      </p>
      <div class="toast" data-delay="1000">
        <div class="toast-header">
          <img src="../images/favicon.ico" width="24" class="rounded mr-2" alt="">
          <strong class="mr-auto">Bootstrap</strong>
          <small>刚刚</small>
          <button type="button" class="ml-2 mb-1 close" data-dismiss="toast">
            <span>&times;</span>
          </button>
        </div>
        <div class="toast-body">
          您好！欢迎您使用 Bootstrap 提示框插件！
        </div>
      </div>
    </div>
  </div>
</div>
<script src="../js/jquery-3.4.1.min.js"></script>
<script src="../js/popper.min.js"></script>
<script src="../js/bootstrap.min.js"></script>
<script>
  $('.btn.btn-light').click(function () {
    $('.toast').toast('show');
  });
</script>
</body>
</html>
```

> 对按钮绑定 click 事件处理程序，当单击该按钮时弹出提示框。

本例中对 body 元素应用了.bg-success 样式，使整个页面背景呈绿色，当显示提示框时可以看到其主体内容区域透出些许绿色，运行结果如图 9.15 所示。

图 9.15　提示框的半透明效果示例

3. 提示框的堆叠效果

当页面中出现多个提示框时，默认情况下将以一种可读的方式从上到下来排列它们，形成提示框的堆叠效果。

【例 9.10】提示框的堆叠效果示例。源代码如下：

```
<!doctype html>
<html>
<head>
<meta charset="utf-8">
<meta name="viewport" content="width=device-width, initial-scale=1">
<title>提示框的堆叠效果示例</title>
<link rel="stylesheet" href="../css/bootstrap.css">
</head>

<body>
<div class="container">
    <div class="row">
        <div class="col">
            <h4 class="p-3 text-center">提示框的堆叠效果示例</h4>
            <p class="text-center">
                <button type="button" class="btn btn-success">显示提示框</button>
            </p>
            <div class="toast" data-delay="1000">
                <div class="toast-header">
                    <img src="../images/favicon.ico" width="24" class="rounded mr-2" alt="">
                    <strong class="mr-auto">Bootstrap</strong>
                    <small>刚刚</small>
                    <button type="button" class="ml-2 mb-1 close" data-dismiss="toast">
                        <span>&times;</span>
                    </button>
                </div>
                <div class="toast-body">
                    看到了吗? 就像这样。
                </div>
            </div>
            <div class="toast" data-delay="1000">
            <div class="toast-header">
                <img src="../images/favicon.ico" width="24" class="rounded mr-2" alt="">
                <strong class="mr-auto">Bootstrap</strong>
                <small>3 分钟前</small>
                <button type="button" class="ml-2 mb-1 close" data-dismiss="toast">
                    <span>&times;</span>
                </button>
                </div>
                <div class="toast-body">
                    提示框会自动堆叠的哦!
                </div>
            </div>
            </div>
        </div>
    </div>
</div>
<script src="../js/jquery-3.4.1.min.js"></script>
<script src="../js/popper.min.js"></script>
<script src="../js/bootstrap.min.js"></script>
<script>
    $('.btn.btn-success').click(function () {
        $('.toast').toast('show');
    });
</script>
</body>
```

> 对按钮绑定 click 事件处理程序，当单击该按钮时弹出提示框。

```
</html>
```

本例中创建了两个提示框，单击按钮时它们以堆叠方式显示出来，如图 9.16 所示。

图 9.16　提示框的堆叠效果

9.3.2　设置提示框的位置

提示框的位置可以根据需要使用自定义 CSS 来设置，通常放在右上角或中间。如果一次只需要显示一个提示框，则应将定位样式放在 .toast 元素上。如果需要显示多个提示框，则应考虑使用包装元素，以便使它们形成堆叠效果。还可以使用弹性盒布局样式来使提示框水平对齐或垂直对齐。

【例 9.11】设置提示框的位置。源代码如下：

```
<!doctype html>
<html>
<head>
<meta charset="utf-8">
<meta name="viewport" content="width=device-width, initial-scale=1">
<title>设置提示框位置示例</title>
<link rel="stylesheet" href="../css/bootstrap.css">
</head>

<body>
<div class="container">
  <div class="row">
    <div class="col">
      <h4 class="p-3 text-center">设置提示框位置示例</h4>
      <p class="text-center">
        <button type="button" class="btn btn-info">显示提示框</button>
      </p>
      <div class="position-relative bg-primary mb-3" style="min-height: 100px;">
        <div class="position-absolute" style="top: 0; right: 0;">
          <div class="toast" data-delay="1000">
          <div class="toast-header">
            <img src="../images/favicon.ico" width="24" class="rounded mr-2" alt="">
            <strong class="mr-auto">Bootstrap</strong>
            <small>刚刚</small>
            <button type="button" class="ml-2 mb-1 close" data-dismiss="toast">
              <span>&times;</span>
            </button>
          </div>
          <div class="toast-body">
              这是出现在右上角的提示框！
          </div>
```

> 设置提示框位于父级元素的右上角。

```
                </div>
              </div>
            </div>
            <div class="d-flex justify-content-center align-items-center bg-secondary"
                style="min-height: 100px;">
              <div class="toast" data-delay="1000">
                <div class="toast-header">
                  <img src="../images/favicon.ico" width="24" class="rounded mr-2" alt="">
                  <strong class="mr-auto">Bootstrap</strong>
                  <small>3 分钟前</small>
                  <button type="button" class="ml-2 mb-1 close" data-dismiss="toast">
                    <span>&times;</span>
                  </button>
                </div>
                <div class="toast-body">
                  这是出现在中间的提示框。
                </div>
              </div>
            </div>
          </div>
        </div>
      </div>
    </div>
    <script src="../js/jquery-3.4.1.min.js"></script>
    <script src="../js/popper.min.js"></script>
    <script src="../js/bootstrap.min.js"></script>
    <script>
      $('.btn.btn-info').click(function () {
        $('.toast').toast('show');
      });
    </script>
  </body>
</html>
```

气泡框：使用弹性盒布局样式将提示框设置为水平居中对齐和垂直居中对齐。

本例创建了两个提示框并分别设置其位于父级元素的右上角和中间，运行结果如图 9.17 所示。

图 9.17　设置提示框位置示例

9.3.3　调用提示框插件

提示框插件没有 data-toggle 属性，因此不能通过 data 属性来激活，只能使用 JavaScript 来激活。在 JavaScript 中，提示框插件的初始化可以通过对 .toast 元素调用构造方法 toasts() 来实现，代码如下。

```
$('.toast').toast(options);
```

其中选择器.toast 用于选择提示框的容器元素；参数 options 是一个对象，通过传入该参数可以对提示框的相关选项（见表 9.5）进行设置。这些选项也可以通过 data 属性来设置，为此可以将选项名称附加到 data- 后面，如在 data-animation=""。

表 9.5　提示框插件的选项

名　称	类　型	默认值	描　述
animation	boolean	true	是否将 CSS 淡入淡出过渡应用于提示框
autohide	boolean	true	是否自动隐藏提示框
delay	number	500	设置延迟隐藏提示框的毫秒数

提示框插件拥有一些实例方法（见表 9.6）。

表 9.6　提示框插件的实例方法

方　法	描　述
$0.toast(options)	初始化元素集合的提示框
$0.toast('show')	显示元素的提示框
$0.toast('hide')	隐藏元素的提示框
$0.toast('dispose')	隐藏元素的提示框，它将保留在 DOM 中，但不再显示

【例 9.12】调用提示框插件方法示例。源代码如下：

```
<!doctype html>
<html>
<head>
<meta charset="utf-8">
<meta name="viewport" content="width=device-width, initial-scale=1">
<title>调用提示框方法示例</title>
<link rel="stylesheet" href="../css/bootstrap.css">
</head>

<body>
<div class="container">
  <div class="row">
    <div class="col">
      <h4 class="p-3 text-center">调用提示框方法示例</h4>
      <p class="text-center">
        <button type="button" class="btn btn-primary">显示提示框</button>
        <button type="button" class="btn btn-secondary">隐藏提示框</button>
      </p>
      <div class="d-flex justify-content-center align-items-center" style="min-height: 100px;">
        <div class="toast">
          <div class="toast-header">
            <img src="../images/favicon.ico" width="24" class="rounded mr-2" alt="">
            <strong class="mr-auto">Bootstrap</strong>
            <small>刚刚</small>
            <button type="button" class="ml-2 mb-1 close" data-dismiss="toast">
              <span>&times;</span>
            </button>
          </div>
          <div class="toast-body">
            您好！欢迎您使用 Bootstrap 提示框插件！
          </div>
        </div>
      </div>
    </div>
  </div>
</div>
<script src="../js/jquery-3.4.1.min.js"></script>
```

```
<script src="../js/popper.min.js"></script>
<script src="../js/bootstrap.min.js"></script>
<script>
  $('.toast').toast({autohide: false});
  $('.btn.btn-primary').click(function () {
    $('.toast').toast('show');
  });
  $('.btn.btn-secondary').click(function () {
    $('.toast').toast('hide');
  });
</script>
</body>
</html>
```

> 对按钮绑定 click 事件处理程序，当单击按钮时显示或隐藏提示框。

本例中通过 JavaScript 设置提示框的 autohide 选项为 false，并对两个按钮分别绑定了事件处理程序，通过调用.toast('show')和.toast('hide')方法来显示和隐藏提示框，运行结果如图 9.18 和图 9.19 所示。

图 9.18　单击按钮显示提示框

图 9.19　单击按钮隐藏提示框

9.3.4　处理提示框事件

Bootstrap 4 为提示框插件提供了 5 个事件（见表 9.7）。

表 9.7　弹出框插件的事件

事件类型	描　　述
show.bs.toast	调用 show 实例方法时，将立即触发此事件
shown.bs.toast	当提示框对用户可见时将触发此事件
hide.bs.toast	调用 hide 实例方法后，立即触发此事件
hidden.bs.toast	当提示框向用户隐藏时将触发此事件

【例 9.13】监听提示框事件件示例。源代码如下：

```
<!doctype html>
<html>
<head>
<meta charset="utf-8">
<meta name="viewport" content="width=device-width, initial-scale=1">
<title>处理提示框事件示例</title>
<link rel="stylesheet" href="../css/bootstrap.css">
</head>

<body>
<div class="container">
  <div class="row">
    <div class="col">
      <h4 class="p-3 text-center">处理提示框事件示例</h4>
```

```
    <p class="text-center">
        <button type="button" class="btn btn-primary">显示提示框</button>
    </p>
    <ol id="events"></ol>
    <div class="toast" data-delay="2000">
        <div class="toast-header">
            <img src="../images/favicon.ico" width="24" class="rounded mr-2" alt="">
            <strong class="mr-auto">Bootstrap</strong>
            <small>刚刚</small>
            <button type="button" class="ml-2 mb-1 close" data-dismiss="toast">
                <span>&times;</span>
            </button>
        </div>
        <div class="toast-body">
            您好！欢迎您使用 Bootstrap 提示框插件！
        </div>
    </div>
        </div>
    </div>
</div>
<script src="../js/jquery-3.4.1.min.js"></script>
<script src="../js/popper.min.js"></script>
<script src="../js/bootstrap.min.js"></script>
<script>
    $('.btn.btn-primary').click(function () {
        $('.toast').toast('show');
    });
    $('.toast').on('show.bs.toast shown.bs.toast hide.bs.toast hidden.bs.toast', function (e) {
        if(e.type == 'show') $('#events').empty();
        $('#events').append('<li><em>' + new Date(e.timeStamp).toTimeString().substr(0, 8) +
            '</em>：触发<strong>' + e.type + '.bs.toast</strong>事件</li>');
    })
</script>
</body>
</html>
```

本例中通过 data-delay 属性设置隐藏提示框的延迟时间为 2 秒，并使用 on()函数一次性对提示框的 4 个事件都绑定了相同的事件处理程序，在该处理程序中显示在什么时间触发了什么事件，运行结果如图 9.20 所示。

图 9.20　处理提示框事件示例

9.4　使用轮播插件

轮播插件在功能上类似于幻灯片演示，用于循环显示一系列图像、文本或自定义标记，

309

还包括对上一个、下一个控件和指示器的支持，这些内容基于 CSS 3D 转换和少量 JavaScript 构建。该插件依赖 carcousel.js 和 util.js 文件，它们均包含在 bootstrap.js 和 bootstrap.min.js 文件中。

9.4.1 创建基本轮播插件

最简单的轮播插件只带有一些幻灯片，不包含任何控制按钮和指示器。在轮播图片上应用.d-block 和.w-100，以防止浏览器的默认图片对齐。这种轮播插件的基本结构如下。

```
<div id="carousel1" class="carousel slide" data-ride="carousel">
    <div class="carousel-inner">
        <div class="carousel-item active">
            <img src="..." class="d-block w-100" alt="...">
            <div class="carousel-caption">...</div>
        </div>
        <div class="carousel-item">
            <img src="..." class="d-block w-100" alt="...">
            <div class="carousel-caption">...</div>
        </div>
        <div class="carousel-item">
            <img src="..." class="d-block w-100" alt="...">
            <div class="carousel-caption">...</div>
        </div>
    </div>
</div>
```

这种只带有幻灯片的轮播插件具有以下 3 层结构。

- 轮播容器：轮播插件的最外层元素，对其设置唯一的 id；应用.carousel 和.slide 样式，后者用于设置动画过渡效果；设置 data-ride="carusel"属性，用以指定页面加载完成时立即开始切换内容，如果不设置该属性，则必须通过 JavaScript 脚本来实现轮播插件的初始化。若要实现淡入淡出动画效果，可以在.slide 基础上添加.carousel-fade 样式。

- 轮播主体：包含在.carusel 轮播容器中，需要对其应用.carousel-inner 样式。在这个部分可以添加要循环显示的一系列幻灯片内容。

- 轮播项目：包含在.carousel-inner 主体中的一组幻灯片内容。对每张幻灯片都需要应用.carousel-item 样式。如果这些幻灯片的内容为图片，则应在<img>标签中添加.d-block 和.w-100 样式。如果要添加图片说明，则需要对其应用.carousel-caption 样式。此外，还需要在其中一张幻灯片上添加.active 样式，以设置默认显示内容，否则轮播内容不可见。

【例 9.14】创建轮播插件示例。源代码如下：

```
<!doctype html>
<html>
<head>
<meta charset="utf-8">
<meta name="viewport" content="width=device-width, initial-scale=1">
<title>创建轮播插件示例</title>
<link rel="stylesheet" href="../css/bootstrap.css">
</head>

<body>
<div class="container">
```

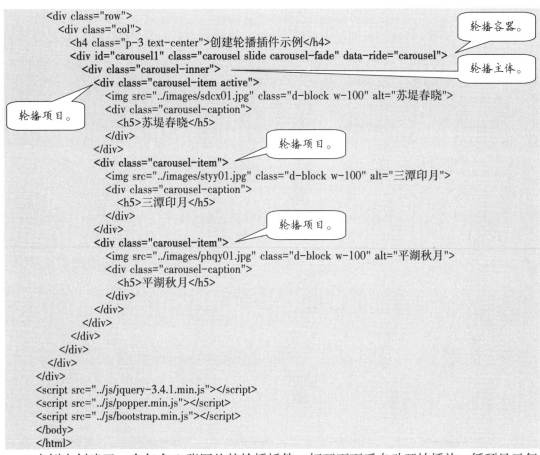

```
<div class="row">
    <div class="col">
        <h4 class="p-3 text-center">创建轮播插件示例</h4>
        <div id="carousel1" class="carousel slide carousel-fade" data-ride="carousel">
            <div class="carousel-inner">
                <div class="carousel-item active">
                    <img src="../images/sdcx01.jpg" class="d-block w-100" alt="苏堤春晓">
                    <div class="carousel-caption">
                        <h5>苏堤春晓</h5>
                    </div>
                </div>
                <div class="carousel-item">
                    <img src="../images/styy01.jpg" class="d-block w-100" alt="三潭印月">
                    <div class="carousel-caption">
                        <h5>三潭印月</h5>
                    </div>
                </div>
                <div class="carousel-item">
                    <img src="../images/phqy01.jpg" class="d-block w-100" alt="平湖秋月">
                    <div class="carousel-caption">
                        <h5>平湖秋月</h5>
                    </div>
                </div>
            </div>
        </div>
    </div>
</div>
<script src="../js/jquery-3.4.1.min.js"></script>
<script src="../js/popper.min.js"></script>
<script src="../js/bootstrap.min.js"></script>
</body>
</html>
```

（轮播容器。）
（轮播主体。）
（轮播项目。）
（轮播项目。）
（轮播项目。）

本例中创建了一个包含 3 张图片的轮播插件，打开页面后自动开始播放，循环显示每张图片并带有淡入淡出动画效果，运行结果如图 9.21 和图 9.22 所示。

图 9.21　刚打开时显示的效果

图 9.22　切换显示其他图片

9.4.2　添加控制按钮和指示器

除了自动播放之外，也可以在轮播中添加控制按钮，允许以手动方式切换要查看的内容。另外，还可以在轮播中添加指示器，用于表示当前幻灯片位置或切换到不同的幻灯片。

● 控制按钮：包括"上一个"和"下一个"两个锚点链接，其 href 属性均指向轮播容器的 id 属性值，分别应用.carousel-control-prev 或.carousel-control-next 样式，设置 data-slide="prev" 或 data-slide="next" 属性，左右箭头通过<span class="carousel-

control-prev-icon"></span>或<span class="carousel-control-next-icon"> </span>来生成。

- 指示器：使用一个有序列表来实现。在<ol>标签中应用.carousel-indicators 样式，使每个<li>的 data-target 属性均指向轮播容器的 id 属性值，并将它们的 data-slide-to 属性设置为幻灯片的索引，从 0 开始计数。

【例 9.15】为轮播添加控制按钮和指示器示例。源代码如下：

```html
<!doctype html>
<html>
<head>
<meta charset="utf-8">
<meta name="viewport" content="width=device-width, initial-scale=1">
<title>在轮播中添加控制按钮和指示器示例</title>
<link rel="stylesheet" href="../css/bootstrap.css">
</head>

<body>
<div class="container">
  <div class="row">
    <div class="col">
      <h4 class="p-3 text-center">在轮播中添加控制按钮和指示器示例</h4>
      <div id="carousel1" class="carousel slide carousel-fade" data-ride="carousel">

        <div class="carousel-inner">
          <div class="carousel-item active">
            <img src="../images/sdcx01.jpg" class="d-block w-100" alt="苏堤春晓">
            <div class="carousel-caption">
              <h5>苏堤春晓</h5>
            </div>
          </div>
          <div class="carousel-item">
            <img src="../images/styy01.jpg" class="d-block w-100" alt="三潭印月">
            <div class="carousel-caption">
              <h5>三潭印月</h5>
            </div>
          </div>
          <div class="carousel-item">
            <img src="../images/phqy01.jpg" class="d-block w-100" alt="平湖秋月">
            <div class="carousel-caption">
              <h5>平湖秋月</h5>
            </div>
          </div>
        </div>
        <a href="#carousel1" class="carousel-control-prev" data-slide="prev">
          <span class="carousel-control-prev-icon"></span>
        </a>
        <a href="#carousel1" class="carousel-control-next" data-slide="next">
          <span class="carousel-control-next-icon"></span>
        </a>
        <ol class="carousel-indicators">
          <li class="active" data-target="#carousel1" data-slide-to="0"></li>
          <li data-target="#carousel1" data-slide-to="1"></li>
          <li data-target="#carousel1" data-slide-to="2"></li>
        </ol>
      </div>
    </div>
  </div>
</div>
<script src="../js/jquery-3.4.1.min.js"></script>
<script src="../js/popper.min.js"></script>
<script src="../js/bootstrap.min.js"></script>
```

控制按钮。

指示器。

```
</body>
</html>
```

本例在轮播中添加了控制按钮和内容指示器，运行结果如图 9.23 和图 9.24 所示。

图 9.23　刚打开时显示的图片

图 9.24　手动切换显示其他图片

9.4.3　调用轮播插件

轮播插件可以通过 data-*属性或 JavaScript 脚本来调用。

1. 通过 data-*属性调用

在.carousel 容器中设置 data-ride="carousel"属性，可以将轮播标记为从页面加载时开始动画播放。如果不使用 data-ride="carousel"对轮播初始化，则必须自己进行初始化。该属性不能与同一轮播的 JavaScript 初始化结合使用。

使用 data 属性可以轻松地控制轮播内容的位置。在控制按钮中将 data-slide 属性设置为关键字 prev 或 next，这会相对于当前位置更改幻灯片的位置。也可以在指示器中将 data-slide-to 属性设置为幻灯片的索引值，从而将幻灯片位置移动到特定索引（从 0 开始计数）。

2. 通过 JavaScript 脚本调用

在 JavaScript 中，可以通过调用构造方法 carousel()来实现轮播插件的初始化，代码如下。

```
$('.carousel').carousel(options)
```

其中.carousel 用于选择轮播容器元素，options 为调用 carousel()时传入的对象参数。通过该对象可以对轮播插件的各种选项（见表 9.8）进行设置。

表 9.8　轮播插件的选项

名　称	类　型	默认值	描　述
interval	number	5000	自动循环项目之间的延迟时间。若设置为 false，则轮播不会自动循环
keyboard	boolean	true	轮播是否应该对键盘事件做出反应
pause	string | boolean	'hover'	若设置为'hover'，则暂停在 mouseenter 上的轮播循环，并在 mouseleave 上恢复轮播的循环。若为 false，则将鼠标指针悬停在轮播上不会暂停它
ride	string	false	用户手动循环第一项后是否自动播放轮播。若为 'carousel'，则在加载时自动播放轮播
wrap	boolean	true	轮播是应该连续循环或者播放一轮后停止
touch	boolean	true	轮播是否应支持触摸屏设备上的向左/向右滑动交互

表 9.8 中的选项也可以通过 data 属性来进行设置，方法是将选项名称附着在 data-后面。如 data-interval="3000"。

轮播插件拥有一些实例方法（见表 9.9）。

表 9.9 轮播框插件的实例方法

方　法	描　述
$().carousel(options)	使用可选的 options 对象初始化轮播，并开始循环显示各个项目
$().carousel('cycle')	从左到右循环播放
$().carousel('pause')	停止轮播在各个项目之间循环
$().carousel(number)	将轮播循环到特定帧（索引从 0 开始）
$().carousel('prev')	循环到上一个项目
$().carousel('next')	循环到下一个项目
$().carousel('dispose')	销毁元素的轮播

【例 9.16】用 JavaScript 脚本调用轮播插件示例。源代码如下：

```
<!doctype html>
<html>
<head>
<meta charset="utf-8">
<meta name="viewport" content="width=device-width, initial-scale=1">
<title>调用轮播插件示例</title>
<link rel="stylesheet" href="../css/bootstrap.css">
</head>

<body>
<div class="container">
  <div class="row">
    <div class="col text-center">
      <h4 class="p-3">用 JavaScrpt 脚本调用轮播插件示例</h4>
      <div class="btn-group mb-3">
        <button type="button" class="btn btn-light">开始播放</button>
        <button type="button" class="btn btn-light">停止播放</button>
        <button type="button" class="btn btn-light">上一帧</button>
        <button type="button" class="btn btn-light">下一帧</button>
      </div>
      <div id="carousel1" class="carousel slide carousel-fade">
        <div class="carousel-inner">
          <div class="carousel-item active">
            <img src="../images/sdcx01.jpg" class="d-block w-100" alt="苏堤春晓">
            <div class="carousel-caption">
              <h5>苏堤春晓</h5>
            </div>
          </div>
          <div class="carousel-item">
            <img src="../images/styy01.jpg" class="d-block w-100" alt="三潭印月">
            <div class="carousel-caption">
              <h5>三潭印月</h5>
            </div>
          </div>
          <div class="carousel-item">
            <img src="../images/phqy01.jpg" class="d-block w-100" alt="平湖秋月">
            <div class="carousel-caption">
              <h5>平湖秋月</h5>
            </div>
          </div>
        </div>
      </div>
    </div>
  </div>
</div>
<script src="../js/jquery-3.4.1.min.js"></script>
```

```
<script src="../js/popper.min.js"></script>
<script src="../js/bootstrap.min.js"></script>
<script>
  $('.btn').click(function () {
    text = $(this).text();
    if (text == '开始播放') {
      $('.carousel').carousel('cycle');
    }
    if (text == '停止播放') {
      $('.carousel').carousel('pause');
    }
    if (text == '上一帧') {
      $('.carousel').carousel('prev');
    }
    if (text == '下一帧') {
      $('.carousel').carousel('next');
    }
  });
</script>
</body>
</html>
```

> 对各个按钮绑定 click 事件处理程序，以便通过这些按钮控制轮播插件的播放过程。

本例中通过一个按钮组来控制轮播插件的播放过程，运行结果如图 9.25 所示。

图 9.25　用 JavaScript 脚本调用轮播插件示例

9.4.4　处理轮播事件

轮播插件拥有以下两个事件。

- slide.bs.carousel：调用 slide 实例方法时，将立即触发此事件。
- slid.bs.carousel：当轮播完成幻灯片切换时，会触发此事件。

所有轮播事件都会在轮播本身触发（在<div class="carousel">上）。这些事件具有以下附加属性。

- direction：轮播滑动的方向，可以是"left"或"right"。
- relatedTarget：将作为活动项目滑入的 DOM 元素。
- from：当前项目的索引。
- to：下一个项目的索引。

【例 9.17】处理轮播事件示例。源代码如下：

```
<!doctype html>
<html>
<head>
<meta charset="utf-8">
<meta name="viewport" content="width=device-width, initial-scale=1">
<title>处理轮播事件示例</title>
<link rel="stylesheet" href="../css/bootstrap.css">
</head>

<body>
<div class="container">
  <div class="row">
    <div class="col">
      <h4 class="p-3 text-center">处理轮播事件示例</h4>
      <div id="carousel1" class="carousel slide" data-ride="carousel">
        <div class="carousel-inner">
          <div class="carousel-item active">
            <img src="../images/sdcx01.jpg" class="d-block w-100" alt="苏堤春晓">
            <div class="carousel-caption">
              <h5>苏堤春晓</h5>
            </div>
          </div>
          <div class="carousel-item">
            <img src="../images/styy01.jpg" class="d-block w-100" alt="三潭印月">
            <div class="carousel-caption">
              <h5>三潭印月</h5>
            </div>
          </div>
          <div class="carousel-item">
            <img src="../images/phqy01.jpg" class="d-block w-100" alt="平湖秋月">
            <div class="carousel-caption">
              <h5>平湖秋月</h5>
            </div>
          </div>
        </div>
      </div>
    </div>
  </div>
</div>
<script src="../js/jquery-3.4.1.min.js"></script>
<script src="../js/popper.min.js"></script>
<script src="../js/bootstrap.min.js"></script>
<script>
  $('.carousel').on('slide.bs.carousel', function (e) {
    e.target.style.border = '5px dashed red';
  }).on('slid.bs.carousel', function (e) {
    e.target.style.border = '5px solid green';
  });
</script>
</body>
</html>
```

对轮播插件绑定事件处理程序。

本例中对轮播的两个事件绑定了事件处理程序，在切换过程中为图片添加红色虚线外框，在切换完成时为图片添加绿色实线边框，运行结果如图 9.26 和图 9.27 所示。

图 9.26　图片切换过程中带红色虚框

图 9.27　图片切换完成时带绿色实框

9.5　使用滚动监听

滚动监听（Scrollspy）是 Bootstrap 4 提供的一个十分实用的 JavaScript 插件，它可以根据滚动位置自动更新导航或列表组组件，以指示当前在视口中处于活动状态的链接。

9.5.1　创建滚动监听

滚动监听插件必须满足下列要求才能正常运行。

● 如果要从源代码构建 JavaScript，则需要使用 util.js。

● 在导航或列表组中定义锚点链接（<a>），并且必须指向对应目标元素的 id，这些目标元素位于被监控区域中。

● 在监控的元素（通常为 body）上设置相对定位，设置 data-spy="scroll"属性，并使 data-target 属性指向导航或列表组的 id，还要通过 data-offset 属性定义滚动条的偏移位置。

● 如果要监控 body 以外的其他元素，则必须设置其高度并将 overflow-y 设置为 scroll。

实施成功后，导航或列表组将会进行相应的更新，并根据所关联的目标将.active 类从一个项目移到另一个项目上。

【例 9.18】滚动导航栏下方的区域，同时查看导航栏中活动链接的变化。源代码如下：

```
<!doctype html>
<html>
<head>
    <meta charset="utf-8">
    <meta name="viewport" content="width=device-width, initial-scale=1">
    <title>在导航栏中监听示例</title>
    <link rel="stylesheet" href="../css/bootstrap.css">
</head>

<body>
<div class="container">
    <div class="row">
        <div class="col">
            <h4 class="p-3 text-center">在导航栏中监听示例</h4>
            <nav id="navbar1" class="navbar navbar-light bg-light border mb-3">
```

```
            <a class="navbar-brand" href="#">西湖风光</a>
            <ul class="nav nav-pills">
                <li class="nav-item"><a class="nav-link" href="#sdcx">苏堤春晓</a></li>
                <li class="nav-item"><a class="nav-link" href="#qyfh">曲院风荷</a></li>
                <li class="nav-item dropdown">
                    <a class="nav-link dropdown-toggle" data-toggle="dropdown" href="#">更多景点</a>
                    <div class="dropdown-menu">
                        <a class="dropdown-item" href="#phqy">平湖秋月</a>
                        <a class="dropdown-item" href="#dqcx">断桥残雪</a>
                        <div class="dropdown-divider"></div>
                        <a class="dropdown-item" href="#hggy">花港观鱼</a>
                    </div>
                </li>
            </ul>
        </nav>
        <div class="border border-info shadow mx-auto" data-spy="scroll" data-target="#navbar1"
            data-offset="156" style="width: 240px; height: 200px; overflow-y: scroll;">
            <h5 id="sdcx" class="text-center">苏堤春晓</h5>
            <p><img src="../images/hz01.jpg" alt="苏堤春晓"></p>
            <h5 id="qyfh" class="text-center">曲院风荷</h5>
            <p><img src="../images/hz02.jpg" alt="曲院风荷"></p>
            <h5 id="phqy" class="text-center">平湖秋月</h5>
            <p><img src="../images/hz03.jpg" alt="平湖秋月"></p>
            <h5 id="dqcx" class="text-center">断桥残雪</h5>
            <p><img src="../images/hz04.jpg" alt="断桥残雪"></p>
            <h5 id="hggy" class="text-center">花港观鱼</h5>
            <p><img src="../images/hz05.jpg" alt="花港观鱼"></p>
        </div>
    </div>
  </div>
</div>
<script src="../js/jquery-3.4.1.min.js"></script>
<script src="../js/popper.min.js"></script>
<script src="../js/bootstrap.min.js"></script>
</body>
</html>
```

本例在导航栏下方定义了一个监控区域,其中放置了 5 幅图片。通过拖动滚动条来查看不同的图片,此时导航栏上的活动链接会随之发生变化,运行结果如图 9.28 和图 9.29 所示。

图 9.28　查看"苏堤春晓"时的效果

图 9.29　查看"断桥残雪"时的效果

【例 9.19】滚动列表组右侧的区域,同时查看列表组中活动链接的变化。源代码如下:

```
<!doctype html>
<html>
<head>
```

```
<meta charset="utf-8">
<meta name="viewport" content="width=device-width, initial-scale=1">
<title>在列表组中监听示例</title>
<link rel="stylesheet" href="../css/bootstrap.css">
</head>

<body>
<div class="container">
  <div class="row">
    <div class="col">
      <h4 class="p-3 text-center">在列表组中监听示例</h4>
    </div>
  </div>
  <div class="row justify-content-center">
    <div class="col-4">
      <div id="listgroup1" class="list-group">
        <a class="list-group-item list-group-item-action" href="#sdcx">苏堤春晓</a>
        <a class="list-group-item list-group-item-action" href="#qyfh">曲院风荷</a>
        <a class="list-group-item list-group-item-action" href="#phqy">平湖秋月</a>
        <a class="list-group-item list-group-item-action" href="#dqcx">断桥残雪</a>
      </div>
    </div>
    <div class="col-6">
      <div data-spy="scroll" data-target="#listgroup1"
           data-offset="156" style="width: 240px; height: 200px; overflow-y: scroll;">
        <h5 id="sdcx" class="text-center">苏堤春晓</h5>
        <p class="mb-4"><img src="../images/hz01.jpg" alt="苏堤春晓"></p>
        <h5 id="qyfh" class="text-center">曲院风荷</h5>
        <p class="mb-4"><img src="../images/hz02.jpg" alt="曲院风荷"></p>
        <h5 id="phqy" class="text-center">平湖秋月</h5>
        <p class="mb-4"><img src="../images/hz03.jpg" alt="平湖秋月"></p>
        <h5 id="dqcx" class="text-center">断桥残雪</h5>
        <p class="mb-4"><img src="../images/hz04.jpg" alt="断桥残雪"></p>
      </div>
    </div>
  </div>
</div>
<script src="../js/jquery-3.4.1.min.js"></script>
<script src="../js/popper.min.js"></script>
<script src="../js/bootstrap.min.js"></script>
</body>
</html>
```

本例在列表框右侧定义了一个监控区域，其中放置了 4 幅图片。通过拖动滚动条来查看不同的图片，此时列表组中的活动链接会随之发生变化，运行结果如图 9.30 和图 9.31 所示。

图 9.30　查看"苏堤春晓"时的效果

图 9.31　查看"平湖秋月"时的效果

9.5.2　调用滚动监听

滚动监听行为可以通过 data-*属性或 JavaScript 脚本来调用。

1. 通过 data-*属性调用

如果要将滚动监听行为添加到顶部导航中，则需要在确保要监控的元素（通常为 body）采用相对定位的前提下，对该元素添加 data-spy="scroll"属性，并将其 data-target 属性设置为导航组件父元素的 id 值（前面加#）。

下面给出监控 body 元素的示例。

```
<body class="position-relative" data-spy="scroll" data-target="#navbar1">
    ...
    <div id="navbar1">
        <ul class="nav nav-tabs" role="tablist">
            ...
        </ul>
    </div>
    ...
</body>
```

2. 通过 JavaScript 脚本调用

首先通过 CSS 设置对要监控的元素采用相对定位，然后在 JavaScript 脚本中对该元素调用构造方法 scrollspy() 并传入一个对象作为参数，将 target 选项与导航组件父元素的 id 值绑定。代码如下：

```
$('body').scrollspy({target: '#navbar1'})
```

导航栏中的链接必须具有可解析的 id 目标。例如，<a href="#home">主页</a>必须与 DOM 中的类似<div id="home">...</div>的元素相对应。不可见的目标元素将被忽略，并且它们对应的导航项将永远不会突出显示。

调用构造方法 scrollspy() 时，通过传入对象作为参数可以对滚动监听插件的各种选项（见表 9.10）进行设置。这些选项也可以通过 data-*属性来设置，为此应将选项名称放置在 data- 后面，如 data-offset="100"。

表 9.10　滚动监听插件的选项

名　称	类　型	默认值	描　述
offset	number	10	计算滚动位置时要从顶部偏移的像素数
method	string	'auto'	查找受监视元素所在的部分。取值可以是'auto'、'offset'或'position'。'auto'将选择最佳方法来获取滚动坐标；'offset'将使用 jQuery offset 方法获取滚动坐标；'position'将使用 jQuery position 方法获取滚动坐标
target	string		指定要应用滚动监听插件的目标元素

滚动监听插件具有以下两个实例方法。

- .scrollspy('refresh')：用于刷新 DOM 内容，以免导航监听错位，需要通过以下方式来调用 refresh 方法。

```
$('[data-spy="scroll"]').each(function () {
    var $spy = $(this).scrollspy('refresh')
})
```

- .scrollspy('dispose')：销毁元素上的滚动监听。

9.5.3 处理滚动监听事件

滚动监听插件只有一个事件，即 activate.bs.scrollspy 事件。每当通过滚动监听激活新的项目时，都会在滚动元素上触发此事件。

【例 9.20】处理滚动监听事件示例。源代码如下：

```html
<!doctype html>
<html>
<head>
<meta charset="utf-8">
<meta name="viewport" content="width=device-width, initial-scale=1">
<title>处理滚动监听事件示例</title>
<link rel="stylesheet" href="../css/bootstrap.css">
</head>

<body>
<div class="position-relative">
  <div class="position-absolute" style="top: 0; right: 0;">
    <div class="toast" data-delay="3000">
      <div class="toast-body bg-dark text-white"></div>
    </div>
  </div>
</div>
<div class="container">
  <div class="row">
    <div class="col">
      <h4 class="p-3 text-center">处理滚动监听事件示例</h4>
    </div>
  </div>
  <div class="row justify-content-center">
    <div class="col-4">
      <div id="listgroup1" class="list-group">
        <a class="list-group-item list-group-item-action" href="#sdcx">苏堤春晓</a>
        <a class="list-group-item list-group-item-action" href="#qyfh">曲院风荷</a>
        <a class="list-group-item list-group-item-action" href="#phqy">平湖秋月</a>
        <a class="list-group-item list-group-item-action" href="#dqcx">断桥残雪</a>
      </div>
    </div>
    <div class="col-6">
      <div data-spy="scroll" data-target="#listgroup1"
          data-offset="156" style="width: 240px; height: 200px; overflow-y: scroll;">
        <h5 id="sdcx" class="text-center">苏堤春晓</h5>
        <p class="mb-4"><img src="../images/hz01.jpg" alt="苏堤春晓"></p>
        <h5 id="qyfh" class="text-center">曲院风荷</h5>
        <p class="mb-4"><img src="../images/hz02.jpg" alt="曲院风荷"></p>
        <h5 id="phqy" class="text-center">平湖秋月</h5>
        <p class="mb-4"><img src="../images/hz03.jpg" alt="平湖秋月"></p>
        <h5 id="dqcx" class="text-center">断桥残雪</h5>
        <p class="mb-4"><img src="../images/hz04.jpg" alt="断桥残雪"></p>
      </div>
    </div>
  </div>
</div>
<script src="../js/jquery-3.4.1.min.js"></script>
<script src="../js/popper.min.js"></script>
<script src="../js/bootstrap.min.js"></script>
<script>
  $('[data-spy="scroll"]').on('activate.bs.scrollspy', function (e) {
```

> 对监控元素绑定事件处理程序。

```
        $('.toast-body').html('当前观赏的景点是' + $('.active').html());
        $('.toast').toast('show');
    })
</script>
</body>
</html>
```

本例中对监控元素的 activate.bs.scrollspy 事件绑定了事件处理程序，每当激活新的导航链接时会在右上角弹出一个提示框，显示当前正在观赏的是哪个景点，运行结果如图 9.32 所示。

图 9.32   处理滚动监听事件示例

 # 习题 9

一、选择题

1. 当下拉菜单向用户隐藏时将触发（   ）事件。

    A. show.bs.dropdown   B. shown.bs.dropdown   C. hide.bs.dropdownl   D. hidden.bs.dropdown

2. 当提示框对用户可见时将触发（   ）事件。

    A. show.bs.toast   B. shown.bs.toast   C. hide.bs.toast   D. hidden.bs.toast

3. 创建轮播时，应在每张幻灯片上添加（   ）。

    A. .carousel   B. .carousel-inner   C. .carousel-item   D. .carousel-caption

4. 通过（   ）选项可以设置轮播是连续循环还是播放一轮后停止。

    A. pause   B. ride   C. wrap   D. touch

5. 通过（   ）选项可以指定要应用滚动监听插件的目标元素。

    A. offset   B. method   C. to   D. target

二、判断题

1.（   ）仅用 data-*属性调用时，作为触发器的按钮或链接与菜单内容应包含在同一 .dropdown 容器中。

2.（   ）选项卡的内容区域位于.tab-content 容器，其内部的每个内容窗格应用.tab-pane 样式，还需要对每个内容窗格设置 id 属性，以便将导航链接与相应的内容窗格连起来。

3.（   ）与激活链接（.active）相对应，要使某个窗格内容默认为可见，必须在该窗格中添加.active。

4.（   ）通过 data-*属性调用选项卡时，需要对每个导航链接设置 data-toggle="tab"或 data-toggle = "pill"属性，此外，还必须确保将所有导航链接都放置在.nav.nav-tabs 或.nav.nav-pills 容器中。

5.（   ）提示框可以通过 data-*属性或 JavaScript 脚本进行初始化。

6.（   ）创建轮播时，应在其中一张幻灯片上添加.active 样式，否则轮播内容不可见。

三、操作题

1. 在网页中创建一个下拉菜单，要求以内部按钮作为触发器来激活下拉菜单。

2. 在网页中创建一个下拉菜单，要求通过外部的按钮来打开或关闭下拉菜单。

3. 在网页中创建一个选项卡，它由 3 个内容窗格组成，可以通过单击链接在内容之间切换。

4. 在网页中创建一个垂直布局导航选项卡，要求使用胶囊式导航，且包含 3 个内容窗格。

5. 在网页中创建一个选项卡，要求不设置任何 data 属性，而是通过 JavaScript 脚本来激活选项卡。

6. 在网页中创建一个按钮和一个提示框，单击该按钮时会弹出提示框，并在 2 秒内自动隐藏。

7. 在网页中添加一个按钮和一个提示框，单击该按钮时会在右上角弹出提示框。

8. 在网页中添加一个按钮和一个模态框，当单击该按钮时打开模态框，并且模态框可以通过单击其中包含的关闭按钮来关闭。

9. 在网页中创建一个轮播插件，要求其中包含 3 张图片，打开页面后自动开始播放，循环显示每张图片并带有淡入淡出动画效果。

10. 在网页中创建一个轮播插件，要求其中包含 3 张图片，并添加控制按钮和内容指示器。

11. 在网页中创建一个导航栏和一个包含多张图片的区域，要求在导航链接与图片之间建立关联，对图片区域进行滚动监听，当通过拖动滚动条来查看某张图片时，使相应的导航链接处于激活状态。

反侵权盗版声明

电子工业出版社依法对本作品享有专有出版权。任何未经权利人书面许可，复制、销售或通过信息网络传播本作品的行为；歪曲、篡改、剽窃本作品的行为，均违反《中华人民共和国著作权法》，其行为人应承担相应的民事责任和行政责任，构成犯罪的，将被依法追究刑事责任。

为了维护市场秩序，保护权利人的合法权益，我社将依法查处和打击侵权盗版的单位和个人。欢迎社会各界人士积极举报侵权盗版行为，本社将奖励举报有功人员，并保证举报人的信息不被泄露。

举报电话：（010）88254396；（010）88258888

传　　真：（010）88254397

E-mail： dbqq@phei.com.cn

通信地址：北京市万寿路 173 信箱

　　　　　电子工业出版社总编办公室

邮　　编：100036